独習 Notion

dokushu

［チュートリアル&リファレンス］

向井 領治［著］

自分のためのノートとデータベースを作る教科書

Rutles

introduction はじめに

本書は、Notion Labsが開発する「Notion」の個人向け入門書です。個人でNotionを使うときに必要な基礎知識を、1人で学ぶことを目指しました。これから始めたい方や、ノートだけではなくデータベースも使いたい方、もう1度挑戦したい方にもおすすめします。

開発元が「オールインワンのワークスペース」と称するNotionは、雑多な覚え書きや、ほかのアプリやサービスで作ったファイルなど、多種多様な形式で作成・保存されているさまざまなドキュメントを、1か所で管理できるようにするクラウドサービスです。

Notionの特徴は、「自由に記述できるノート機能」と「情報を定型化して多角的な分析・加工に役立つデータベース機能」の両者を融合させることにより、形式にとらわれない発展性のあるドキュメント作りができる点にあります。

これを非常にシンプルなデザインに仕上げているので、初心者に親しみやすく、上級者に奥深いものになっていますが、それだけに、機能や仕組みを理解するのが難しい面があるとも言えるでしょう。

本書の特徴は、2つあります。1つは、個人向けの無料プランを前提とすることです。Notionには共同編集や権限設定といったグループ向けの機能が使える有料プランがありますが、基本機能はほぼ共通ですので、個人利用はもちろん、グループに所属する方が個人レベルから学習を始めても役立ちます。また、無料プランでもデータの総合計のサイズには制限がないので、十分な実用性があります。

もう1つは、個別の機能をシンプルな例で紹介することです。どれほど高機能のソリューションであっても、単純な機能の部品から作られているので、その1つ1つを理解することが基礎になります。

上記の方針により、本書では、前半で基本的な使い方や仕組みを紹介し、後半で個々の機能をリファレンスで紹介する構成としました。

一方、共有をはじめとするグループ向けの機能や、ビジネス面での効果は扱いません。また、テンプレートの利用や、具体的なソリューションの作成も行いません。これらについては熱心なユーザー諸氏のブログや専門書などに譲ります。

なお、本書の内容は2022年7月末頃のものです。Notionは頻繁に細かな機能改善を行っているため、本書の発売時には一部の機能や見た目がすでに変わっている可能性があります。あらかじめご了承ください。

本書の対象環境は、MacおよびWindowsです。あらかじめ必要な知識はとくにありません。

本書が読者の皆様のお役に立てば幸いです。

◉——2022年夏　**向井領治**

第1章●Notionを始めよう 11

第2章●ノートを作ろう 35

第7章●関数リファレンス　315

第1章

Notionを始めよう

Notionを始める準備をします。本書では無料のプランを前提としますが、有料プランとの違いも把握しておきましょう。メールアドレスをもっていれば、すぐにサインアップして使い始められますが、各OS専用の無料アプリをインストールすることをおすすめします。

1-1 Notionとは

Notionは、シンプルなデザインにノートとデータベースの機能を融合させた、初心者に使いやすく、上級者に奥深いサービスです。Notionの概略と、本書の方針を手短に紹介します。

1-1-1 Notionの特徴

Notion Labsが開発する「Notion」（ノーション）は、さまざまな情報を1つの場所にまとめる「オールインワンのワークスペース」を掲げるクラウドサービスです。雑多な覚え書き、ほかのアプリやサービスで作ったドキュメント、情報源のブックマークや数式、さらにデータベースも扱えます。

用途はとくに限定されていません。一般的なビジネスや教育の現場から、日々の趣味や生活まで、幅広く活用できるでしょう。

■ Notionの画面例

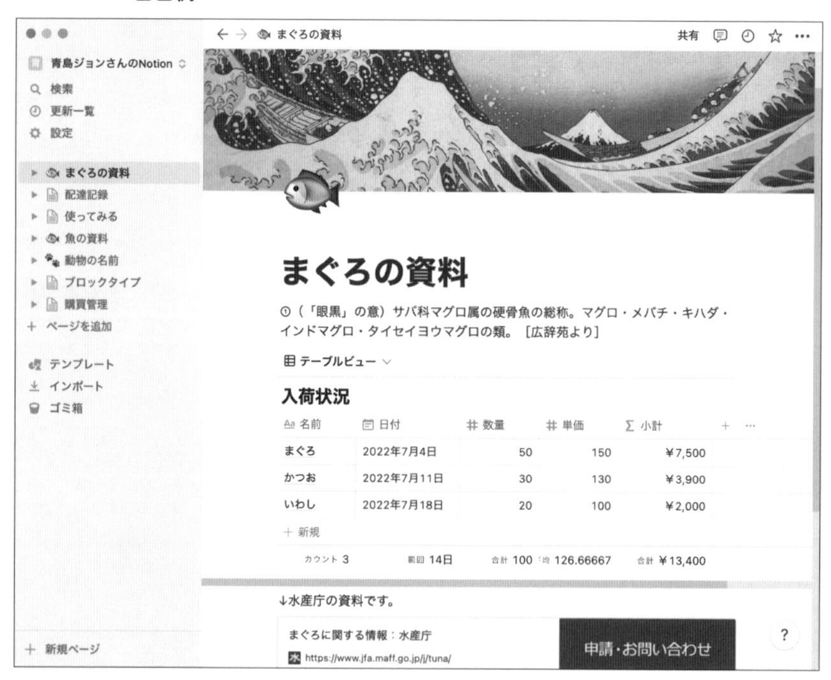

ほとんどの場合、日常的な要望で必要になる文書や資料は、多種多様な形式で作られています。そのため、それらをデジタル機器で管理しようとすると、「文書はWordかGoogleドキュメント、計算はExcel、タスク管理はOS付属アプリ、そのほかにクラウドのサービスも……」といったように、個別に専用のアプリやサービスを使うことが一般的です。

その結果、次のようなことになりがちです。

「必要な情報が分散して、どこにあるのか分からない」

「似たような情報がいくつもあって、どれが最新なのか分からない」

「ちょっとした要望に対して、いちいち別のアプリが必要になる」

Notionは、断片的な文章からひとまとまりの書類まで扱える上に、自分で用意したファイルをアップロードしたり、Googleドキュメントなどのほかのサービスを使って作成したファイルを埋め込んだりできます。作成にはほかのアプリやサービスを使っても、Notionに情報を集約することで作業の出発点として活用できます。

ノートの中でデータベースが使える

多様な形式の情報を集約するためのサービスとしては、EvernoteやOneNoteなどが有名です。たしかにこれらは柔軟性に優れ、情報を集めることについては得意であるものの、集めた情報を活用するときには苦手な場合があります。

たとえば、EvernoteやOneNoteで表を作ることはできますが、その数値を使った足し算さえできません。そこで計算が必要な部分にはExcelを使い、そのファイルを添付することになりますが、数値が変わったら再びExcelで開き直す必要があります。

Excelは計算だけでなく、タスク管理や資料整理など、データを定型化する目的でも多用されますが、一般的なデータを書き込んだりファイルを添付するのが難しくなり、情報が散逸しがちです。

Notionは、データを定型化して管理できるデータベース機能も持っています。これにより、集めたデータの表示形式を変えたり、関数機能を使って計算したりデータを加工したりして、集めたデータを多角的に検討・活用できるようになります。

データを多角的に表示し、計算や加工が行えるデータベース機能（3つの画面は同じデータベースから作成したもの）

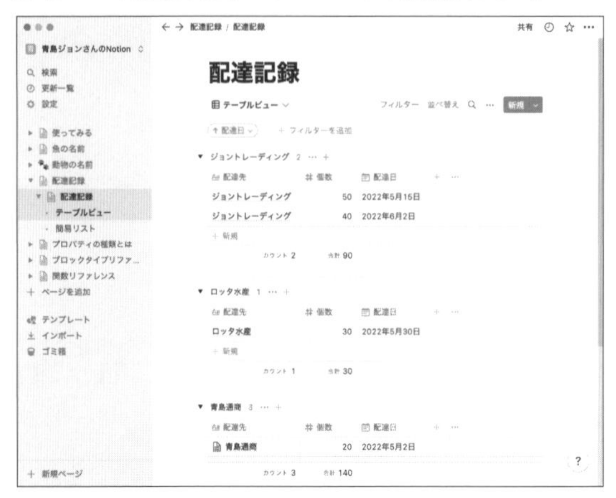

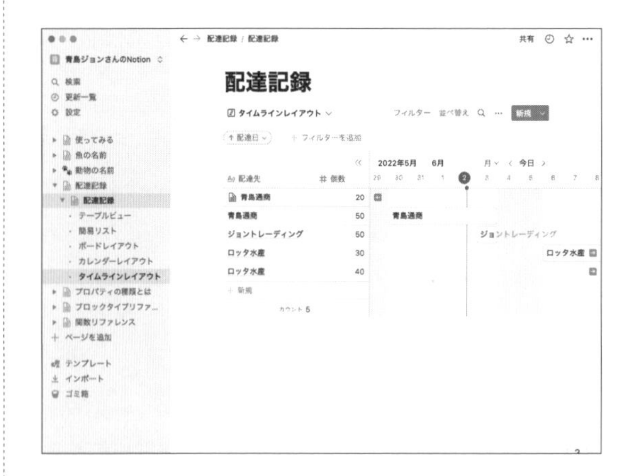

しかもNotionは、専門家が必要になるような高度な知識がなくても十分活用できますし、個人であればほとんどの機能を無料で使えます（有料プランとの

違いは「1-1-3 Notionの料金プラン」を参照)。データベース専用アプリは高度な要望に応えるものですが、相応の専門知識や設計・構築の作業が必要ですし、個人で買うには難しい値段です。

Notionの特徴は、雑多な覚え書きができるノート機能と、データを定型化したデータベース機能の両者を融合させることにより、形式にとらわれないドキュメント作りができる点にあります。これを非常にシンプルなデザインに仕上げているので、初心者に親しみやすく、上級者に奥深いサービスであると言えるでしょう。

ほかのノートツールはもういらない?

用途によってはNotionがあれば十分ということもありえそうですが、必要な機能は人それぞれです。すべての点でNotionが優れているとか、すべての人にとってNotionだけで満足ということは考えにくいです。

たとえば、OneNoteの手書き機能はとても充実していますが、Notionには手書き機能自体がありません。また、Notionのデータベース機能を使ってタスクを管理することは一般的ですが、リマインダー機能には繰り返し設定がないので、「毎日13時に通知」のような設定はできません。

Notionはまだ登場して歴史は浅いものの、クラウドサービスらしく、細かい機能の追加・改善を頻繁に行っています。本書の執筆時点ではできなかったことも、将来的には1つずつできるようになっていくでしょう。しかしそれまでは、自分の必要な機能をよく検討し、最適なツールを組み合わせる必要があるように思われます。

1-1-2 Notionの対応環境

Notionは、以下のOS向けに公式の専用アプリが無料配布されています。

- Mac(macOS)
- Windows
- iPhone、iPad(iOS、iPadOS)
- Android

ほかにも、専用アプリを使わずに、Webブラウザを使ってWebサイト(www.notion.so)からアクセスして使うこともできます。ただし、正式にサポートされているのは、Chrome、Firefox、Safariです。Internet ExplorerやEdgeはサポートされていません。

本書では、いずれのOSでも、専用アプリを使うことをおすすめします。MacやWindowsでは、リマインダーなどの通知を即時に受け取れるようになります。

なお、モバイル機器では、ユーザー登録以外の目的でWebブラウザを使うのは避けたほうがよいでしょう。

●NOTE　Notionのヘルプなどでは、MacとWindowsをまとめて「デスクトップ」、iPhone、iPad、Androidをまとめて「モバイル」と呼ぶことがあります。本書でもこれにならって分類します。

1-1-3 Notionの料金プラン

Notionの料金プランは4つあります。個人向けには「パーソナル」と「パーソナルPro」、グループ向けには「チーム」と「エンタープライズ」があります。

プラン	パーソナル	パーソナルPro	チーム	エンタープライズ
1か月あたりの料金	無料	5ドル(年間払いの場合、1か月あたり4ドル)	10ドル(年間払いの場合、1か月あたり8ドル)	要問い合わせ
メンバー	自分のみ	自分のみ	無制限	無制限
ゲスト	5	無制限	無制限	無制限
アップロードできるファイルサイズの上限	5MB	無制限	無制限	無制限
バージョン履歴	なし	30日間	30日間	無制限

(2022年8月24日現在)

グループ向けのプランでは、無制限にメンバー登録が可能、同時編集が可能、高度なアクセス権設定が可能など、大人数で共同利用するための機能があります。

一方、個人向けのプランでは、少数のゲストにコメントをもらうなどのことはできますが、おもに1人で使うことが想定されているようです。たとえ少人数であっても、グループで利用するのは現実的ではないでしょう。

2つある個人向けプランの違い

個人向けのプランである「パーソナル」と「パーソナルPro」の違いは、おもに2点あります。

1つは、ゲスト数や最大ファイルサイズといった、規模の違いです。アップロードできるファイルの最大サイズは、「パーソナル」プランでは5MBですが、「パーソナルPro」では無制限です。

ただし、ほかのクラウドストレージサービスにあるファイルを埋め込んだりリンクを設定したりできるので、5MBを超えるサイズのファイルを使う場合でも、ある程度は回避できます。また、「パーソナル」プランでも、利用する端末の数や、ノート(Notionの用語では、正確には「ブロック」)の数に制限はありません。

もう1つは、過去30日間のバージョン履歴を保存し、復元できるという、機能の違いです。「パーソナル」プランでも履歴は記録されますが復元はできません。

Notionには原則として保存ボタンがなく、内容を書き換えて編集を終えるとすぐに確定されます。アンドゥ機能はありますが、アプリを終了すると以前の状態へ戻すことはできません。

個人利用でも上記の違いを重視する場合は、「パーソナルPro」プランを検討してください。

●NOTE　大学生や教育関係者などは、「パーソナルPro」プランを無料で利用できます。利用にあたっては「.ac.jp」または「.edu」ドメインのメールアドレスが必要です。詳細は下記URLを参照してください。

▶「教育のためのNotion」
https://www.notion.so/ja-jp/product/notion-for-education

1-1-4 本書の方針

本書では、以下を基本方針として紹介を進めます。

- 使用するプランは「パーソナル」プランです。誰でも無料で使えますし、ノートの数には制限がないので、個人の範囲であれば実用的です。もちろん、その上位の「パーソナルPro」プランでもかまいません。
- 個人での利用を前提とします。共有やコメントなど、グループ向けの機能は扱いません。

- 対象環境はMacおよびWindowsとします。モバイルアプリについては、導入およびインターフェースのポイントのみの紹介とします。モバイルアプリでもほとんどの機能が使えますが、Notionの豊富な機能を学習するにはデスクトップのほうが適しています。
- 対象とする環境が限定されるときは、Mac、Win（Windows）、iPhone、Androidのアイコンで示します。
- 本書では、自分自身にとって必要なノートやデータベースを、ユーザー自身の手で作ることを目指し、そのために必要な機能を理解することを目指します。そのため、Notionの基本的な要素を構成する、個別の機能を理解することに重点を置きます。よって、特定のソリューションを実現するような作例や事例はとりあげません。インターネットで検索すると、開発元や有志のユーザー諸氏による作例や事例が数多く見つかるので、そちらを参考にしてください。
- Notionは頻繁にアップデートを行っているため、紙面の図は、メニュー構成、デザイン、文言などが変更されている場合があります。ご容赦ください。
- 本書の解説で使用しているデータや名称などは、すべてダミーです。実在する団体等とは関係がありません。

1-2 サインアップ

Notionを使うには、最初にサインアップしましょう。1度サインアップすれば、ほかの機器からも同じアカウントでログインできるようになります。

1-2-1 サインアップの準備

Notionを利用するには、はじめにユーザーとして登録する「サインアップ」を行います。サインアップには、以下のいずれかが必要です。

- Googleアカウント
- Appleアカウント(「Apple ID」と同じです)
- 上記以外のメールアカウント

ほかに、初期設定時に表示名とパスワードを決める必要があります。これらは、後から変えられます(公式アプリの[設定]→[マイアカウント])。

なお、サインアップ時にクレジットカードなどの決済方法を登録する必要はありません。

1-2-2 サインアップ

サインアップは、Notionの公式サイトから行います。Webブラウザを起動して、次のURLへアクセスしてください。

▶「Notion」
https://www.notion.so/ja-jp

なお、「notion.com」へアクセスしても、「www.notion.so」へ転送されます。「so」はソマリアの国別ドメインです。もしも英語のページが表示されたときは、ページ末尾の左側にあるメニューで言語を切り替えられます。

次図のようなページが開いたら、右上にある「Notionを無料で使ってみる」ボタンをクリックします。なお、このページにはメールアドレスを入力してサインアップするフォームがありますが、どちらを使っても同じです。

■ Webブラウザからサインアップする①

●NOTE iPhone Android MacやWindowsと同様に、「Safari」や「Chrome」などのWebブラウザでアクセスしてもサインアップできます（サインアップのボタンは、ページ右上にある3本線のメニューの中にあります）。または、先に専用アプリをインストールして、初回起動時（または、いずれのアカウントでもログインしていない場合）に表示される画面からもサインアップできます。この場合の手順は「4-3 モバイルで使う」も参考にしてください。

「サインアップ」のページが開いたら、Notionで利用したいアカウントの種類に従って操作します。

■ Webブラウザからサインアップする②

Ⓐ Googleアカウントを使ってサインアップします。

Ⓑ Appleアカウント（Apple ID）を使ってサインアップします。

Ⓒ Google・Apple以外の、一般的なメールアカウントを使ってサインアップするときは、メールアドレスを入力してから、「メールアドレスでログインする」ボタンをクリックします。

GoogleまたはAppleアカウントでサインアップする場合

前図でⒶまたはⒷを選んだときは、続けてログインするウインドウが開くので、表示に従ってログインしてください。

Notionへのサインアップが完了すると、「Notionへようこそ」のページが開きます。「1-2-3 初期設定」へ読み進めてください。

GoogleまたはAppleアカウント以外でサインアップする場合

前図でⒸを選んだときは、入力したメールアドレスに、「Notionのサインアップコードは……です」という件名で、本人確認メールが届きます。見当たらないときは、迷惑メールとして判定されていないか、確かめてください。

■ メールアドレスでサインアップする場合はパスコードがメールで送付される

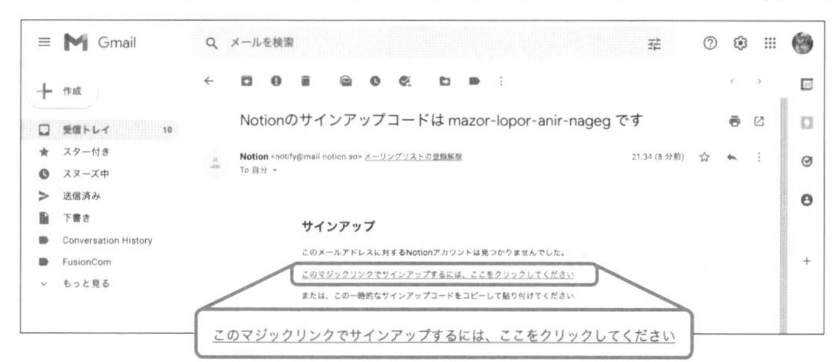

メールの本文にサインアップ用のリンクがあるので、それをクリックします。ここに書かれている「サインアップコード」とは、サインアップ用の一時的かつ時限的なパスワード（ワンタイムパスワード）のことです。永続的に使うパスワードが自動的に割り当てられたわけではありません。

あえて別の機器やアプリなどからサインアップしたいような場合は、メールに書かれているサインアップコードを、Webブラウザや専用アプリで開いているフォームへ手作業で入力しても、サインアップできます。

Notionへのサインアップが完了すると、「Notionへようこそ」のページが開きます。「1-2-3 初期設定」へ読み進めてください。

●NOTE　もしも専用アプリを先にインストールしていても、メールのリンクを開けば、通常はサインアップできます。アプリへの切り替えをしてよいか尋ねられたときは、切り替え（アプリの起動）を許可してください。

1-2-3 初期設定

「Notionへようこそ」のページが開いたら、最初の設定を行います。表示に従って自分の名前と、自分で決めたパスワードを入力し、「続ける」ボタンをクリックします。このパスワードは忘れないように管理してください。

■ 名前とパスワードを設定する

●NOTE　名前は、1人で使うときは自由につけてかまいません。ただし、このアカウントのままほかのユーザーに招かれて、別のワークスペースへログインしたりコメントをつけたりすると、その名前が表示される点に注意してください。

「Notionをどんな用途でご利用ですか？」のページが開いたら、本書の方針に合わせて「自分のために」ボタンをクリックしてから、「Notionに移動する」ボタンをクリックします。この画面は、実際には契約プランを選ぶためのものです。

■ 用途（プラン）を選ぶ

Ⓐ「チームと一緒に」：「チーム」プランの無料トライアルを始めます。作成できるデータ量（ブロック数）に制限があります。

Ⓑ「自分のために」：「パーソナル」プランを始めます。本書をお読みの方はこちらを選んでください。

●NOTE　プランの変更は後からできます（専用アプリを起動して、［設定］→［アップグレード］を選択）。サインアップ時にはクレジットカードなどを登録する必要がないので、気づかないうちに課金されるおそれはありません。

次に、サンプルデータの初期設定を行います。

作業領域（ワークスペース）には、最初に、基本的な使い方を説明するための「使ってみる」と、いくつかのサンプルが用意されます。ただし、本書ではサンプルを使わないので、削除してもかまいません。

■ サンプルの取り扱いを選ぶ

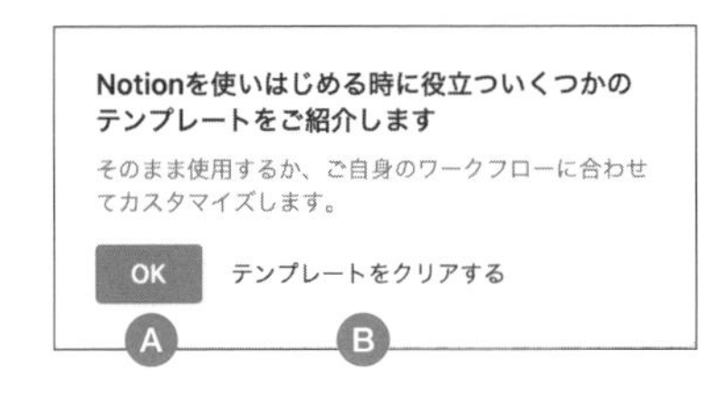

Ⓐ「OK」：サンプルをこのまま残します。

Ⓑ「テンプレートをクリアする」：サンプルを削除します。

ここではⒷを選んだものとして進めますが、サンプルを見たい場合はⒶを選んでもかまいません。その場合は、不要なサンプルは手作業で削除してください。

おおよそ次の図のような表示になれば、サインアップと初期設定は完了です。いったん作業を終えたいときは、ここでWebブラウザのウインドウを閉じてもかまいません。

■ サインアップと初期設定が完了した画面例

1-3 専用アプリのインストール

サインアップを終えたら、専用アプリをインストールしてログインしましょう。利用したい機器すべてで作業を繰り返します。

1-3-1 専用アプリとWebブラウザのどちらでも使える

Notionは、前節から続けてWebブラウザからログインして使うこともできますが、Mac、Windows、iPhone、iPad、Androidでは、専用のアプリが用意されています。

いずれの機器でも、とくに理由がないかぎり、専用アプリから使うことをおすすめします。アプリをインストールする必要がありますが、NotionのWebサイトへアクセスする手間がありません。また、アプリを使うほうが動作が比較的安定しますし、無料です。

Webブラウザからのアクセスは、何らかの理由でアプリをインストールしたくない場合や、占有できない機器から一時的に利用したい場合などに使うとよいでしょう。

本書の順序で読み進んできた場合は、サインアップを済ませているはずです。アプリから使う場合は、それぞれの機器で、そのアカウントを使ってログインしてください。1つのアカウントで使える台数に制限はないようです。

●NOTE　実はNotionのサインアップやログインの画面では、サインアップとログインは区別されないようです。入力したアカウントがすでにNotionで使われていればログイン、まだ利用したことがなければサインアップとして扱われます。

1-3-2 Mac用アプリのインストールとログイン

Mac用のアプリは、Notionの公式サイトからダウンロードします。「Mac App Store」ではないので注意してください。

アプリをインストールするには、Webブラウザで公式サイト（https://www.notion.so/ja-jp）へアクセスし、ページ上端のメニューから[ダウンロード]→[Mac & Windows]を選びます。

■ Mac用アプリのダウンロード①

「Notion for Mac & Windows」のページが開いたら、「Mac版をダウンロード」ボタンをクリックします。メニューが開いたら、使っているMacに応じて、「Intelプロセッサー搭載のMac」または「Apple M1搭載のMac」のどちらかを選ぶと、ダウンロードが始まります。

■ Mac用アプリのダウンロード②

このとき、もしも次の図のような「ダウンロードを許可しますか？」というウインドウが開いた場合は、「許可」ボタンをクリックします。

■ Mac用アプリのダウンロード③

"www.notion.so"でのダウンロードを許可しますか?

"Webサイト"環境設定で、ファイルをダウンロードできるWebサイトを変更できます。

キャンセル　許可

ダウンロードが完了したらファイルを開きます。次の図のようなウインドウが開いたら、左側にある「Notion」のアイコンを、右側にある「Applications」フォルダへドラッグ&ドロップします。このときにパスワードを尋ねるウインドウが開いた場合は、表示に従ってMacの管理者のパスワードを入力します（Notionに登録したパスワードではありません）。

■ Mac用アプリのインストール①

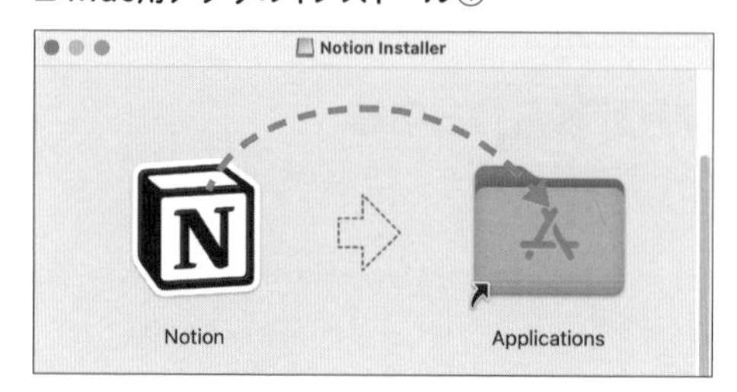

続けて、「Notion」アプリを起動してログインしましょう。「LaunchPad」を起動して「Notion」アイコンをクリックするか、Finderで「アプリケーション」フォルダを開いて「Notion」アイコンをダブルクリックします。

このとき、次のようなウインドウが開いて、アプリを起動してよいか尋ねられたときは、「開く」ボタンをクリックします。この確認は最初に起動するときだけです。

■ Mac用アプリのインストール②

アプリが起動すると、ログインの画面が開きます。サインアップしたときと同様の手順でログインしてください（「1-2-2 サインアップ」を参照）。

ただし、GoogleとApple以外のアカウントを使った場合は、表示に従ってサインアップ時に自分で入力したパスワードを入力します（メールで送られてきたサインアップコードではありません）。

■ アプリでログイン

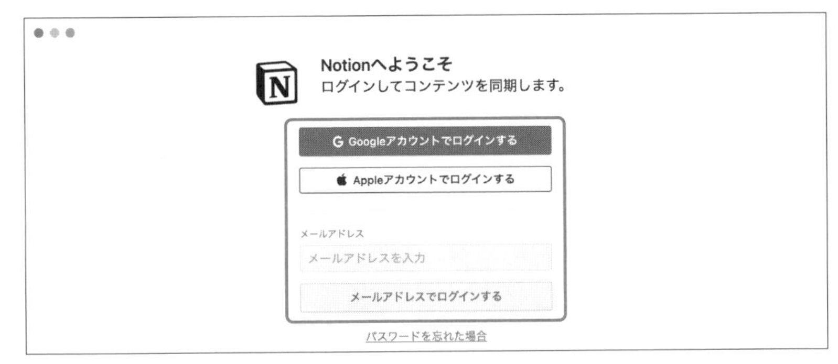

Webブラウザでサインアップしたときとだいたい同じ表示になれば、ログインは完了です。以後は、ログアウトしないかぎり、アプリを起動するとすぐにNotionを使えます。

■ アプリでログイン完了

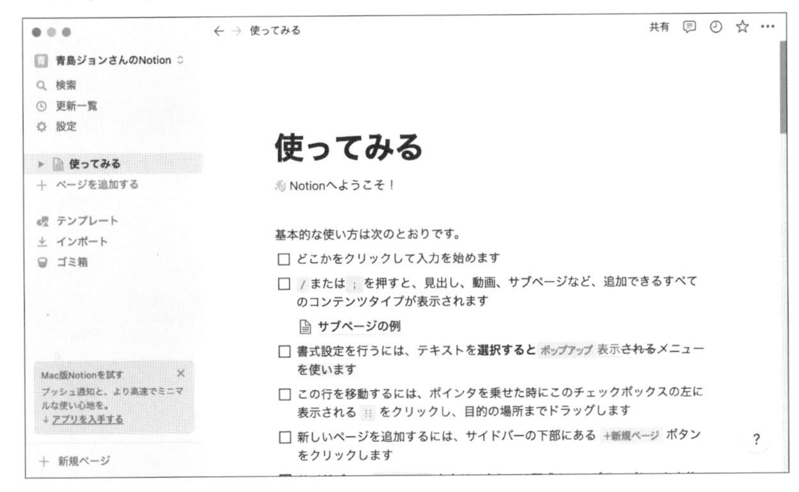

1-3-3 Windows用アプリのインストールとログイン

Windows用のアプリは、Notionの公式サイトからダウンロードします。「Microsoft Store」ではないので注意してください。

アプリをインストールするには、Webブラウザで公式サイト（https://www.notion.so/ja-jp）へアクセスし、ページ上端のメニューから[ダウンロード]→[Mac & Windows]を選びます。

■ Windows用アプリのダウンロード①

「Notion for Mac & Windows」のページが開いたら、「Windows版をダウンロード」ボタンをクリックします。すぐにダウンロードが始まります。

■ Windows用アプリのダウンロード②

ダウンロードが完了したらファイルを開きます。すると自動的にインストールが始まり、次図のようなログインを待つ画面になります（設定などによって動作が異なる可能性があります）。サインアップしたときと同様の手順でログインしてください（「1-2-2 サインアップ」を参照）。

ただし、GoogleとApple以外のアカウントを使った場合は、表示に従ってサインアップ時に自分で入力したパスワードを入力します（メールで送られてきたサインアップコードではありません）。

■ **アプリでログイン**

Webブラウザでサインアップしたときとだいたい同じ表示になれば、ログインは完了です。以後は、ログアウトしないかぎり、アプリを起動するとすぐにNotionを使えます。

■ **アプリでログイン完了**

1-3-4 Webブラウザからのログイン

Webブラウザからログインするには、公式サイト(https://www.notion.so/ja-jp)へアクセスしてから、画面右上にある「ログイン」をクリックします。ウインドウの幅が狭い場合は、メニューはページ右上の3本線のアイコンにまとめられるので、クリックしてメニューを開いてください。

■ Webブラウザでログイン①

ログインすると、サインアップとほとんど同じ内容のページが開きます。アカウントの種類に応じて、サインアップしたときと同様の手順でログインしてください(「1-2-2 サインアップ」を参照)。

■ Webブラウザでログイン②

最後に、サインアップしたときとだいたい同じ内容が表示されたら、ログインは完了です。

■ Webブラウザでログイン完了

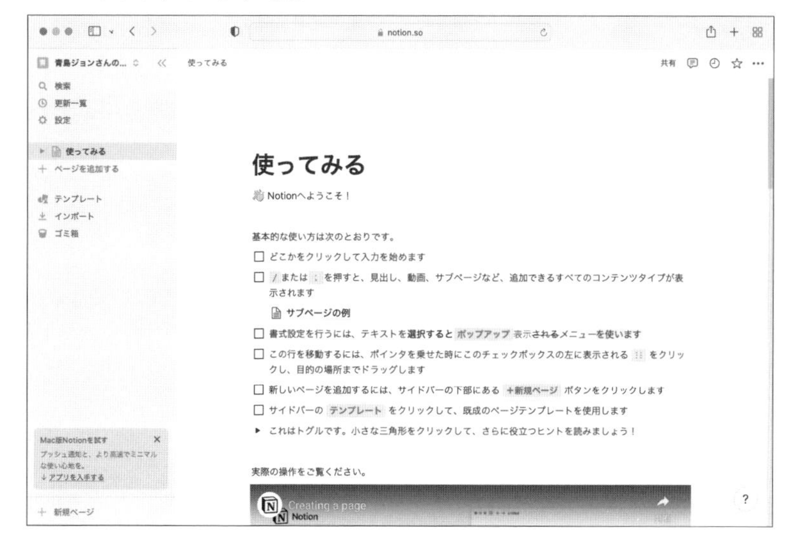

●NOTE　以後本書では、Webブラウザからアクセスしたときの手順は省略します。デスクトップアプリ向けの解説を参考にしてください。

1-4 基本的な画面構成

アプリの画面は、個別の内容を表示・編集する「エディタ」と、作業領域の全体をナビゲートする「サイドバー」の2つから構成されます。

1-4-1 デスクトップアプリの画面構成

アプリを起動して、ログインした直後のMac用およびWindows用アプリの画面構成は、次図のようになっています。

■ デスクトップアプリの画面構成

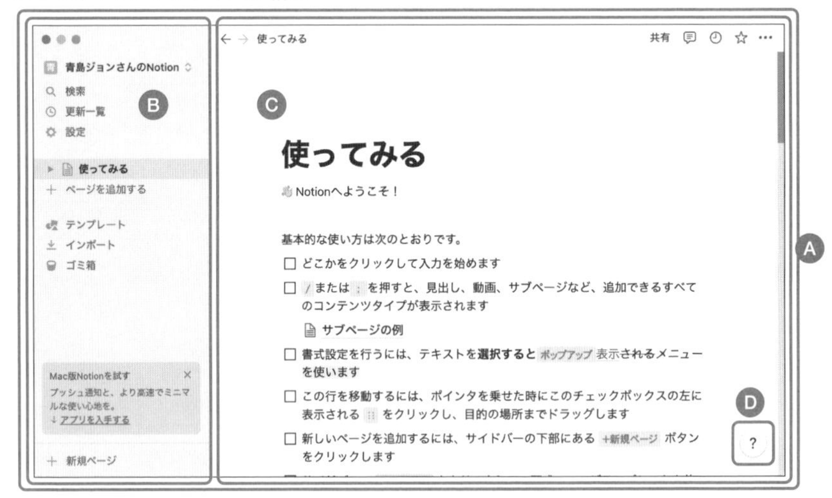

Ⓐ ワークスペース：1つのウインドウで表示する情報の全体をまとめて「ワークスペース」と呼びます。1度に扱える情報の最大領域がワークスペースであるともいえます。ワークスペースを切り替えると、たとえば個人用と会社用などと使い分けられます。

Ⓑ サイドバー：おもに、ワークスペースで扱う情報（ページ）のナビゲートを行います。検索や設定などワークスペース全体に関わる機能や、削除した情報を収めるゴミ箱もあります。

Ⓒ エディタ：いまサイドバーで選択されている項目（ページ）の内容を表示・編集する領域です。右上には、表示中のページ自体を操作するボタンもあります。

Ⓓ ヘルプ：ヘルプやキーボードショートカット、問い合わせなどのメニューを開きます。それぞれ、Webブラウザへ切り替えて必要なページを開きます。また、アプリのバージョンもここで確かめられます。

●NOTE　Mac用とWindows用のアプリは、ウインドウを閉じるボタンの位置や、フォントの種類など、OSが関係する部分のデザインが異なりますが、Notion自体の画面構成やメニュー表示などは共通です。以後本書では、大きな違いがない限り、Mac用とWindows用のアプリでの操作方法はまとめて紹介します。画像はMac用のものを使います。

サイドバーの操作

サイドバーの幅は、仕切りを左右へドラッグして調節できます。

また、サイドバー自体を一時的に隠すこともできます。表示中の内容に集中したいときや、ウインドウ全体の幅を広げられないときに便利です。

サイドバーを隠すには、まずマウスのポインタ（矢印）を、サイドバーの領域の右上へ移動します。するとアイコン「<<」が表示されるので、それをクリックします。MacとWindowsではわずかにアイコンの位置が異なるので、併用する場合は注意してください。

■ サイドバーを隠す Mac

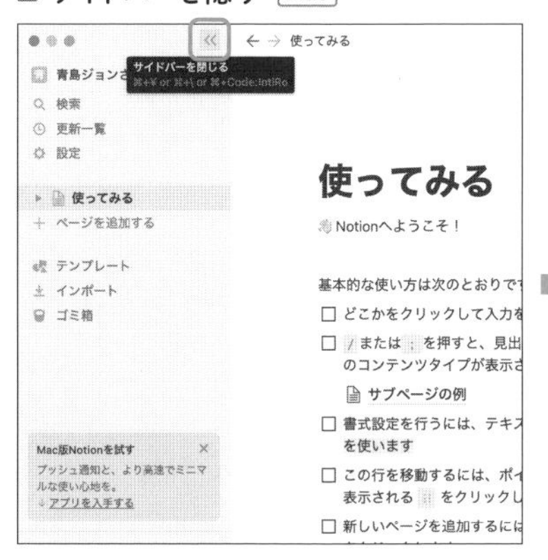

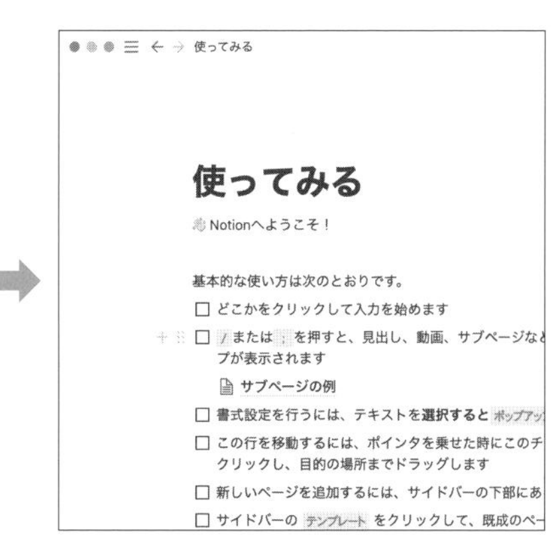

■ サイドバーを隠す Win

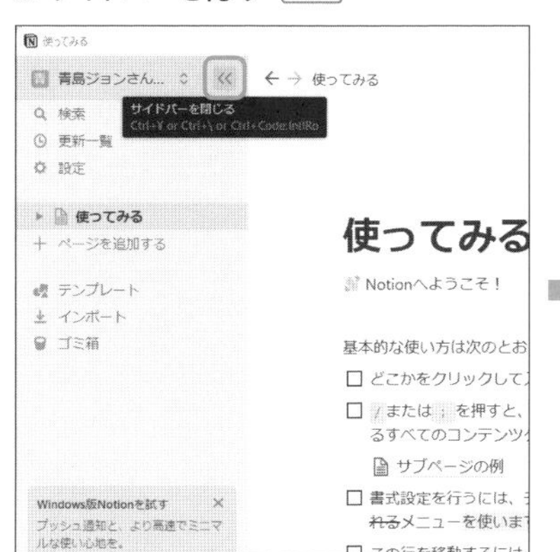

サイドバーを隠している間は、ウインドウの左端へポインタを移動すると、自動的に突き出てきます。MacのDockや、Windowsのタスクバーを隠したときの動作と似ています。

サイドバーを常時表示するには、サイドバーを表示させたときに現れる「サイドバーを固定表示する」ボタンをクリックします。

■ サイドバーを常時表示する（左はMac、右はWin）

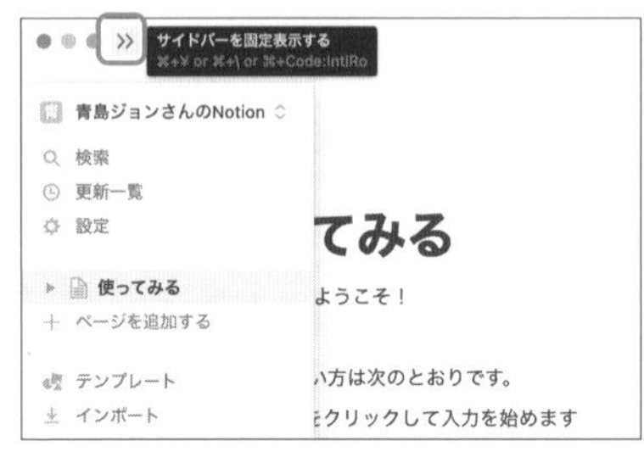

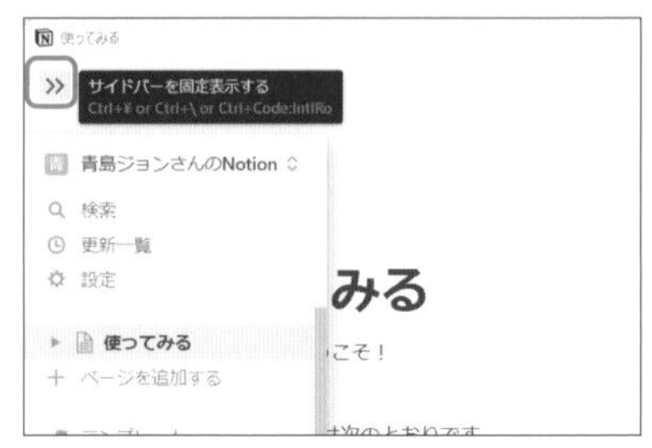

キーボードショートカットを使うと、押すたびに常時表示と切り替えられます。

Mac ⌘ + \ または ⌘ + ¥

Win Ctrl + \ または Ctrl + ¥

複数のウインドウを開く

複数のウインドウを開き、個別に操作できます。同時に複数の項目の情報を表示して比較したいような場合に便利です。

Mac ［ファイル］→［新しいウインドウ］ または ⌘ + shift + N

Win Ctrl + Shift + N

操作しないと現れないボタン

デスクトップアプリでは、マウスのポインタを特定の領域へ置いたときだけ、アイコンや説明が表示されることが多くあります。

ツールバーのように常時表示されないので見栄えはすっきりしますが、初心者にとっては自分から操作しないと何をすればよいか分からないともいえます。ただし、そのような領域は限られているので、機能を学べば思い出せるようになるでしょう。使いながら慣れていきましょう。

第2章

ノートを作ろう

Notionのノートは一般的なワープロのようにも使えますが、「ブロック、ページ、ワークスペース」というデータ管理の仕組みを知っていると、内容を手際よく扱えるようになります。この仕組みはデータベースを扱うときの基礎にもなるので、しっかりおさえておきましょう。

2-1 データ管理の基本

最初に、最も単純なノートを作りながら、Notionのデータ管理の仕組みを学びましょう。キーワードは、ブロック、ページ、ワークスペースの3つです。

2-1-1 データ管理は3段階

Notionでは、文字や画像などのさまざまなデータを、「ブロック、ページ、ワークスペース」の3段階で管理します。最も小さな単位がブロック、ブロックを集めたものがページ、ページを集めたものがワークスペースです。具体的な紹介は、最初のノートを作った後に行います。

■ ブロック、ページ、ワークスペース

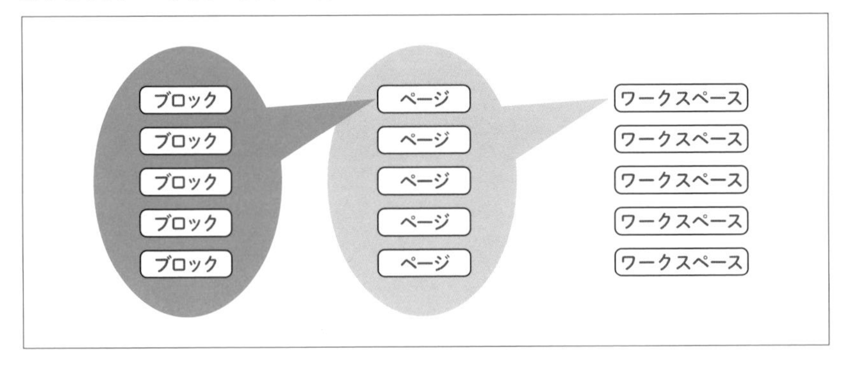

●NOTE　本書では、量に関係なく、さまざまなデータ（記録）をまとめて「ノート」と呼ぶことにします。

2-1-2 ノートを作る流れ

はじめに、MacまたはWindowsのNotionアプリを使って簡単なノートを作りましょう。ノートを作るにはいくつものやり方がありますが、それらは次節以降で紹介するので、まずは基本操作とおおまかな流れを把握してください。

ここではサンプルとして「魚の名前」と「動物の名前」を列挙したノートを作ります。ただし、内容は自由にアレンジしてもかまいません。実用的なノートを作るのであれば、たとえば「買物リスト」や「ToDoリスト」などがよいでしょう。

なお、ノートの作成時には多くの文字がグレーで表示されたり、消えることがあります。これらは操作をガイドするものですが、いまは無視してください。

ステップ1

ウインドウ左下にある「+新規ページ」をクリックします。

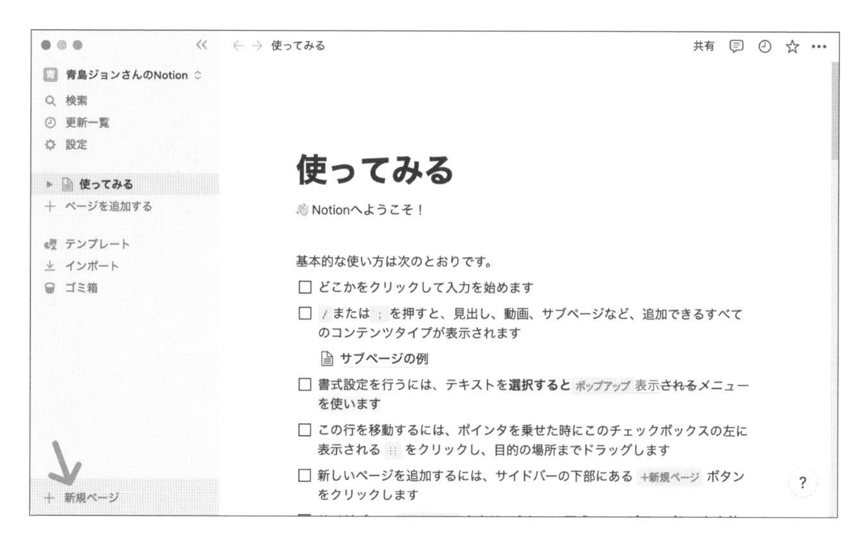

ステップ2

アプリのウインドウが暗くなり、その中に白いウインドウのような領域が開いたら、グレーで「無題」と書かれているところをクリックします。ここに書いた語句は、このノートの名前になります。

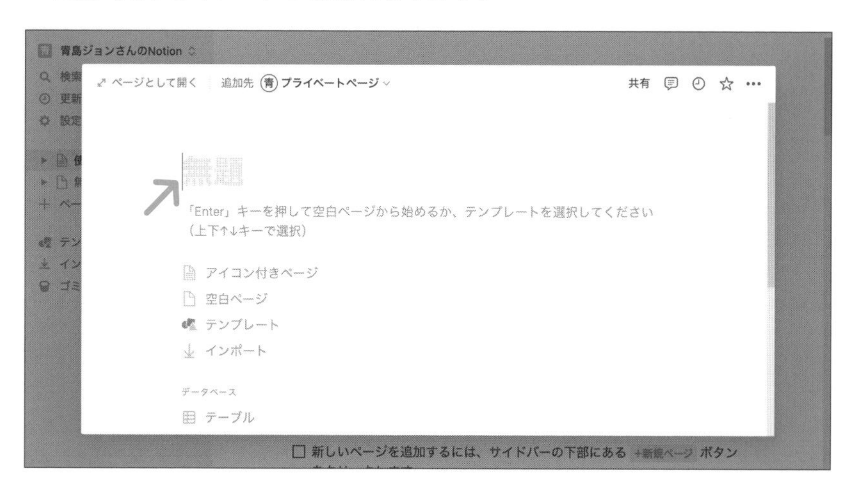

●NOTE　Notionのデスクトップアプリでは、このような「ウインドウの中のウインドウ」のように見える形式で表示されることがよくあります。閉じるボタンや広げるボタンはありませんが、外側の暗くなっている領域をクリックすると、中のウインドウを閉じて前の画面へ戻ります（内容の保存については次のNOTEを参照）。また、左上の「ページとして開く」をクリックすると、ウインドウ全体に表示を広げます。

ステップ3

「魚の名前」と書いてから、最後に return（Enter）キーを押します。

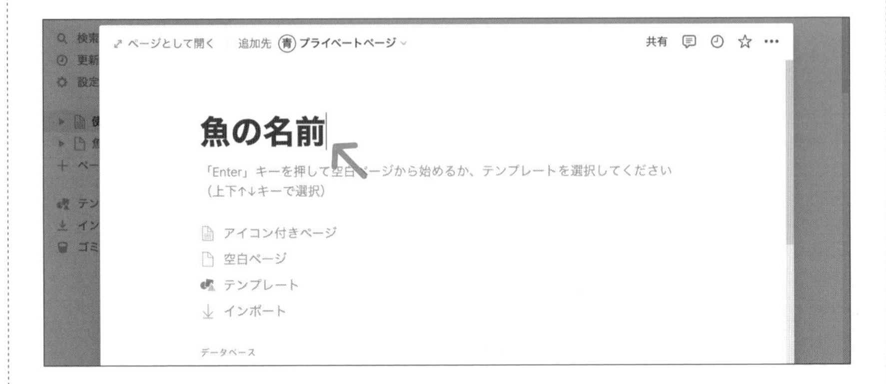

ステップ4

次の行へ移ったら、思いついた魚の名前を1つ書いてから、最後に return（Enter）キーを押します。

魚の名前
まぐろ
「/」または「；」でコマンドを入力する

ステップ5

もう1度、魚の名前を1つ書いて、最後に return（Enter）キーを押します。

魚の名前
まぐろ
かつお
「/」または「；」でコマンドを入力する

ステップ6

さらにもう1度、魚の名前を書いてから、最後にEscキーを押します。あるいは、ノートの外側にある、暗くなっている領域をクリックしても同じです。これでノートが1つできました。

魚の名前
まぐろ
かつお
ひらめ

●NOTE　Notionでは、ノートを保存する操作は不要です。内容を編集する状態から外れると、自動的に保存されます。逆にいえば、いったん内容の編集を終えたら、「保存のキャンセル」はできません。操作を取り消すこと（アンドゥ）はできますが、それ以上の機能が必要な場合は、更新履歴から復元する必要があります。これは有料プラン（「パーソナルPro」以上）のみで利用できる機能です。

ステップ7

最初の画面へ戻ったら、サイドバーにある「魚の名前」（あるいは、ノートの名前）の文字をクリックします。ただし、書類のアイコンはクリックしないでください。別の操作になります（詳細は「2-4-2 ページのアイコンを変える」を参照）。

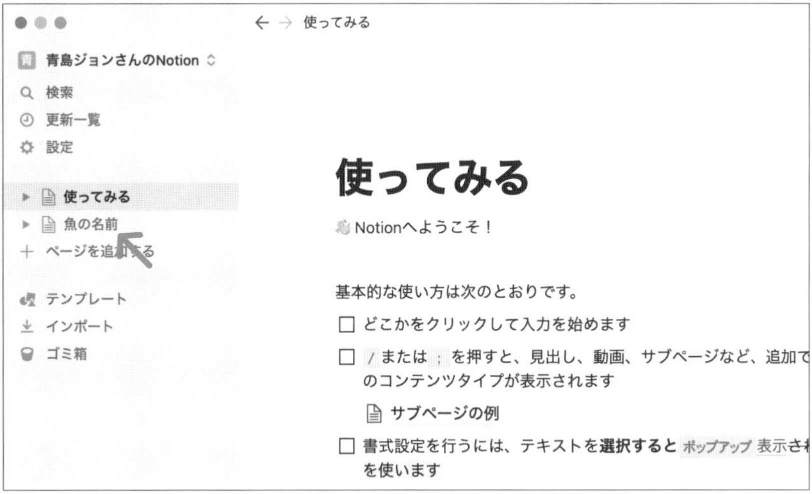

使ってみる
青島ジョンさんのNotion
検索
更新一覧
設定
使ってみる
魚の名前
ページを追加する
テンプレート
インポート
ゴミ箱

使ってみる
Notionへようこそ！
基本的な使い方は次のとおりです。
- どこかをクリックして入力を始めます
- / または ; を押すと、見出し、動画、サブページなど、追加で のコンテンツタイプが表示されます
  - サブページの例
- 書式設定を行うには、テキストを**選択すると** ポップアップ 表示さ を使います

ステップ8

エディターの表示が切り替わり、先ほど書いたノートの内容が表示されます。これで、表示するノートを切り替えられました。

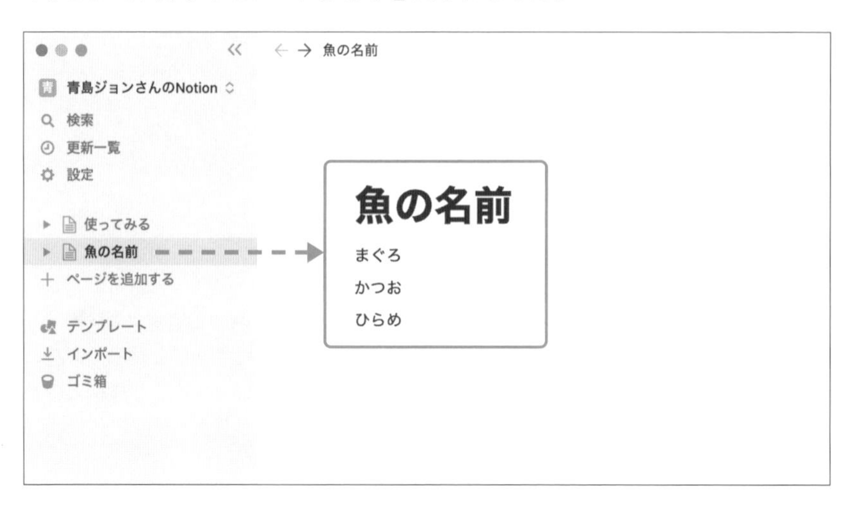

ステップ9

次に「動物の名前」のノートを作りましょう。ステップ1～6の手順を繰り返して、動物の名前を3つ書いたノートを作り、元の画面へ戻ってください。

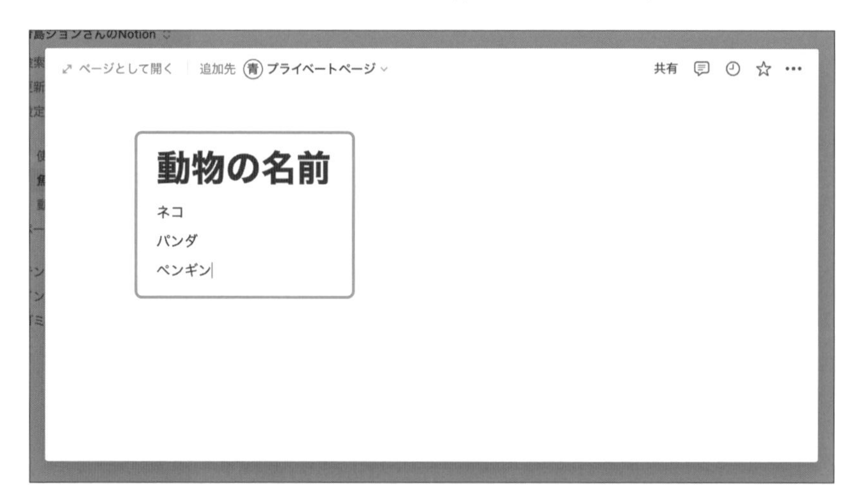

ステップ10

サイドバーにある「動物の名前」をクリックして、エディターの表示が切り替わることを確かめます。

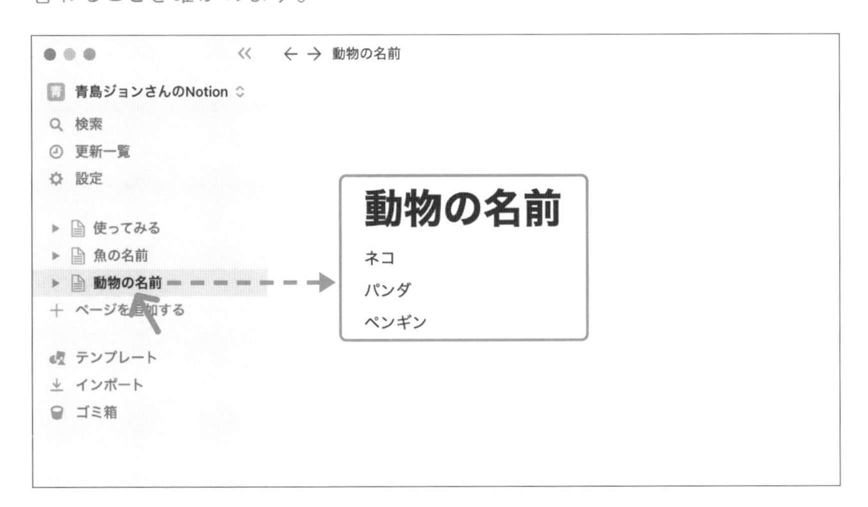

2-1-3 データの最小単位「ブロック」

ここからは、前項で作成したノートを例に、「ブロック、ページ、ワークスペース」というNotionのデータ管理の仕組みを紹介します。

Notionで扱うデータの最小単位を「ブロック」と呼びます。この「ブロック」は、レンガや積み木、おもちゃのレゴの「ブロック」と同じイメージです。たとえば、「まぐろ」「ネコ」など、文字列を入力した1つの段落は、1つのブロックとして扱われます。

ユーザーが意図しなくても、Notionに記録した文章や画像などのデータは、必ずブロックに収められています。先の例のように改行しながら文章を書いただけでも、実際には自動的にブロックが作られて、その中に文章を書いています。

さまざまな内容を書いたノートを作るとき、Notionの内部では、レンガを積み上げて建物を作るように、たくさんのブロックを使っています。先ほどの例では1つのノートに3つの段落を書いたので、3つのブロックが使われています。

■ 色で強調表示されているのがブロック

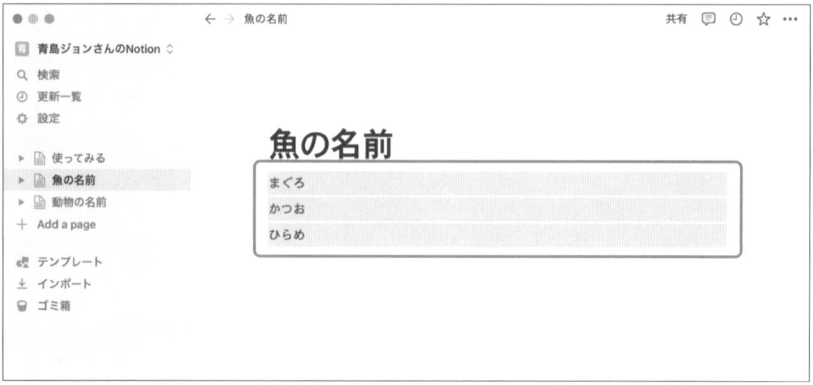

個々のデータがブロックに収められていることは、つねに意識してください。ノートの内容を編集するときは、ブロックの単位で操作することも多いからです。

たとえば、段落の順序を入れ替えるときは、ブロックの順序をドラッグ&ドロップで入れ替えるのが効率的です。ワープロのように文章をカット&ペーストしてもよいのですが、その場合でも、実際にはブロックが操作されています。

個別のブロックの見分け方と「ブロックハンドル」

個々のブロックを見分けるには、デスクトップアプリでは、ブロックを操作するときに使う「ブロックハンドル」が目印になります。ブロックハンドルは、そのブロックの領域にマウスのポインタ（矢印アイコン）を重ねたときにだけ表示されます。通常は表示されません。

たとえば、先に作成したノートには3つの段落がありますが、そのあたりにマウスのポインタを（クリックではなく）重ねると、左端に6つの点が集まったアイコンが表示されます。これがブロックハンドルです（もしもこのときにクリックするとブロックの内容を編集する状態になりますが、ブロックハンドルは表示されます）。

■ ポインタをブロックに重ねると、ブロックハンドルが表示される

ブロックハンドルにポインタを重ねると、アイコンが手のひらになります。

ブロックハンドルをクリックするとメニューが開きますが、Escキーを押すかメニューの外側でクリックするとブロック自体が選択されて、その領域が色で強調表示されます。これがブロック1個の領域です。文は短くても、ブロック自体は横長に広がっていることが分かります。

■ 強調表示された1個のブロック

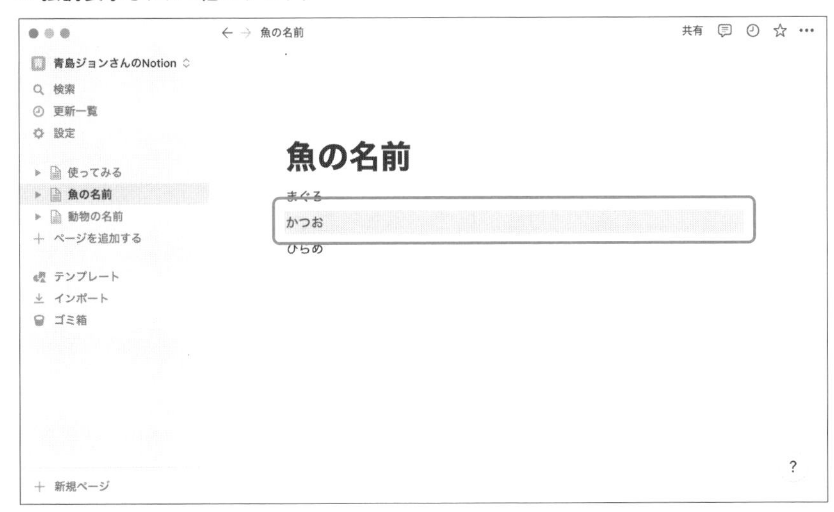

●NOTE　「ブロック内にある文章をすべて選択すること」と、「ブロック自体を選択すること」は、別の操作になります。とくに、キーボードショートカットを使ってブロックを操作するときは、いま選択している対象がどれであるか意識してください。

必要なときだけ現れるインターフェース

Notionには、ブロックハンドルのように、特定の操作をしたときにだけ現れるボタンやリンクなどがたくさんあります。多くのアプリではツールバーにたくさんのアイコンが常時並びますが、Notionでは必要なときだけ現れる仕組みです。このため、基本のインターフェースは非常にシンプルになり、ノートに集中しやすくなっています。

ただし、逆にいえば、そこにボタンなどが現れることを知らないと、どのような操作ができるかが分からないともいえます。本書を流し読みするなどして機能を先回りして把握すると、将来役に立つでしょう。

データの種類を決める「ブロックタイプ」

ブロックは単なる容器ではなく、収めるデータの種類に応じて種類を指定する必要があります。この種類のことを「ブロックタイプ」と呼びます。たとえば、一般的な文章を収めるには「テキスト」タイプ、画像ファイルを収めるには「メディア：画像」タイプを使う必要があります（各ブロックタイプの詳細は「第5章 ブロックタイプリファレンス」を参照）。

データの種類が異なる場合、たとえば文章と画像は、1つのブロックにまとめることはできません。また、内容が空であっても、「テキスト」タイプのブロックに画像を入れることはできません。

さらに、一見同じ種類のデータに見えても、ブロックタイプが異なる場合があります。たとえば、一般的な文字列を収めるには「テキスト」タイプを使いますが、それらに連続した番号を付けたい場合は「番号付きリスト」タイプを設定するほうが便利です。

目的に適したタイプを設定すると、さまざまな利点があります。たとえば、「テキスト」タイプに直接数字を打ち込んでも番号は付けられますが、「番号付きリスト」タイプを設定すると、ブロックの順序を入れ替えたときに番号が自動的に更新されるので、数字を打ち直す手間がありません。

■ 基本的なブロックタイプだけでも多くの種類がある

ただし、ブロックタイプの使い分けについて、とくに神経質になる必要はありません。操作に応じて自動的に設定される場合もありますし、文字列を扱う基

本的なブロックタイプは内容を書いた後からでも変換できます。もしも意図しないタイプになってしまっても、たいていの場合は作り直せば間に合うでしょう。

ブロックタイプを全部暗記しないとダメ？

実用的なソリューションを作るには、まず、それぞれのブロックタイプの機能や特徴を学ぶ必要があります。どれほど複雑なソリューションであっても、分解していけば、その最小の単位は必ずブロックであるからです。

とはいえ、すべてのブロックタイプをいますぐ暗記する必要はありません。最初は「第5章 ブロックタイプリファレンス」を流し読みして、どのようなタイプがあるのかおおざっぱに把握しましょう。より詳細な情報が必要になったときに読み返し、1つずつ使えるようになっていけば十分です。日常的に使っていくうちに、自分の用途に必要なブロックタイプは自然と覚えてしまうでしょう。

2-1-4 データのひとかたまり「ページ」

一定数のブロックを、あるテーマに沿って収める中位の単位を「ページ」と呼びます。ルーズリーフ用紙の1枚や、Wordファイルの1つと同じイメージです。先に作成したノートの例では、エディターの1画面に表示されていた「魚の名前」や「動物の名前」が、それぞれ1つの「ページ」です。

1つのページに収めるブロックの数に上限はありません。ただし、添付するファイル1つの最大サイズは、無料の「パーソナル」プランでは5MBです（「パーソナルPro」プランでは無制限）。

ページ一覧はサイドバーに

ページには自由に名前を付けられます。何も付けなければ、「無題」と表示されます（名前の詳細は「2-4-1 ページの名前を変える」を参照）。

ページの名前は既存のものと重複してもよいので、同じ名前のページを複数作ってもかまいません。ただし、区別しづらくなるので、できるだけ一意の（ほかに同じものがない）名前を付けましょう。

作成したページの一覧は、サイドバーに表示されます。サイドバーの幅には限りがあるので、ページの名前には、内容を端的に反映した、短い語句を使いましょう。名前が長すぎると、最後まで表示しきれなくなるおそれがあります。

サイドバーでの並び順は、手作業で入れ替えられます。何かの条件で並べ替えているわけではないので、目的のページを探すときに、名前や順序は重要な手がかりになります。

■ ページの一覧はサイドバーに表示される

●NOTE　サイドバーの幅を調節するには、エディターとの仕切りを左右にドラッグします。

ページには装飾を付けられる

各ページには、アイコンと、ヘッダー画像（Notionの用語では「カバー画像」）を付けられます。どちらも、視覚的にページを印象づけるのに役立ちます（詳細は「2-4-2 ページのアイコンを変える」「2-4-3 ページのカバー画像を変える」を参照）。

■ ページにはアイコンとカバー画像を付けられる

1ページにどれくらい書くのがいい？

1ページに収めるのに適切なデータの量は、一概には決められません。ノートを作成する目的や用途に応じて、最も使いやすい程度を検討してください。少なくとも、無計画にページを増やしたり、逆に1ページに詰めこんだりすると、取り扱いが面倒になるおそれがあります。

たとえば、先に作ったノートの例では「魚」と「動物」をそれぞれ1ページにしましたが、「生きもの」として1ページにまとめて、「魚」と「動物」をページの中の見出しとして設定するほうがよい場合もあれば、魚を「海水魚」と「淡水魚」、「赤身魚」と「白身魚」など、さらに細かく分類するほうがよい場合もあるでしょう。

もちろん、ノートを作った後から、複数のページへ分けたり、1つのページへまとめたりすることはできます。このときも、操作の単位はブロックになります（詳細は「2-2-4 ブロックを別のページへ移動する」などを参照）。

2-1-5 最大の作業領域「ワークスペース」

あるテーマに沿って、1つ以上のページを収めた大きな単位を「ワークスペース」と呼びます。何十枚ものルーズリーフ用紙を収めたホルダーのようなイメージです。複数のワークスペースを扱うこともできますが、いまは1度に扱える最大の領域がワークスペースと考えてください。

ワークスペースでは、多くのページを作ったり、さまざまな機能を使ったりすることが前提ですので、以下は先回りしての機能紹介になります。

●NOTE　「パーソナル」および「パーソナルPro」プランでは、複数のワークスペースを切り替えて扱うことができます（詳細は「2-5-2 ワークスペースを操作する」を参照）。ただし、ほかのワークスペースへの招待を受けない限り、1つのウインドウで1度に扱えるワークスペースは1つだけです。1度に複数のワークスペースを表示したい場合は、アプリで複数のウインドウを開く、アプリとWebブラウザの両方を同時に開くといった方法があります。

階層構造だがフォルダーはない

ワークスペースの中では、ページを階層構造で分類できます。階層構造とは、Macの「Finder」や、Windowsの「エクスプローラー」のように、ファイルをフォルダーの中へ入れたり、フォルダーの中にフォルダーを入れたりして、まとめる仕組みのことです。

ただし、Notionではページをまとめるにもページを使います。フォルダーはありません。その代わり、上位にあるページの中には、直下の階層にあるページへのリンクが自動的に作られます。

これにより、サイドバーを参照したり、フォルダーを開いたりしなくても、直下にあるページの一覧が分かり、クリックしてたどっていくことができます。また、分類に関する説明なども同じページに書き込めます。

階層の数に制限はありません。ページの順序と階層は、自由に移動できます(詳細は「2-3-3 ページを移動する」を参照)。

■ ページだけで階層構造を作っている

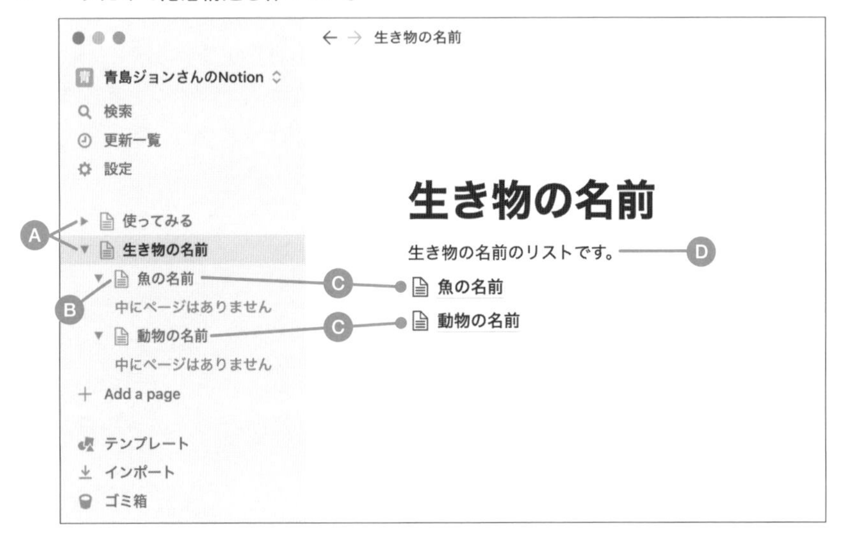

Ⓐ 三角アイコンをクリックするたびに、直下の階層にあるページの表示・非表示を切り替えます。下位にページがなければ、グレーの文字で「中にページはありません」とガイドが表示されます。

Ⓑ サイドバーのインデント(字下げ)は、ページの階層を示します。図の例では、「生き物の名前」ページの下位に、「魚の名前」ページがあります。

Ⓒ 直下の階層にあるページの一覧が、ページの中にも表示されます。

Ⓓ 「魚の名前」ページの上位にあるのはフォルダではなくページなので、説明を同じページに書き込めます。

●NOTE 「ページの中にページを収める」ように、同じものを階層構造にすることを、日本語では「入れ子」、英語では「ネスト」と呼びます。よく使う用語ですので覚えておきましょう。

ページが増えたら探すのは大変では？

ページが増えてくると、サイドバーに多くの項目が並ぶことになります。階層の数に制限はないのでページを分けたり入れ子にしたりして細かく分類できますが、数多くのページから目的のページを手作業で探し出すことが難しくなります。

そのような場合のおもな対策は3つ考えられます。実際には、どれか1つの方法を使うのではなく、すべての方法をバランスよく使うことになるでしょう。

1つめは、ページを検索することです（詳細は「2-5-1 ワークスペースを検索する」を参照）。ただし、ページ数が数千数万にもなったときは、検索機能だけに頼るのは無理があるでしょう。

2つめは、重要なページへのリンクなどを集めて、作業の起点になるページを作ることです。うまく作れば、必要なページをサイドバーで探すよりも、ラクにアクセスできるようになります。新しいテクニックを知るほど、起点のページも充実することでしょう。

3つめは、ページをデータベース化することです。Notionでは、「1つのページ」と「データベースの中の1件」を相互に変換できるので、多くのページを1つのデータベースにまとめられます（詳細は「3-3-3 アイテムを追加する」を参照）。

たとえば、多くのニュースをWebページから保存したときは、「ニュース」という名前のページの下位へまとめることも、「ニュース」という名前のデータベースを作って収めることもできます。

データベースもページと同様、サイドバーに一覧が表示されますが、その中にどれほど多くのデータがあっても、表示されるのはデータベース自体と「ビュー」だけです（ビューの詳細は「3-6 ビューの操作」を参照）。サイドバーを整理する上でも、ページのデータベース化は重要です。

自分のページは「プライベート」、ただし公開設定に注意

ほかのNotionユーザーと共有するページに対して、自分だけが利用するページを「プライベートページ」と呼びます。最初は、自分が作成したページはすべてプライベートページになるため、何も区別されませんが、設定に応じて、サイドバーに分類の見出しが追加されます。

■ 設定に応じてページ分類の見出しが表示される

Ⓐ「お気に入り」:「お気に入りに追加」を設定したページの一覧です(詳細は「2-3-6 ページを「お気に入り」に登録する」を参照)。サイドバーでアクセスしやすくするための機能なので、「お気に入り」に登録しても、そのページは「プライベート」などの見出しにも重複して表示されます。

Ⓑ「シェア」:ゲストへのアクセスを許可したページ、または、自分がゲストとなってアクセスしているページの一覧です。プライベートページにゲストへのアクセスを許可すると、「プライベート」の見出しから、「シェア」の見出しへ移動します。

Ⓒ「プライベート」:プライベートページの一覧です。ただし、ページの「Webで公開」機能をオンにしてもここに表示されたままになります。設定次第では、他人にアクセスを許可している可能性がある点に注意してください。

●NOTE　ほかに、ワークスペースを共有しているときに表示される「ワークスペース」があります。「パーソナル」「パーソナルPro」プランを自分だけで使っているときは表示されないので、本書では省略します。

ワークスペースは複数使える

最初に用意されているワークスペースは1つですが、無料の「パーソナル」プランであっても、ワークスペースを追加して使い分けられます(詳細は「2-5 ワークスペースの管理」を参照)。また、他人が作成・共有したワークスペースへ参加することもできます。

2-2 ブロックの管理

ノートの基本となる、ブロックを管理する方法を紹介します。ここでは最も一般的な文章を収める「テキスト」タイプのブロックをおもに扱います。

2-2-1 ブロックを作成する

空のブロックを作る手順には、次のものがあります。

エディター内をクリックする

エディター内の何もない領域の中央付近をクリックします。すると、末尾に「テキスト」タイプのブロックを新しく作ります。クリックして縦棒のカーソルが表示されれば、文字を入力できます。

この方法は、ワープロで内容を次々と書き足していくときのように、ページの末尾にブロックを追加するときに適しています。

■ 何もない領域をクリックしてブロックを作る

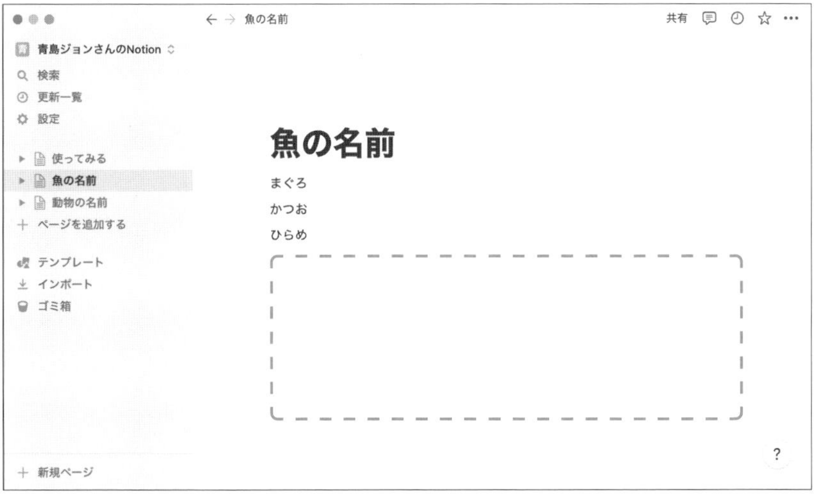

魚の名前
共有
青島ジョンさんのNotion
検索
更新一覧
設定
使ってみる
魚の名前
動物の名前
ページを追加する
テンプレート
インポート
ゴミ箱
新規ページ
魚の名前
まぐろ
かつお
ひらめ
?

グレーの文字で「「/」または「；」でコマンドを入力する」と末尾に表示されているとき、または、マウスのポインタを空白の領域に置いたときにブロックハンドルが表示された場合は、すでに空のブロックが作られています。ただし、「空白をクリックして、文字を入力する」という操作に変わりはないので、実際のブロックの有無を気にする必要はありません。

●NOTE　グレーの文字で「「/」または「；」でコマンドを入力する」と表示されているとおりに操作すると、「テキスト」以外のさまざまなブロックタイプを指定できます（詳細は「2-2-11 スラッシュコマンドを使う」を参照）。

改行する

既存のブロックの内容を編集しているときに、return（Enter）キーを押します。この方法では、直下にブロックを新しく作ります。

この方法もワープロで文章を入力するときと同じ操作性ですので、既存のブロックに割り込んだり、次々とテキストを書き進めたいときに適しています。

■ 改行しながらブロックを作る

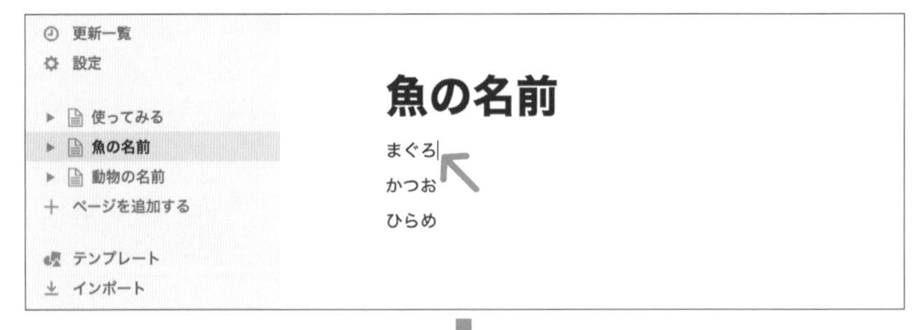

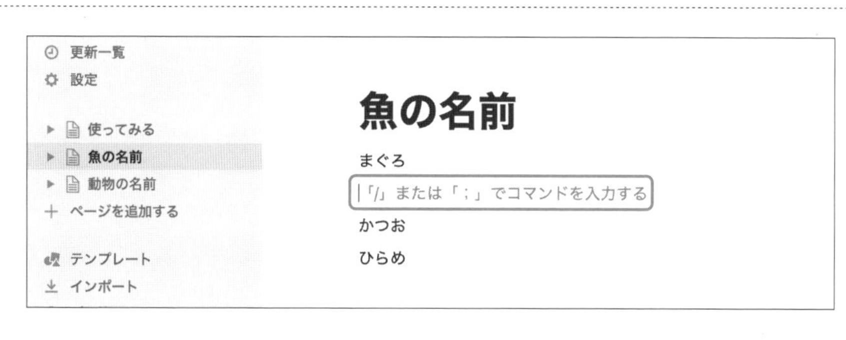

なお、文章の途中で[return]（[Enter]）キーを押して改行すると、その位置でブロックを分割します。

●NOTE　ブロックを作らずに改行するには、[shift]キーを押しながら改行します。

「+」アイコンをクリックする

いずれかのブロックにマウスのポインタを重ね、左端にグレーの「+」アイコンが表示されたら、それをクリックします。すると、その直下に新しいブロックが作られます。

■「+」は直下に新しいブロックを作る

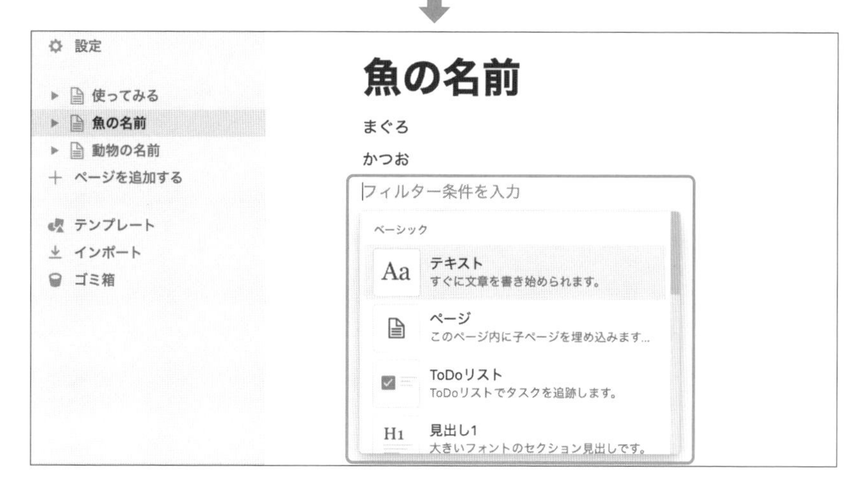

この方法では、続いてブロックタイプを指定するメニューが開きます。本来、先にいずれかのブロックタイプを指定する必要があるため、文章をすぐに入力できません（文字列などによってはメニューを無視できる場合もありますが、意図しない動作を防ぐにはやめたほうがよいでしょう）。

通常の文章を入力する場合は、続けてreturn（Enter）キーを押して「テキスト」タイプを指定してから、入力を始めます。「テキスト」以外のタイプを使う場合は、メニューからそれを指定してください。

2-2-2 ブロックの内容を編集する

ブロックの内容を編集する手順には、次のものがあります。

ツールバーを使う

ブロックの内容の編集中にいずれかの語句を選択すると、ツールバーが開いて、さまざまな操作ができます。

■ テキスト編集のツールバーと設定例

Ⓐ ブロックタイプを変更します（詳細は「2-2-10 ブロックタイプを変更する」を参照）。

Ⓑ ハイパーリンクを設定します。選択すると続けて入力欄が開くので、直接アドレスを入力したり、語句を入力して検索してからほかのページへのリンクを設定できます。また、リンクを設定しながら、新しいページを作ることもできます（詳細は「2-3-1 ページを作成する」を参照）。⌘/Ctrl+Kキーでも設定できます。

Ⓒ コメントを付けます。

Ⓓ 太字を設定します。⌘/Ctrl+Bキーでも設定できます。

Ⓔ 斜体を設定します。⌘/Ctrl+Iキーでも設定できます。

Ⓕ 下線を設定します。⌘/Ctrl+Uキーでも設定できます。

Ⓖ 打ち消し線を設定します。アイコンが「S」なのは、英語で「Strikethrough」というためです。⌘/Ctrl+shift+Sキーでも設定できます（⌘/Ctrl+Sキーは即時強制保存です）。

Ⓗ プログラムコードとして指定します。文中にコードを含めたいときに使います。見た目としては赤字になり背景色が付いて目立ちますが、本来、強調の意味はありません。⌘/Ctrl+Eキーでも設定できます。

Ⓘ 数式として設定します。ブロック内に数式を記述してからこのボタンをクリックすると入力欄が開き、「完了」ボタンをクリックすると設定できます（詳細は公式ヘルプ「https://www.notion.so/ja-jp/help/math-equations」を参照してください）。

Ⓙ 文字または背景のカラーを設定します（カラーの仕組みについては「2-2-7 ブロックを色付けする」を参考にしてください。ここで紹介しているツールバーを使うと、ブロック全体ではなく、文字ごとに設定できます）。

Ⓚ メンションを設定します（詳細は「5-5-1「ユーザーをメンション」」「5-5-2「ページをメンション」」を参照）。

Ⓛ ブロックハンドルをクリックしたときと同じメニューを開きます。ブロック自体の選択まで戻らずに操作できます。

■ テキスト編集の設定例（前図Ⓓ～Ⓙ）

太字です

斜体です

下線です

~~打ち消し線です~~

`コードです`

\sqrt[3]{y=x^2}　を数式として設定すると　$\sqrt[3]{y=x^2}$

文字ごとにカラーを設定できます

文字を入力しながらブロックタイプや文字装飾を設定できる「マークダウン」

Notionでは「マークダウン」と呼ばれる記法を使って、内容の編集中にブロックタイプや装飾を設定できます。これには大きく分けて2種類あります。

1つは、ブロックの先頭で使うことでブロックタイプを設定するものです。たとえば、半角で「-（ハイフン）、スペース」の順に入力すると、「箇条書きリスト」タイプになります。

もう1つは、文中で使うことによりおもに装飾を設定するものです。たとえば、「**第2四半期**」のように目的の語句を「**……**」で囲むと、太字を設定できます。

どちらも、メニューを開いたり、キーボードからマウスへ持ち替えたりすることなく、さまざまな設定ができるという利点があります。

しかし、Notionでは半角文字で指定する必要があるうえに、前後の単語とスペースで区切る必要があります。このため、日本語の文章では、文中に記述するものは現実的には使えません。

ただし、文頭に入力するタイプのものは、条件がそろえば日本語環境でも実用的です。たとえば、テンキーからの入力は半角数字に限定したり、shift + (スペース) キーを半角スペースの入力に設定するなどしておくとよいでしょう。個別のブロックタイプでの設定方法は「第6章 ブロックタイプリファレンス」で紹介しています。

ブロックをインデントする

ブロック自体をインデント(字下げ)できます。これには、ブロックを選択している間、または、ブロックの内容を編集している間に、tab キーを押します。インデントを解除するには、shift + tab キーを押します。

■ インデント(解説のため、ブロックを選択した状態で撮影)

インデントできる階層の数に制限はありません。ただし、直前のブロックからインデントできるのは1段階だけです。また、上位にあるブロックを選ぶと、その下位にあるブロックはすべて選ばれるので、移動や削除の操作はまとめて行えます。

■ 上位のブロックを選ぶと、その下位にあるブロックはまとめて選ばれる

●NOTE　文中でタブを入力しても、ブロック自体のインデントを行うため、位置合わせには使えません。また、ブロックタイプが（「箇条書きリスト」や「番号付きリスト」ではない）通常の「テキスト」タイプであっても、上位のブロックを選ぶと下位のブロックもまとめて選ばれる点に注意してください。

編集中にブロックハンドルと同じメニューを開く

ブロックの内容の編集中に ⌘ / Ctrl + / キー以下のキーボードショートカットを押すと、ブロックハンドルと同じメニューが開きます。ブロック自体の選択まで戻る手間がありません。また、全角と半角を気にする必要もありません。なお、テンキーのスラッシュ「/」では機能しません。

2-2-3 ブロックを同じページ内で移動する

同じページの中でブロックを移動するには、次の方法があります。

ドラッグ&ドロップする

目的のブロックのブロックハンドルを表示し、好みの位置までドラッグ&ドロップします。

この操作は、ページ内でブロックをレイアウトする目的でも使えます。ブロックの位置は、上下左右の相対的な関係で決まります。ドラッグしている間（マウスのボタンを押している間）は、線で移動先の目印が強調表示されます。

■ ブロックを同じページの中で移動する

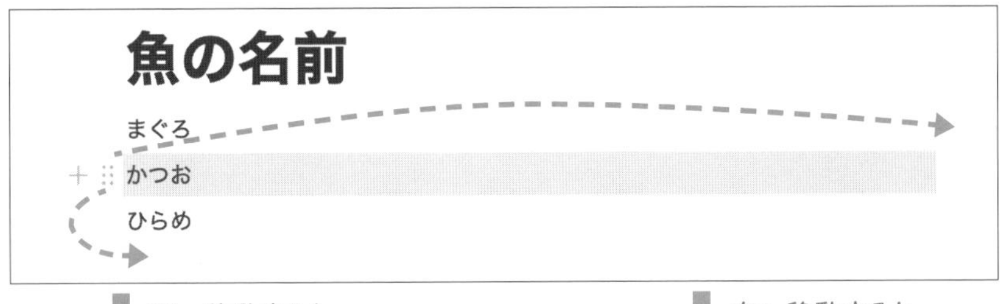

下へ移動すると…

魚の名前
まぐろ
ひらめ
かつお

右へ移動すると…

●NOTE　ブロックの位置は固定ではなく、ページを表示する画面の幅によって相対的に変わることがあります。画面幅の狭いモバイル端末を使う場合は注意が必要です。

キーボードショートカットを使う

ブロックの内容を編集しているか、ブロック自体を選択しているときに、以下のキーボードショートカットを使うと、1段ずつ順序を移動できます。内容の編集中に操作すると、そのブロックだけを移動しますが、複数のブロックを選択しているときにも使えます。

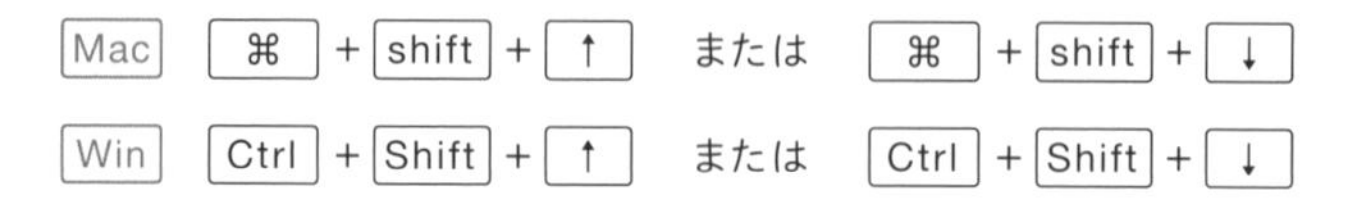

■ キーボードだけでブロックを1段ずつ移動できる

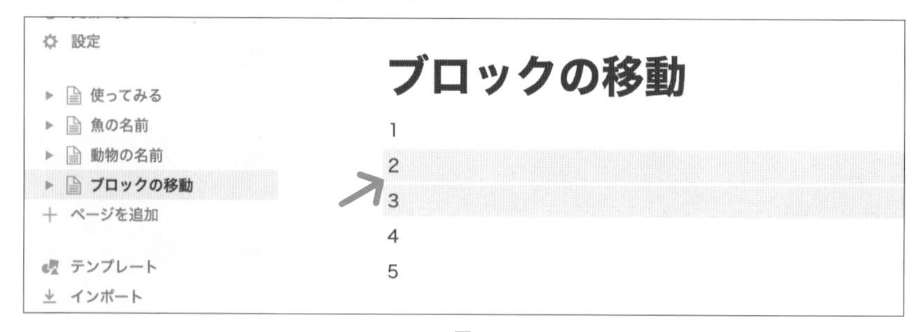

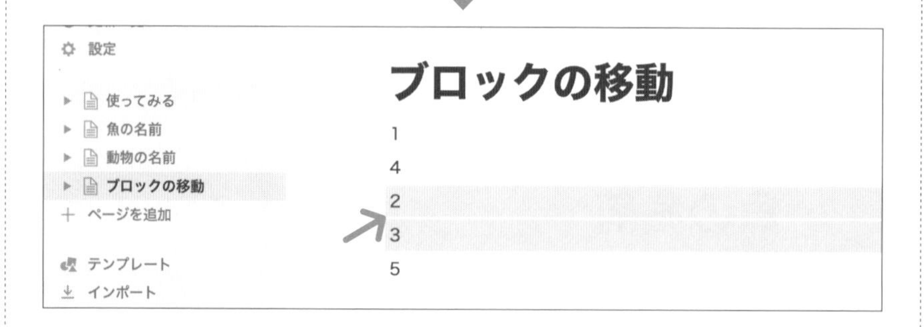

2-2-4 ブロックを別のページへ移動する

ブロックを別のページへ移動する手順には、次のものがあります。移動すると元のページからは削除され、移動先ではページの末尾に置かれます。

ドラッグ&ドロップする

目的のブロックのブロックハンドルを表示し、サイドバーに表示されている移動先のページの名前へドラッグ&ドロップします。

■ ブロックを別のページへ移動する

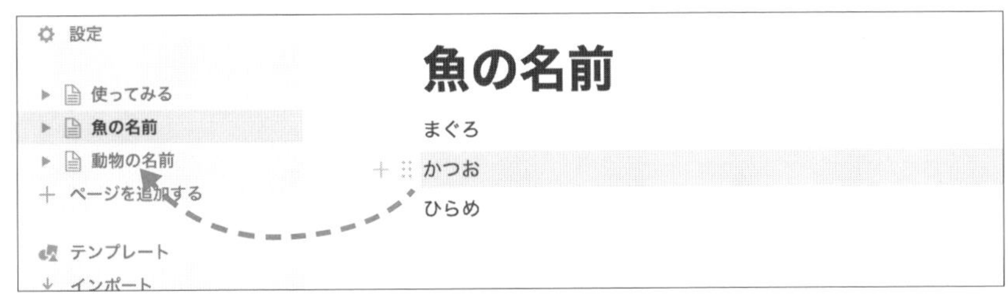

ドラッグ&ドロップ

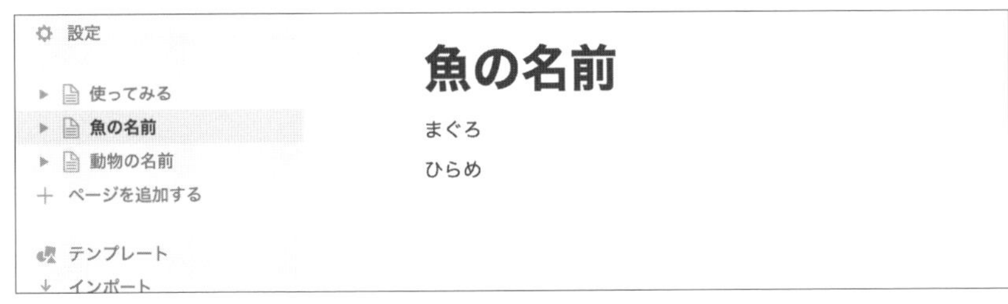

移動先のページの末尾に移動した

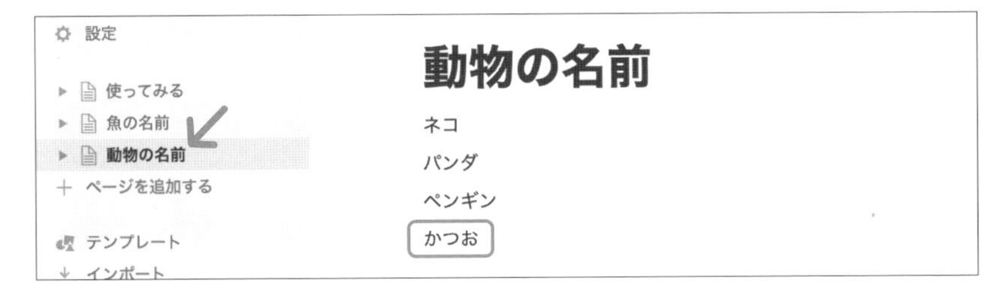

メニューから選ぶ

目的のブロックのブロックハンドルを表示して、クリックします。メニューが開いたら、[別ページへ移動]を選びます。移動先のページを選ぶメニューが開いたら、表示されている候補から選択するか、ページの名前で検索してから選択します。

この方法ではサイドバーで移動先のページを表示しておく必要がないので、ページの数や階層が増えてきたときに便利です。

■ メニューから移動先のページを選ぶ

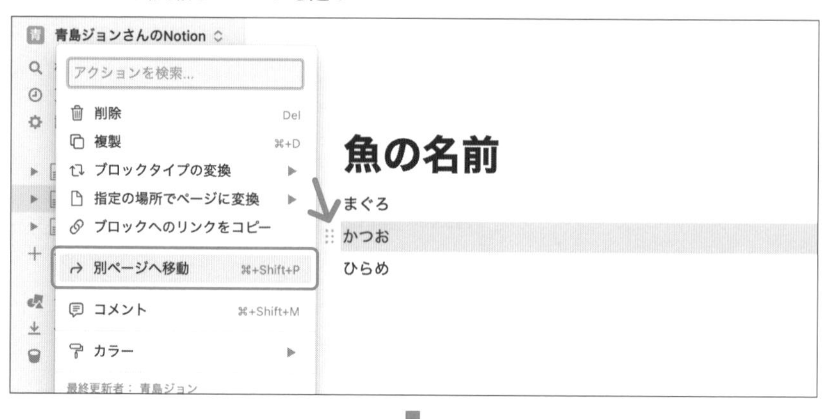

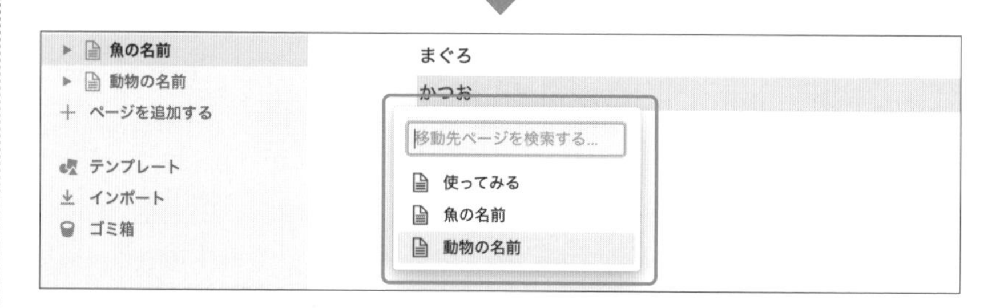

この操作には以下のキーボードショートカットを使えます。ブロックの内容を編集しているときでも機能するので、ブロックを選択する手順が不要です。

Mac ⌘ + shift + P

Win Ctrl + Shift + P

●NOTE　元のブロックを残したい場合は、ブロック自体をコピー&ペーストします（詳細は「2-2-6 ブロックをコピー&ペーストする」を参照）。

2-2-5 ブロックを複製する

ブロックを同一ページ内で複製する手順には、次のものがあります。

メニューから選ぶ

目的のブロックを選択し、ブロックハンドルをクリックして、メニューが開いたら［複製］を選びます。

■ ブロックを複製する

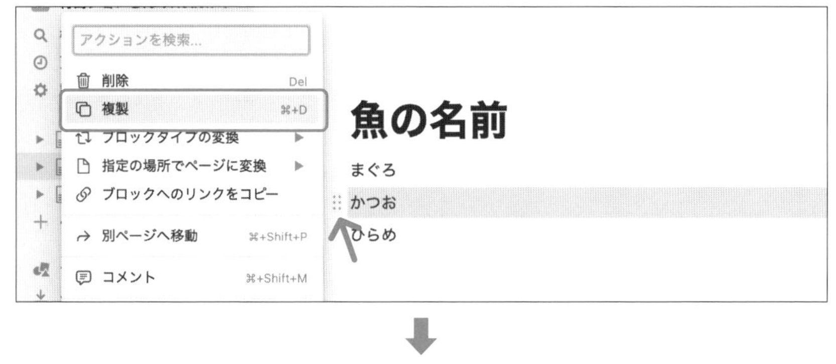

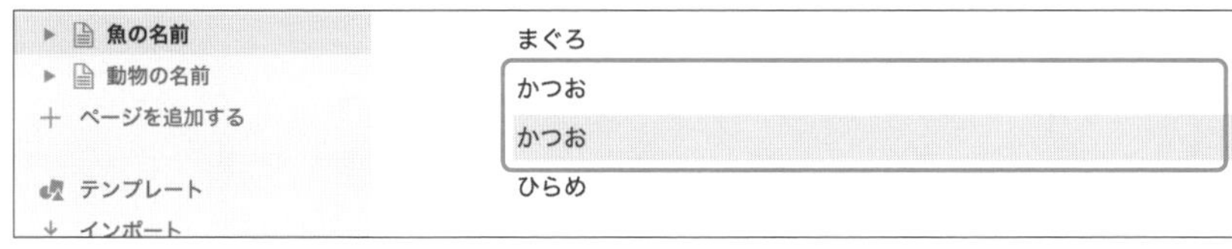

この操作には以下のキーボードショートカットを使えます。ブロックの内容を編集しているときでも機能するので、ブロックを選択する手順が不要です。

Mac ⌘ + D

Win Ctrl + D

ドラッグ&ドロップする

目的のブロックを選択し、ブロックハンドルをクリックして、option（Alt）キーを押しながらドラッグ&ドロップします。離れた場所へのコピーに便利です。

■ ドラッグ&ドロップで複製する

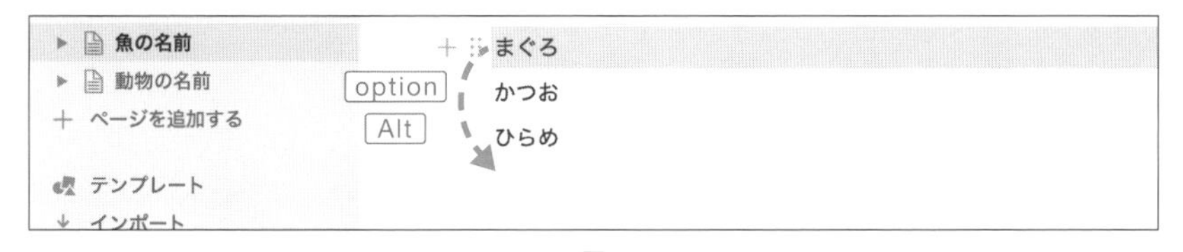

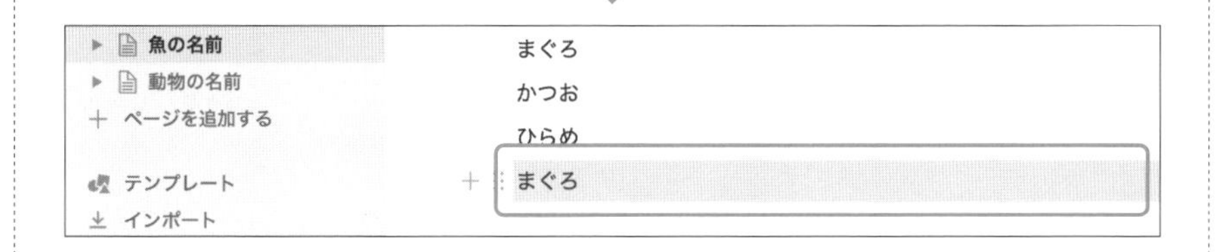

2-2-6 ブロックをコピー&ペーストする

文字列をコピー&ペーストするように、ブロック自体をコピー&ペーストできます。コピーの手順は文字列をコピーするときと同じですが、ペーストするときは、さまざまな形式を選べます。

ブロックをコピーするには、目的のブロックを選択し、ブロックハンドルをクリックしてから、以下のキーボードショートカットを押します。メニューが開いても無視してかまいません。

Mac ⌘ + C

Win Ctrl + C

ペーストするには、以下のキーボードショートカットを押します。

Mac ⌘ + V

Win Ctrl + V

このとき、メニューが開くので、ペーストする方法を選びます。複数のブロックを1度に選択することもできますが（詳細は「2-2-8 ブロックを選択する」を参照）、状況によってはペースト時にタイプを選択できないことがあります。図は「テキスト」タイプの場合です。

■ ペースト時に開くメニュー

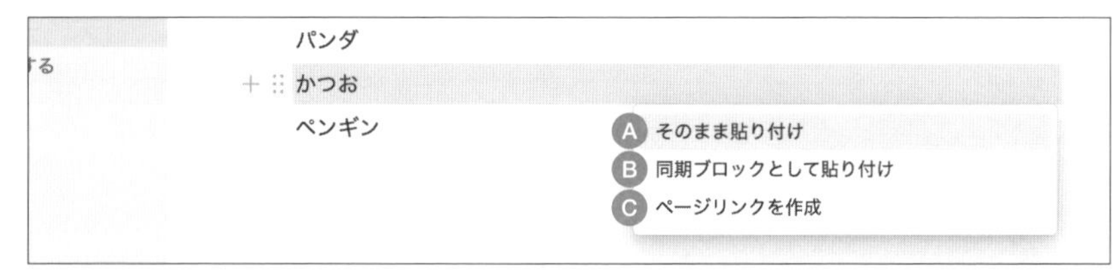

- A［そのまま貼り付け］：元のブロックのまま貼り付けます。return（Enter）キーを押しても選べます。
- B［同期ブロックとして貼り付け］：元のブロックを参照する「同期ブロック」として貼り付けます（詳細は「5-2-6「同期ブロック」ブロックタイプ」を参照）。
- C［ページリンクを作成］：元のブロックへのリンクを貼り付けます。

別のページへペーストする場合は、ペーストの前の操作によって位置が変わります。

移動先のページを開くだけで何も選択せずに実行すると、ページの末尾へペーストされます。既存のブロックの途中に割り込ませたい場合は、その直前のブロックをクリックします。実行すると直下に新しいブロックとしてペーストされるので、編集状態になってもかまいません。

●NOTE　以下のキーボードショートカットを使うと、ダイアログなしに、通常の文字列として直接ペーストできます。

Mac　⌘ + option + shift + V

Win　Ctrl + Shift + V

2-2-7 ブロックを色付けする

ブロック内のすべての文字や、ブロック自体の背景に色を設定できます。ただし、設定できるのはどちらか1つだけです。重複して設定しようとすると、既存の設定は解除されます。設定する手順には、次のものがあります。

メニューから選ぶ

目的のブロックのブロックハンドルを表示し、クリックします。メニューが開いたら、[カラー]以下から目的の色を選びます。メニューには、文字の色を設定すると「カラー」と、背景の色を設定する「背景色」の見出しがあります。

■ カラーまたは背景色をメニューから選ぶ

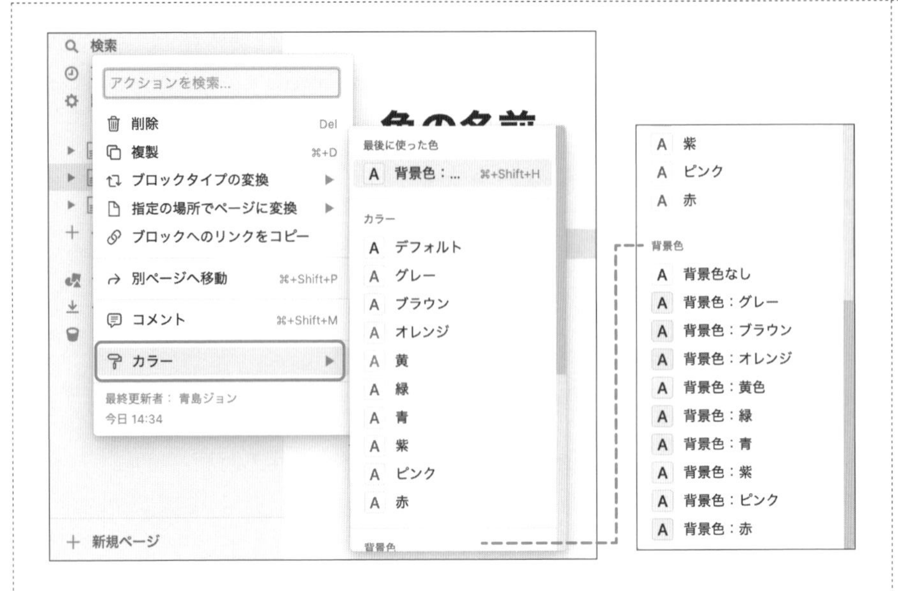

前回と同じ色を選ぶ

直前に指定したカラーと同じ設定を行う場合は、以下のキーボードショートカットで設定できます。

Mac ⌘ + H
Win Ctrl + H

スラッシュコマンドを使う

ブロックの末尾に所定のスラッシュコマンドを入力して、色付けできます（スラッシュコマンドの詳細は「2-2-11 スラッシュコマンドを使う」を参照）。

■ スラッシュコマンド

色	スラッシュコマンド
デフォルト／背景色なし	default または デフォルト
グレー	gray または グレー
ブラウン	brown または ブラウン
オレンジ	orange または オレンジ
黄色	yellow または 黄色
緑	green または 緑
青	blue または 青

色	スラッシュコマンド
紫	purple　または 紫
ピンク	pink　または ピンク
赤	red　または 赤

実際にはコマンドを絞り込んでいるだけです。たとえば「/purple」や「；紫」と入力すると、文字を紫にする「カラー」のコマンドと、背景を紫にする「背景色」のコマンドの、両方が表示されます。メニューは方向キーで選べるので、そのまま return（Enter）キーを押すと文字に、↓ キーを押してから return（Enter）キーを押すと背景に、それぞれカラーが設定されます。

■ スラッシュコマンドでメニューを絞り込み、カラーまたは背景色を設定する

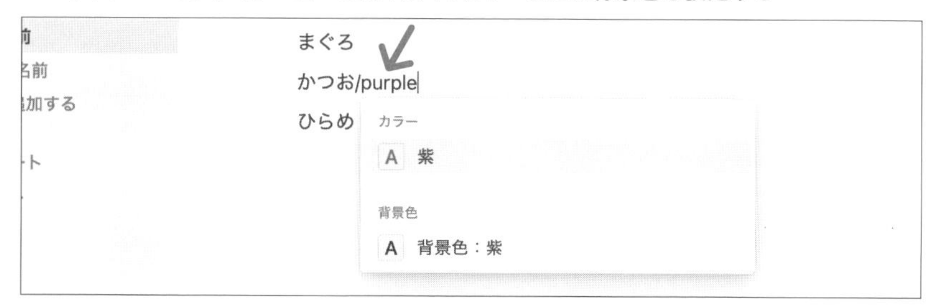

2-2-8 ブロックを選択する

ブロックを選択するには、さまざまな方法があります。多くの方法を覚えて、状況に応じた方法を使い分けられるようにすると理想的です。

ブロックの編集状態からブロック自体を選ぶ

ブロックの内容を編集できる状態（ブロック内に縦棒のカーソルがある状態）で Esc キーを押すと、ブロック自体の選択へ移ります。

すべてのブロックを選ぶ

ページ内のすべてのブロックを選ぶには、いずれかのブロック自体を選んでいる状態で、次のキーボードショートカットを押します。

Mac　⌘ + A

Win　Ctrl + A

隣接するブロックを選ぶ

ブロック自体を選択しているときに、上下に隣接するブロックを選択するには、↑または↓キーを押します。

連続したブロックを選ぶ

連続した位置にあるブロックを選択する手順には、次のものがあります。

- ブロック自体を選択してから、shiftキーを押しながら↑または↓キーを押します。方向キーを押すたび、その方向へ1つずつ選択範囲を伸縮します。
- 一方の端のブロック自体を選択してから、他方の端のブロックをshiftキーを押しながらクリックします。
- ブロックの外側でクリックし、四角形で囲むようにドラッグします。目的のブロックの一部分でも囲めれば選択できます。ブロック全体を囲む必要はありません。

■ ドラッグして連続したブロックを選択

連続していないブロックを選ぶ

連続していない位置にあるブロックを選択するには、まずいずれかのブロックを選択してから、以下の方法で目的のブロックを1つずつ追加選択します。すでに選択されているブロックを同様に操作すると、選択から外します。

Mac　⌘＋shiftキーを押しながら1つずつクリック

Win　Ctrl＋Alt＋Shiftキーを押しながら1つずつクリック

2-2-9 ブロックを削除する

ブロックを削除するには、目的のブロックのブロックハンドルをクリックし、メニューが開いたら［削除］を選ぶか、以下のキーボードショートカットを押します。ブロックが削除されると、間が詰められます。

Mac backspace または delete
Win Backspace または Delete

■ ブロックを削除する

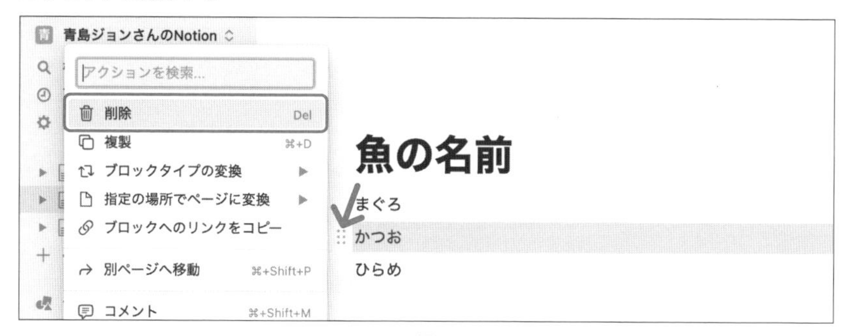

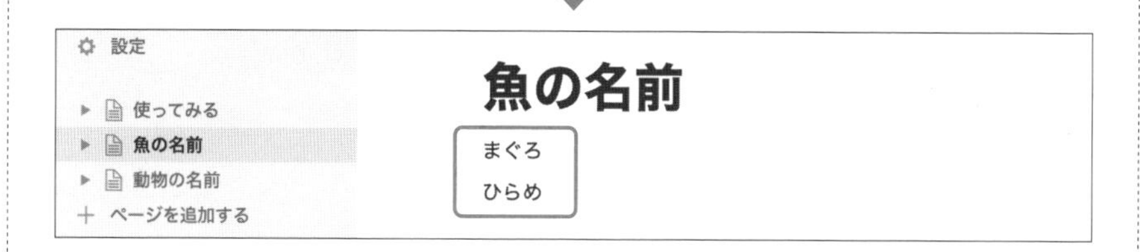

●NOTE　すべての内容を削除して空になったブロックで、さらに backspace キーを押すと、そのブロックを削除した上で、カーソルが直前のブロックの末尾へ移動します。通常のワープロと同じ動作ですが、ブロックも削除される点に注目してください。

2-2-10 ブロックタイプを変更する

ブロックタイプを変更する手順には、次のものがあります。個々のブロックタイプの詳細は「第5章 ブロックタイプリファレンス」を参照してください。

ブロックハンドルのメニューを使う

目的のブロックのブロックハンドルを表示し、クリックします。メニューが開いたら、[ブロックタイプの変換]以下から目的のものを選びます。

■「テキスト」タイプから「ToDoリスト」タイプへ変更する例

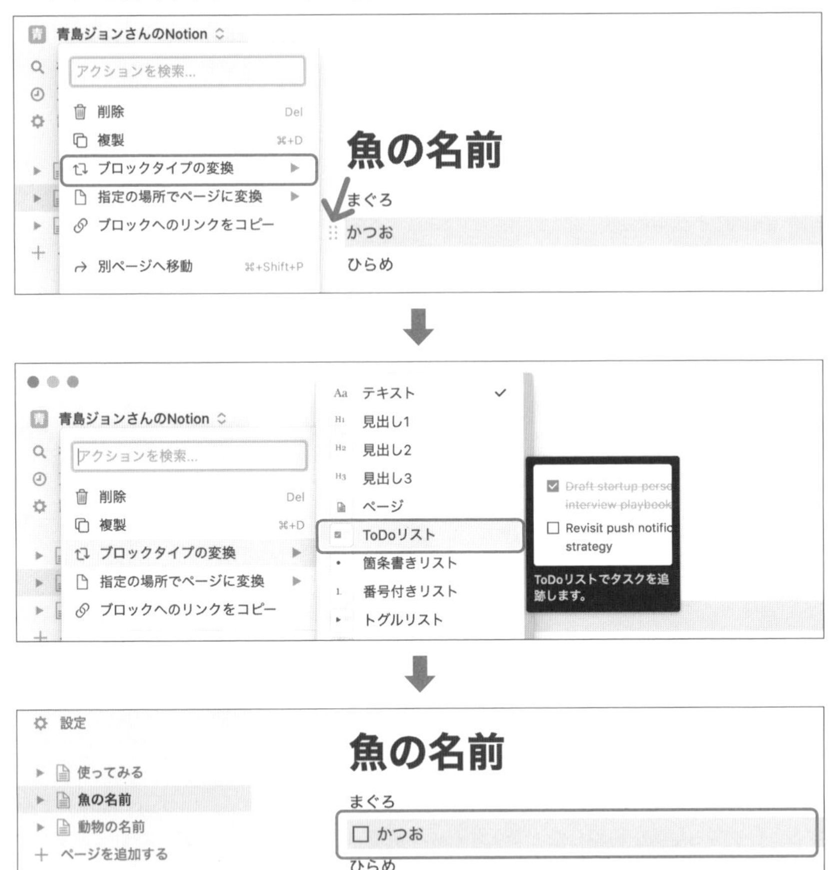

ただし、この方法で設定できるのは、おもに文章を扱うタイプに限られます。「メディア：画像」タイプなど、[ブロックタイプの変換]に表示されないタイプのブロックの場合は、この方法では変更できないので、新しいブロックを作成してください。

●NOTE　現在設定されているタイプは、メニュー内でチェックマークが付きます。いま設定されているタイプがどれであるか調べたいときにも使えます。

テキスト編集ツールバーのメニューを使う

あるブロック内の文章を編集しているときにブロックタイプを変更したい場合は、ブロックハンドルを使わない方法もあります。

ブロック内のいずれかの文章を選択すると、図のようなバーが表示されます。

左端の項目をクリックするとメニューが開き、ブロックタイプを変更できます。

■ 内容の編集中にタイプを変更する

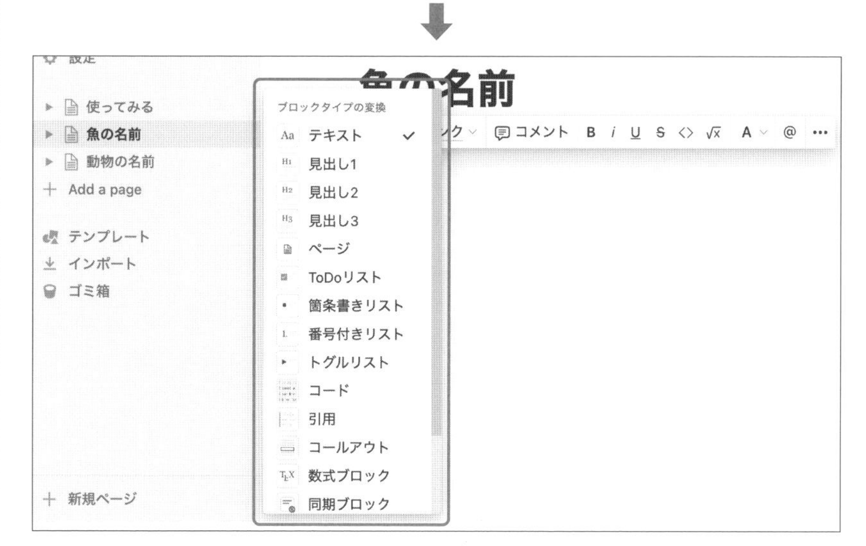

キーボードショートカットを使う

ブロック自体の選択中、または、ブロックの編集中に、Macでは ⌘ + option 、Windowsでは Ctrl + Shift キーを押しながら、以下のキーを押すと、ブロックタイプを変更できます。

■ キーボードショートカット

キー	ブロックタイプ
0	テキスト
1	見出し 1
2	見出し 2
3	見出し 3
4	ToDo リスト
5	箇条書きリスト

キー	ブロックタイプ
6	番号付きリスト
7	トグルリスト
8	コード
9	ページ（現在のページの下位に、ブロックの文字列を名前にした新しいページを作る）

マークダウンを使う

ブロックの先頭に所定の記号を入力し、続けて区切りのスペースを入力すると、ブロックタイプを変更できます。これらの記号は「マークダウン」と呼ばれる書式に沿ったものです。なお、これらはすべて半角で入力する必要があります。

■ マークダウン

ブロックタイプ	入力する記号
箇条書きリスト	* または - または +
番号付きリスト	1. (必要な数字を入力すると、その番号から始められます)
ToDoリスト	[] (これのみ、区切りのスペースは不要です)
見出し1〜3	# (「#」の個数に応じて、1〜3を指定できます。「###」と3個入力すると「見出し3」です)
トグルリスト	>
引用	"

スペースで区切ると同時にブロックタイプが変わり、
改行して作った次のブロックも同じタイプで作られる

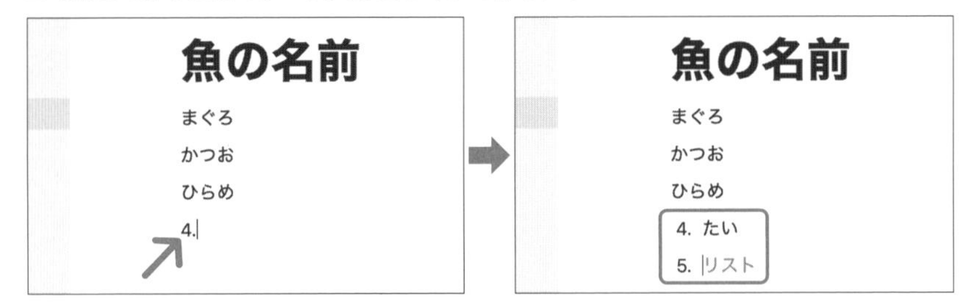

スラッシュコマンドを使う

グレーの文字で「「/」または「;」でコマンドを入力する」と表示されているときは、ブロックをクリックしてから、半角の「/」、または、全角の「;」を入力しても、ブロックタイプを選択するメニューが開きます。

この方法では、画像やデータベースなど、テキスト以外のタイプも選べます。詳細は「2-2-11 スラッシュコマンドを使う」で紹介します。

2-2-11 スラッシュコマンドを使う

ブロックの中で半角の「/」(スラッシュ)、または、全角の「;」(セミコロン)を入力すると、メニューが開き、ブロックタイプを指定したり、文字または背景の色を設定したりできます。この機能を「スラッシュコマンド」と呼びます。

■ ブロックの中で半角の「/」または全角の「；」を入力するとメニューを開く

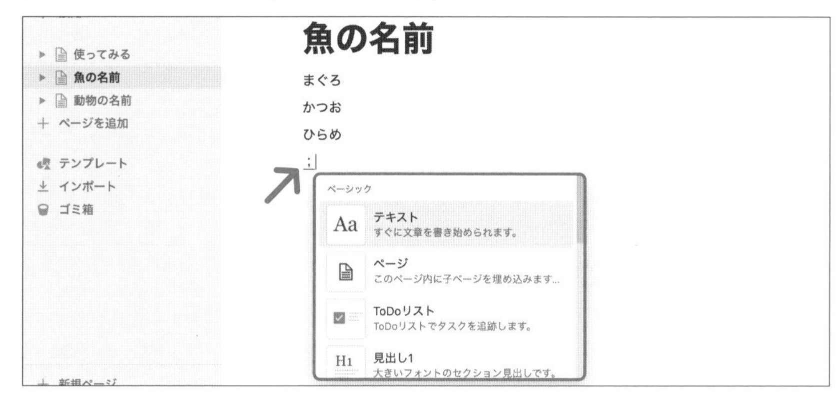

メニューの中から目的のコマンドを選ぶときは、マウスを使ってスクロールしたり、クリックして選ぶほかにも、↑ ↓ キーで移動、return / Enter キーで選択できます。

●NOTE　スラッシュコマンドを実行する記号には、もともとは半角のスラッシュだけが設定されていましたが、日本語環境でも半角入力へ切り替えずに済む全角のセミコロンがあとから設定されました（そのため、半角のセミコロンでは機能しません）。どちらを使っても同じなので、本書では両方をまとめて「スラッシュコマンド」と呼びます。

スラッシュコマンドはすべてのブロックタイプを指定できる

スラッシュコマンドで開くメニューを使うと、Notionで利用できるすべてのブロックタイプから選べます。このメニューは、ブロックハンドルをクリックして開くメニューに似ていますが、スクロールすると、画像のアップロードや、データベースの作成ができるタイプも選べることが分かります。

■ スラッシュコマンドを使うと、すべてのブロックタイプから選べる

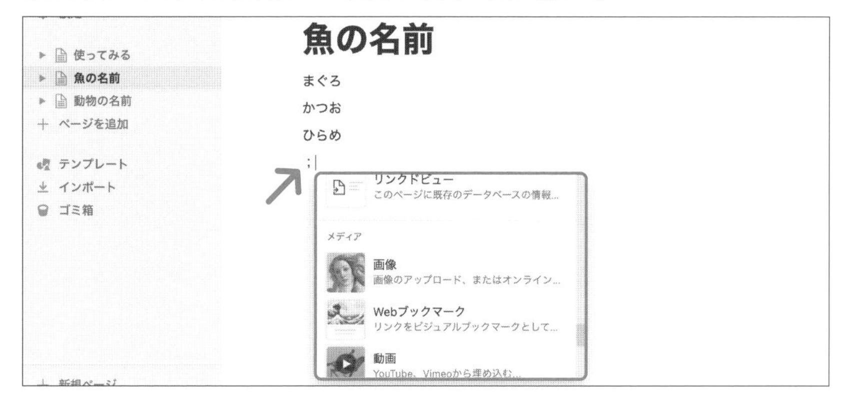

逆にいえば、一般的な文字列以外のブロックタイプを使うには、スラッシュコマンドを使って指定する必要があります。原則として、先にブロックタイプを指定することで、データの容器を先に作るのだとイメージしてください。

●NOTE　各ブロックの先頭に表示される「+」アイコンをクリックしたときに開くメニューを使っても、すべてのブロックタイプから選んで、直下に新しいブロックを作れます（詳細は「2-2-1 ブロックを作成する」を参照）。

ブロックタイプは操作性にも影響する

最適なブロックタイプを指定することは、使い勝手にも影響します。たとえばページ内にPDFファイルを配置するときに、自動的にブロックを作らせた場合と、先にタイプを指定してブロックを作った場合では、ページ内の表示や使い勝手が異なります。

■ ブロックの作成手順で表示や操作が異なる場合がある

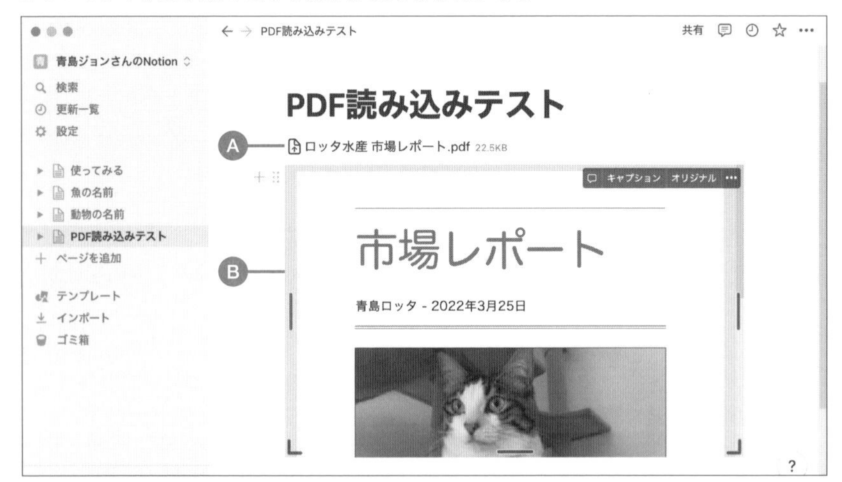

Ⓐ デスクトップからPDFファイルのアイコンを、ページ内へドラッグ&ドロップしたブロックです。

Ⓑ あらかじめ「埋め込み：PDF」タイプのブロックを作成して、アップロードするファイルを指定したブロックです。

図中のⒶは、あらかじめブロックを作る必要がないので、操作は1度で済みます。リンクの文字列には、ファイル名が使われます。ただし、そのファイルへのリンクとして挿入されるので、内容を閲覧するには、Notionのページ内でリンクをクリックして、Webブラウザへ切り替えてファイルをダウンロードして開く必要があります。

図中の❸は、タイプを指定して空のブロックを作り、アップロードするファイルをダイアログから選択する必要があり、❹に比べると手順が面倒です。しかし、エディターの中でPDFの内容を閲覧できますし、スクロールしてほかのページを開くこともできます。

スラッシュコマンドを使えるタイミング

スラッシュコマンドを使えるのは、まだ何も入力していない新しいブロック、または、文字列を収めるタイプのいずれかを、編集している（縦棒のカーソルが表示されている）ときです。

新しいブロックのときは、グレーの文字で「「/」または「；」でコマンドを入力する」とガイドが表示されます。

■ スラッシュコマンドが使えることを示すガイド

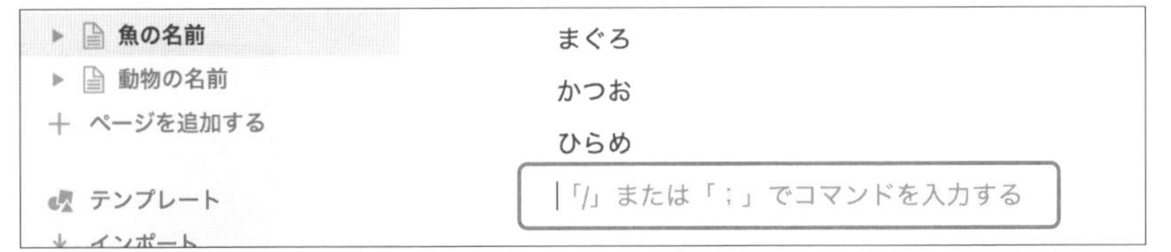

一方、ガイドは表示されませんが、すでに文字列が入力されているブロックでスラッシュコマンドの記号を入力しても、メニューが開きます。ただし、文字色と背景色は現在のブロックに対して設定されますが、それ以外のコマンドが選ばれたときは、直下に新しいブロックを作成します。編集中のブロックのタイプを変更するわけではないので注意してください。

■ スラッシュコマンドを実行すると現在のブロックに設定する例（「背景色：緑」を設定）

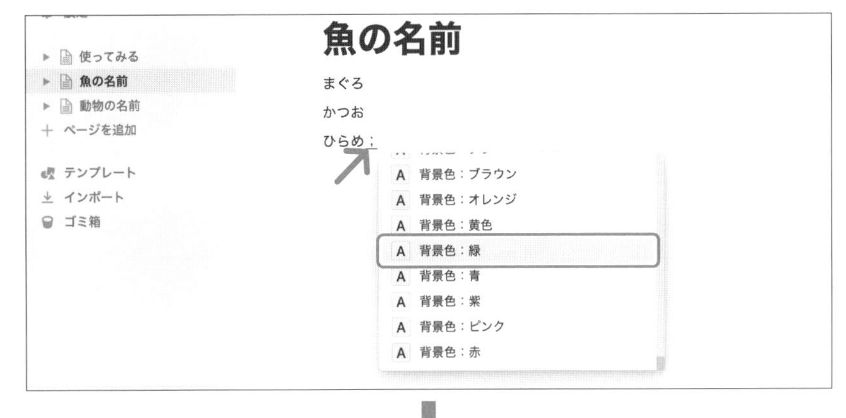

■ スラッシュコマンドを実行すると新しいブロックを作成する例（「ToDoリスト」を設定）

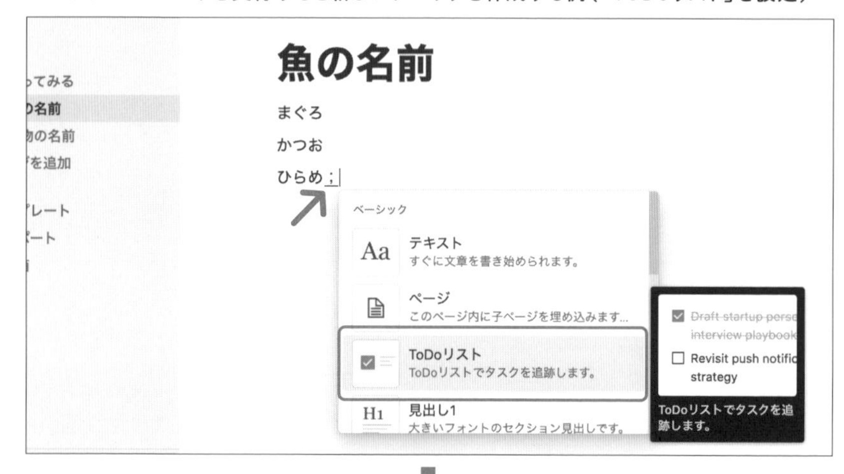

●NOTE　編集中のブロックのタイプを変更したい場合は、ブロック内のいずれかの文字列を選択してからツールバーを使うか（詳細は「2-2-2 ブロックの内容を編集する」を参照）、ブロックハンドルのメニューを使います（詳細は「2-2-10 ブロックタイプを変更する」を参照）。

スラッシュコマンドのメニューを絞り込む

スラッシュコマンドに続けてコマンドの名前を入力すると、コマンドを絞り込めます。絞り込みは、文字を入力するたびに段階的に行われるうえ、部分一致でもよいため、コマンド名を完全に暗記する必要がありません。

コマンドの名前には日本語表記と英語表記があり、半角の「/」と全角の「；」のどちらと組み合わせても機能します。メニューの中で表示される順序が変わることがあっても、表示されるコマンドは同じです。

■ スラッシュコマンドを「リスト」と「List」のどちらで絞り込んでもよい

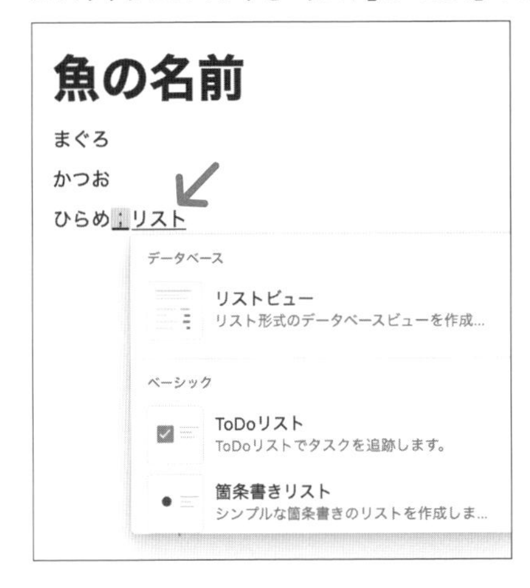

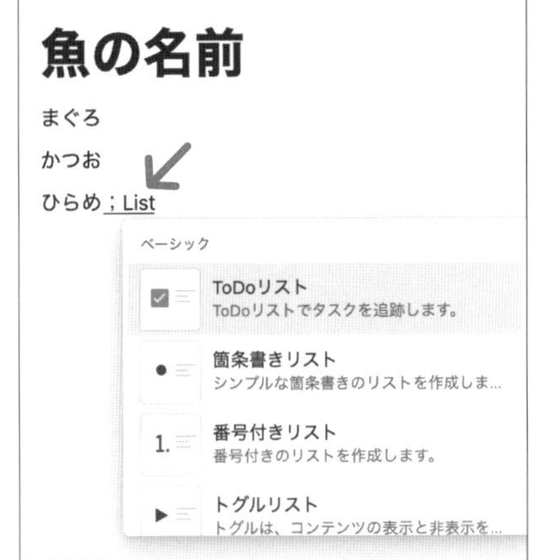

●NOTE　MacとWindowsのどちらでも、OS付属の日本語入力プログラムは、日本語を入力する全角文字のモードのときに shift キーを押しながら文字キーを押すと、一時的に半角英数モードへ切り替えられます。よって、全角で「；」、shift ＋ L キー、（shift キーを放して）「ist」、の順で入力すると、「；List」と入力できます。Notionとは直接関係のないことですが、スラッシュコマンドをラクに扱えるようになるので、あわせて覚えると便利です。

2-3 ページの管理

ノートの中心となる、ページを管理する方法を紹介します。階層を扱うことが多いので、解説の本文とともに、図のサイドバーにも注目してください。

2-3-1 ページを作成する

新しいページを作る手順を紹介します。手順によって特徴があるので、いろいろな作り方を知っておきましょう。

なお、ここではページの作り方だけを紹介します。新しいページの内容を作り始めるまでは、グレーの文字で表示されているガイドのとおり、さまざまなテンプレートを利用できますが、その詳細は「2-3-2 新しいページのテンプレートを使う」で紹介します。

作ったはずのページが見当たらない

作成したはずのページがサイドバーで見当たらないときは、再読み込みの操作をしてみてください。

Mac ［表示］→［再読み込み］ または ⌘ + R キー

Win Ctrl + R キー

ただし、それでも表示されない場合があります。目的のページを検索したり、内容を書き込むなどの操作ができるのであれば、ノートは保存されているようです。

新しいページを作る

新しいページを作る最も基本的な方法は、ウインドウ左下にある「＋新規ページ」をクリックするものです。以下のキーボードショートカットを押しても同じです。

Mac ⌘ + N

Win Ctrl + N

この方法では、サイドバーの任意の位置（順序と階層）にページを作成できます。位置を指定するには、新規ページの上端に表示される「追加先」をクリックします。一方、位置を指定しなければ、サイドバーの末尾、最上位の階層に置かれます。

■ 任意の位置に新しいページを作る

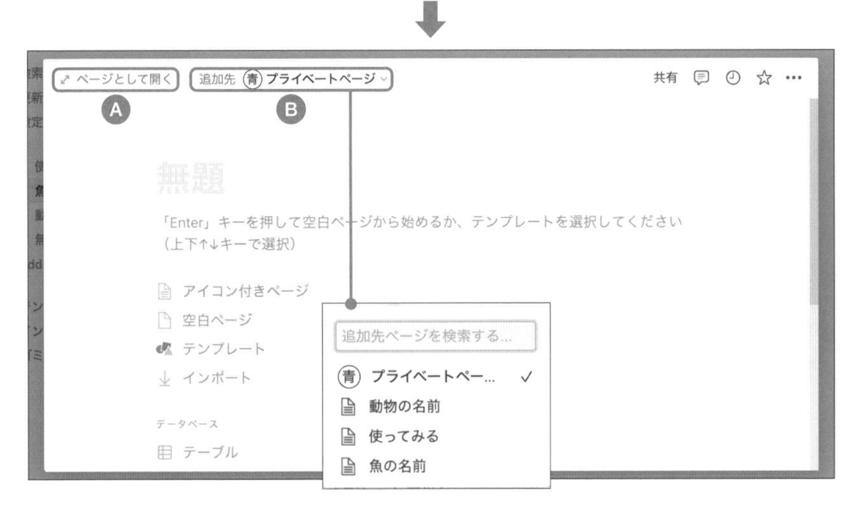

Ⓐ 表示をウインドウ全体に広げます。

Ⓑ 作成したページを保存する位置（順序と階層）を指定します。

Ⓑの中にある［プライベートページ］は、ここでは最上位の階層と同じ意味です。あるいは、既存のいずれかのページを選ぶと、その下位に作られます。候補にないページは検索して指定できるので、サイドバーの直下にない（深い階層にある）ページを指定するときに便利です。

サイドバーの末尾にページを作る

サイドバーに表示されているページ一覧の末尾に新しいページを作るには、その位置にある「＋ページを追加」をクリックします。具体的には、階層としては最上位、順序としては末尾になります。

■ 最上位の末尾に新しいページを作る

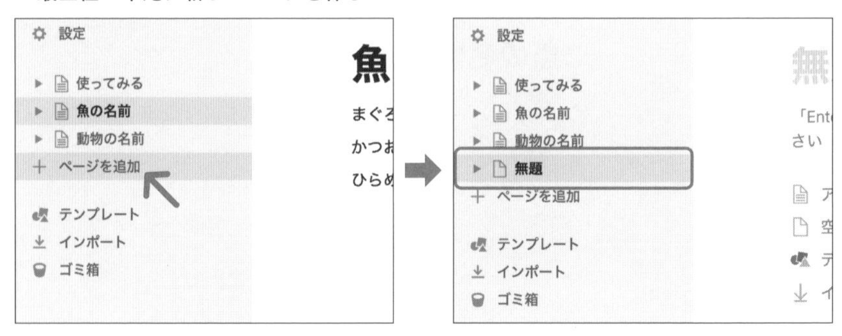

サイドバーで、既存のページの下位にページを作る

既存のページの下位に新しいページを作るには、サイドバーにある目的のページにマウスのポインタを重ねてから、右端に表示される[+]アイコンをクリックします。どの階層にあるページに対しても同様に操作できますが、保存先は指定したページの下位である点に注意してください。指定したページと同じ階層ではありません。

この方法は、上位のページをすでにサイドバーで開いているときに適しています。エディターで開いていなくてもよい点に注目してください。

■ サイドバーで、既存のページの下位に新しいページを作る

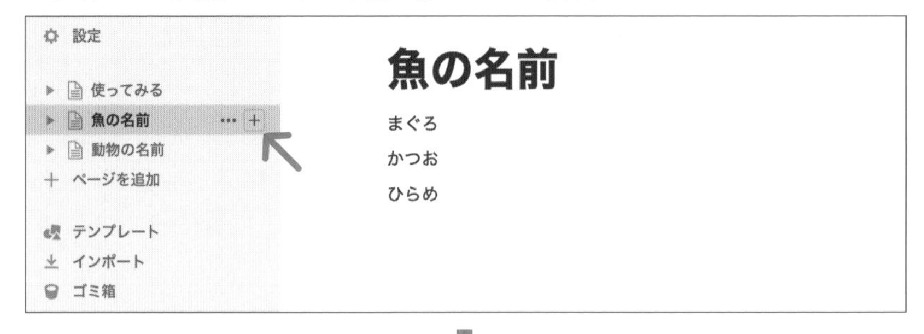

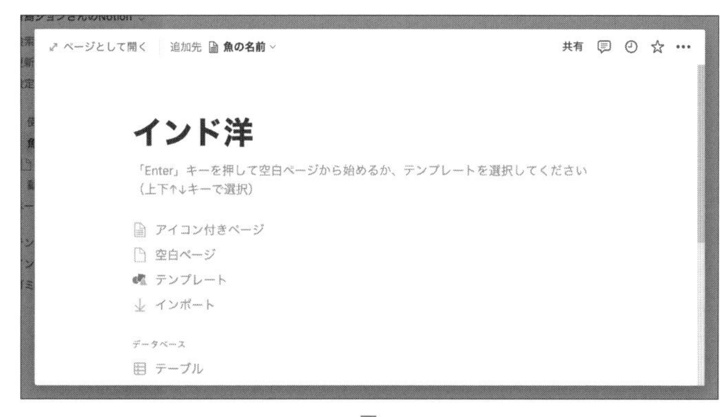

Ⓐ ページが作られるのは、+アイコンをクリックしたページの下位です。

Ⓑ 上位のページの末尾に、作成したページへのリンクが、名前とともに自動的に追加されます。

ページ内で、現在のページの下位にページを作る

新しいブロックを作るのと似た操作で、下位にページを作れます。これには、ブロックの左端に表示される「+」アイコンをクリックし、ブロックタイプを選択するメニューが開いたら[ページ]を選びます。

サイドバーを使って、下位にページが作られたことを確かめてください。

■ ページ内で、現在のページの下位にページを作る

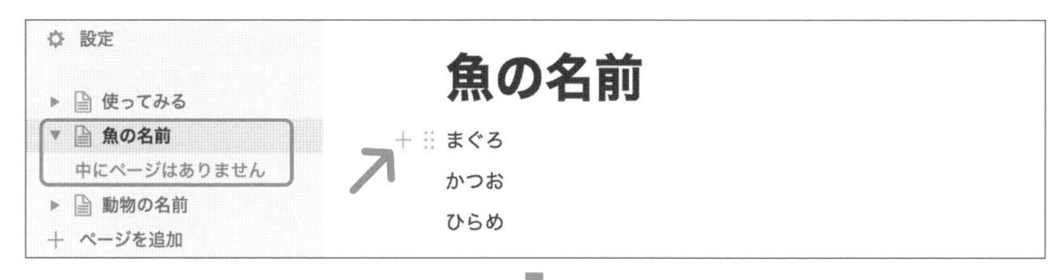

元のページを開くと、下位に作成したページの名前が、下線とともに表示されます。これは、いま作成した下位のページへのリンクになっていて、Webページのように、クリックするとそのページを開きます（詳細は「2-1-5 最大の作業領域「ワークスペース」」を参照）。

■ 元のページには新しいブロックがリンクとして作られている

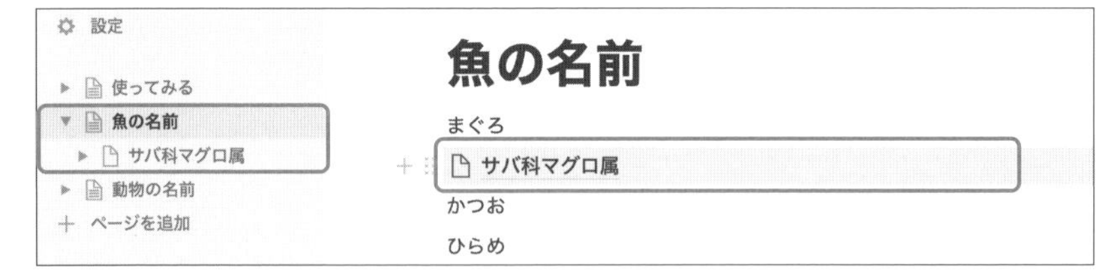

ブロック内で、リンクを設定しながらページを作る

既存のブロックの中で内容を編集している間に、リンクを設定しながらページを作れます。この機能はおもに既存のページへリンクを設定するものですが、新しいページを作ることもできる点に注目してください。手順がやや面倒ですが、名前も位置も任意に指定できる点が特徴です。

■ ブロック内の文字列をリンクにしてページを作る

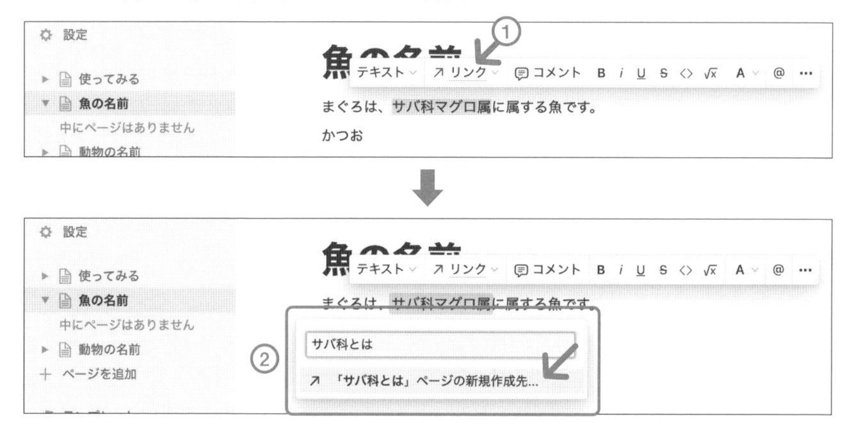

① ブロックのなかでリンクを設定したい語句を選択し、ツールバーが開いたら[リンク]をクリックします。

② 入力欄が開いたら、作成したいページの名前を入力してから、[「(入力した語句)」ページの新規作成先...]を選びます。

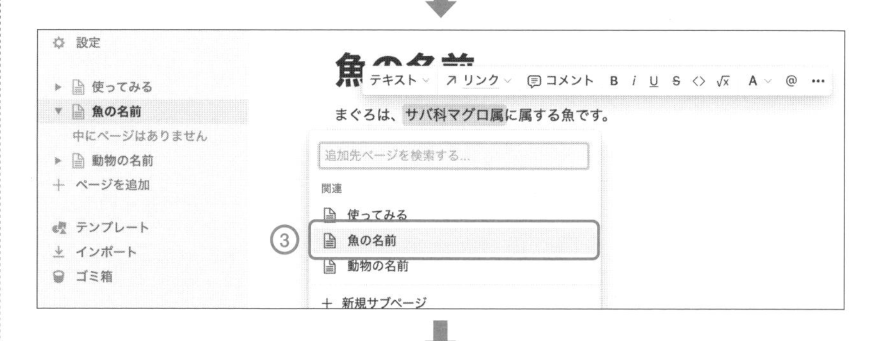

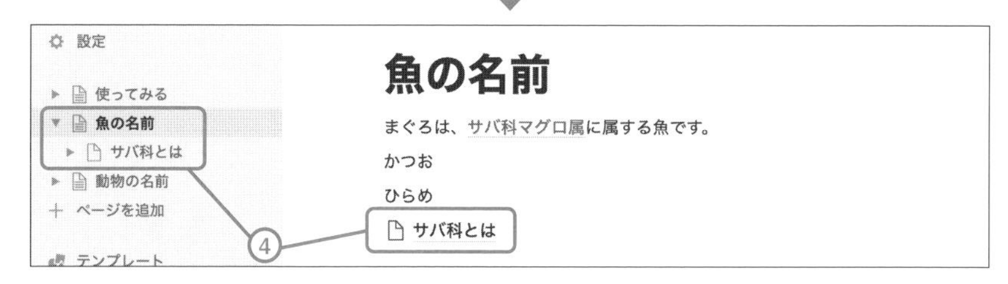

③ どのページの下位として作成するかを指定します。候補にない場合は検索もできます。「+新規サブページ」を選ぶと、現在のページの下位に作られます。

④ 指定した名前と位置で新しいページが作られました。直下に作成したときは、語句に設定したリンクとは別に、ページへのリンクもブロックとして作られることに注目してください。

既存のブロックのタイプを変更して下位にページを作る

既存のブロックのタイプを「ページ」へ変更して、現在のページの下位に新しいページを作れます。これには、ブロック自体を選択し、ブロックハンドルをクリックして、メニューが開いたら[ページ]を選びます。

■ 既存のブロックのタイプを変更して下位にページを作る

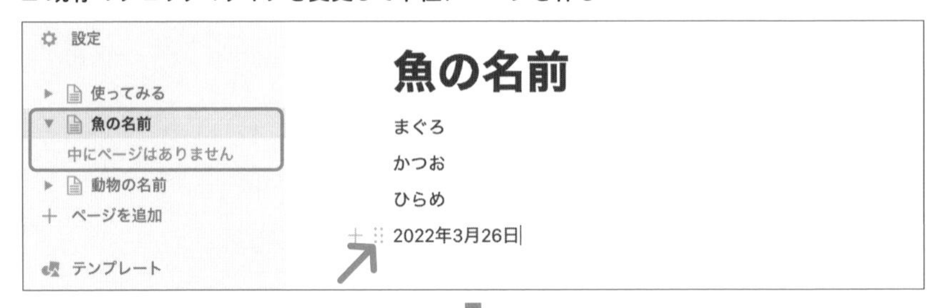

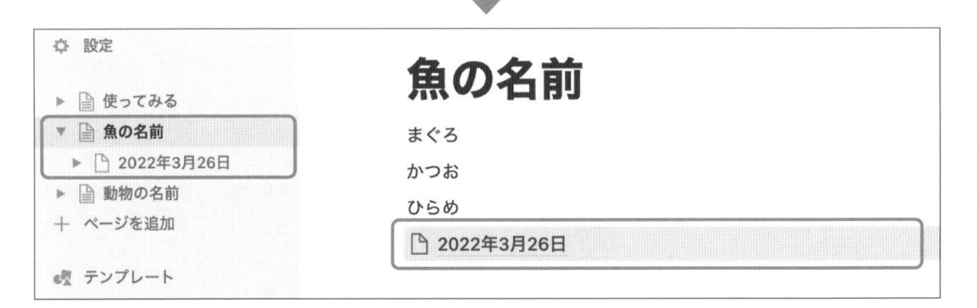

作られるノートの名前には、ブロック内の文章がそのまま使われます。

この操作は、複数のブロックを選択しても行えます。たとえば、下位に作りたいページの名前を列挙し、まとめて選択してから「ページ」タイプへ変換すると、「ページを作成して、名前を設定する」という操作を1ページずつ繰り返すよりも速やかに操作できます。

■ 複数のブロックから1度の操作で下位ページを作れる

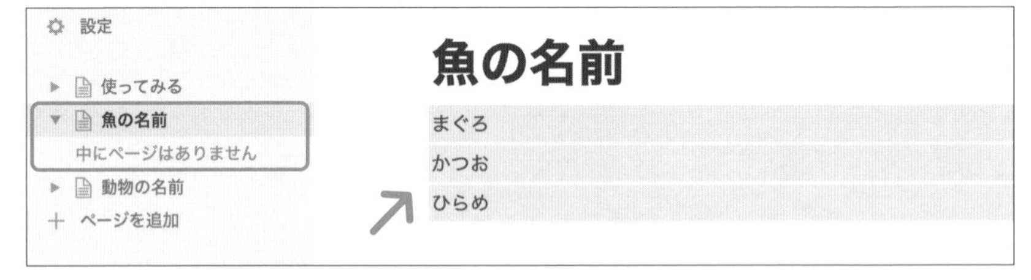

設定
使ってみる
魚の名前
まぐろ
かつお
ひらめ
動物の名前

魚の名前
まぐろ
かつお
ひらめ

●NOTE　「ページ内の既存のブロックを、下位ページへ変換する」とは独特な操作ですが、既存の内容から派生した詳しいノートを作りたいときなどに便利です。しかも、作成する位置はつねにいまのページの直下であり、位置を指定する手順が不要になります。

2-3-2 新しいページのテンプレートを使う

新しいページを作ると、次図のようにグレーの文字でガイドが表示されます。これは新しいページのためのテンプレートで、クリックすると、それぞれ以下の操作を実行します。

■ 新しいページのテンプレート

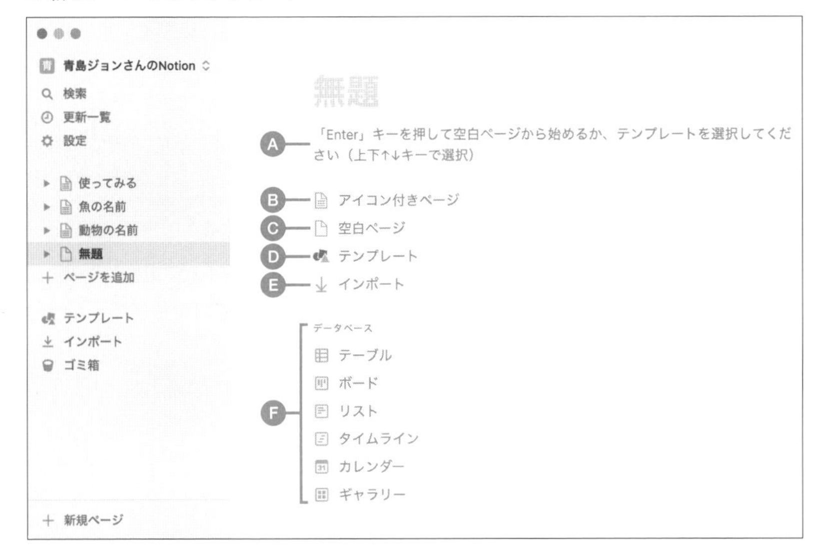

Ⓐ「「Enter」キーを押して空白ページから……」：テキストを入力できるブロックを作り、文字を入力できる状態にします。この行をクリックするほかに、何も選ばずに return（Enter）キーを押しても同じです。

Ⓑ「アイコン付きページ」：ページのアイコンを付けて、テキストを入力できるブロックを作り、文字を入力できる状態にします。アイコンはランダムに付けられ

ますが、変更できます（詳細は「2-4-2 ページのアイコンを変える」を参照）。

Ⓒ「空白ページ」：テキストを入力できるブロックを作り、文字を入力できる状態にします。Ⓐと同じです。

Ⓓ「テンプレート」：具体的なソリューションを作成するテンプレートを選択する画面を開きます。サイドバーの項目の末尾近くにある「テンプレート」を選んだときと同じです（詳細はコラム「公開テンプレートを使う」を参照）。

Ⓔ「インポート」：Evernoteなどのほかのクラウドサービスや、Wordファイルなどを選んで、Notionへインポートする画面を開きます（詳細は「4-1 データをインポートする」を参照）。

Ⓕ「データベース」：表示されている「テーブル」「ボード」など6種類のうちから、指定したビューでデータベースを作成します（詳細は「第3章 データベースを作ろう」を参照）。ここで作成するのは、全画面で開くタイプです。インラインデータベースではありません。

インラインデータベースを含め、このガイドにないタイプのブロックを作りたいときは、Ⓐ～Ⓒのいずれかを選び、続けてスラッシュコマンドを実行します（詳細は「2-2-11 スラッシュコマンドを使う」を参照）。

●NOTE　このテンプレートは、新しいページを作った直後だけでなく、すべてのブロックを削除したときにも表示されます。同じガイドが表示されるので気づくでしょう。ページの内容を最初から作り直したいときにも利用できます。

公開テンプレートを使う

テンプレートにはもう1つ、特定の用途ですぐに利用できるように作り込まれているものがあります。これを使うには、新しいページのテンプレートの中にある「テンプレート」、または、サイドバー下方にある「テンプレート」をクリックします。サンプルを見て選び、好みのものが見つかったら右上の「このテンプレートを使用する」ボタンをクリックします。

■ 公開テンプレートを使う

これで、いま開いているワークスペースへ通常のプライベートページとしてコピーされるので、以後は自分用のページとして実際に利用したり、設定を調べたりすることができます。

ただし、本書ではこれらのテンプレートは扱いません。設定を調べて教材として使うにはよいでしょう。

なお、テンプレートには、前記した開発元が配布しているもの以外にも、有志の方が無償公開しているものや、有料で販売されているものもあります。ネットで検索すると、どちらもすぐに見つかるでしょう。

2-3-3 ページを移動する

サイドバーには、ワークスペース内にあるページの一覧が表示されていますが、各ページの位置（順序や階層）は、手作業で並べ替えられます。何らかの条件で自動的に並べ替えるものではない点に注目してください。

既存のページの順序や階層を移動する手順には、次のものがあります。

ドラッグ&ドロップする

サイドバーで、ページを目的の位置までドラッグ&ドロップします。ドラッグしている間は、移動先の目印が色で強調表示されます。このとき、移動先がページとページの間であるか、ページ自体であるかに注意してください。

■ ドラッグ&ドロップでページを移動する

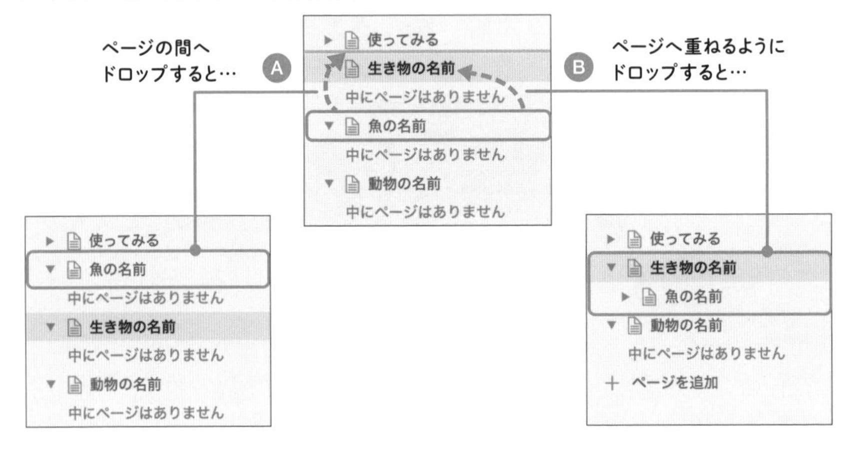

Ⓐ ページの間に線が表示されているときにドロップすると、その位置へ割り込むように移動します。

Ⓑ ページ自体が強調表示されているときに重ねるようにドロップすると、そのページの下位へ移動します。

ページの移動もアンドゥできるので、もしも思わぬ位置でドロップしてしまったときは、すぐにアンドゥしましょう。キーボードショートカットは次のとおりです。

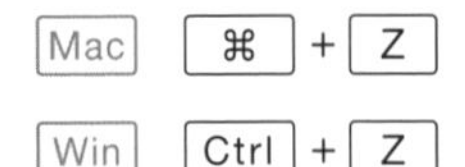

メニューから選ぶ

サイドバーで目的のページにマウスのポインタを重ね、「…」アイコンが表示されたらクリックします。メニューが開いたら、[別ページへ移動]を選びます。移動先は候補から選ぶか、名前で検索します。また、ほかのワークスペースへも移動できます。

■ メニューから選んでページを移動する

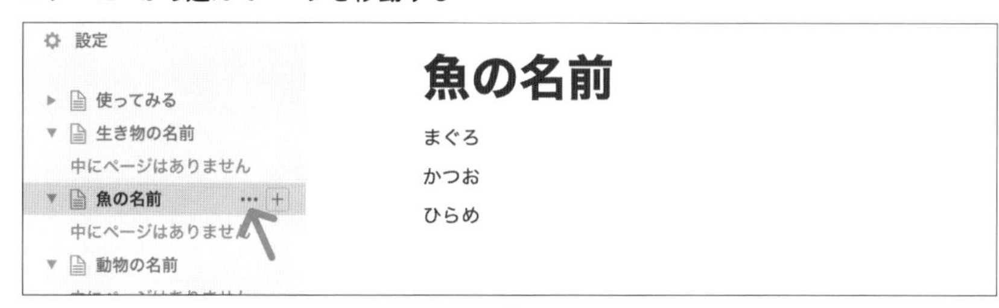

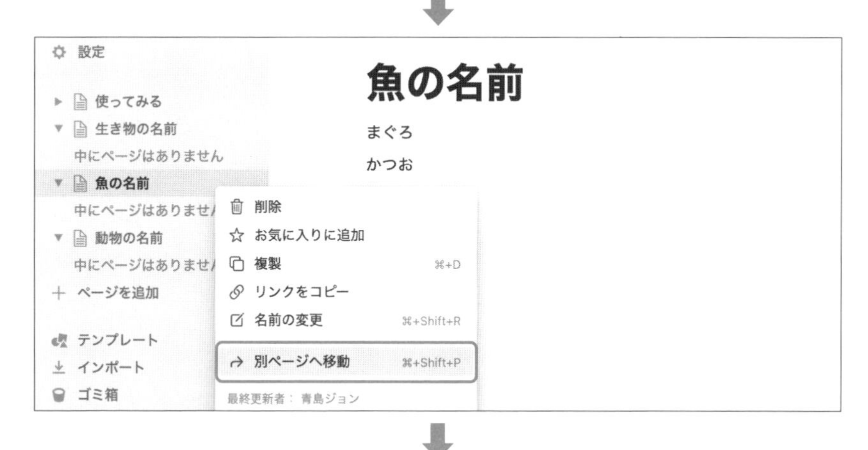

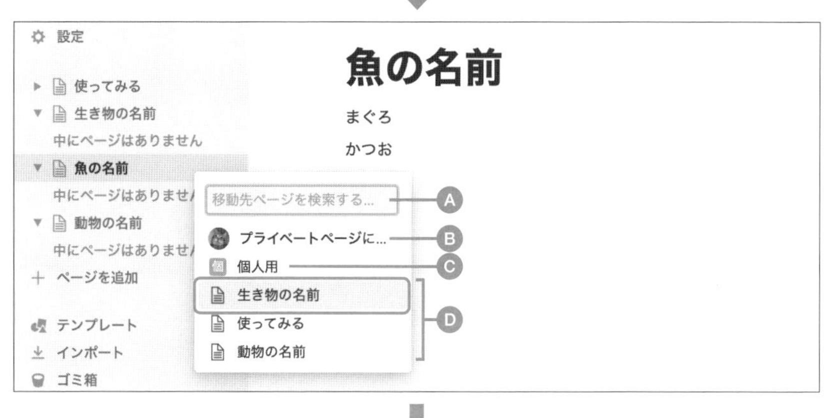

Ⓐ 移動先のページを検索します。

Ⓑ このワークスペースの「プライベートページ」の最上位へ移動します。

Ⓒ 別のワークスペースへも移動できます。ここに表示されるのは、ワークスペースの名前です。

Ⓓ 候補を自動的に表示します。

●NOTE　ページの移動先には別のワークスペースも選べますが、その中の位置（たとえば、どのページの下位に置くか）までは指定できません。そのため、ページを移動したあとにワークスペースを切り替えてから、再度ページを目的の位置へ移動する必要があります。ワークスペースを超えて移動したページは、サイドバーにあるページ一覧の末尾に置かれます。

2-3-4 ページを複製する

既存のページを複製するには、サイドバーで目的のページにマウスのポインタを重ね、「…」アイコンが表示されたらクリックします。メニューが開いたら、［複製］を選びます。複製先のページの名前には、自動的に番号が付きます。

■ メニューからページを複製する

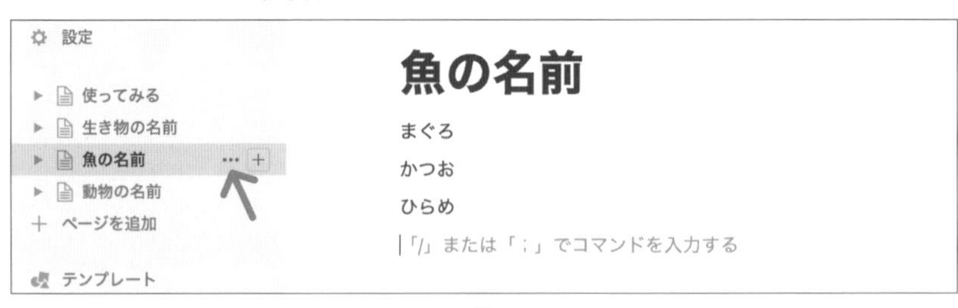

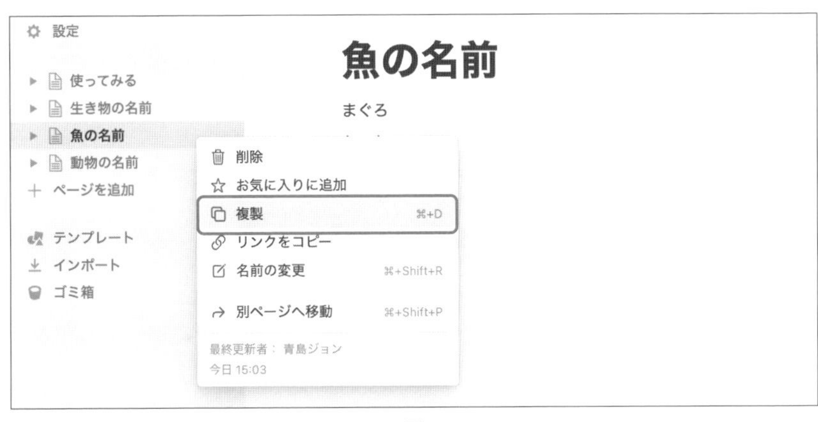

2-3-5 ページを削除する

ページを削除するには、まず何らかの方法で目的のページを「ゴミ箱」へ移動します。「ゴミ箱」にあるページを復元したり、完全に削除するには、「ゴミ箱」を開いて操作します。

すぐに削除するのではなく、いったん「ゴミ箱」にまとめる点では、Macの「Finder」やWindowsの「エクスプローラー」と似ていますが、Notionでは「ゴミ箱」を1度の操作で空にすることはできません。また、「ゴミ箱」のアイコンは変わりません。

なお、ページを「ゴミ箱」へ送るときに確認のダイアログは表示されません。気づかないうちに、残しておきたいページを捨ててしまわないように注意してください。また、下位にページを収めているページを「ゴミ箱」へ移動すると、それらもあわせて移動します。

ページを削除する手順には、次のものがあります。

ドラッグ&ドロップする

サイドバーで目的のページを探し、「ゴミ箱」アイコンまでドラッグ&ドロップします。

■ ページを「ゴミ箱」までドラッグ&ドロップして削除する

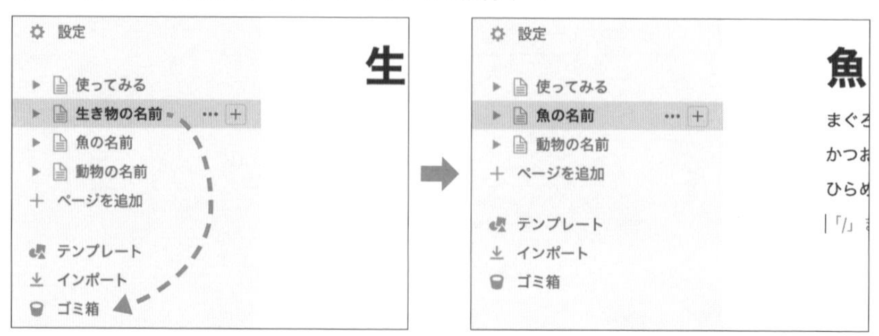

メニューから選ぶ

メニューを使って削除する方法には2つあります。どちらも、サイドバーでページを表示していない場合や、「ゴミ箱」アイコンまで距離があるような場合に便利です。

1つは、エディター右上のメニューを使う方法です。「…」をクリックし、メニューが開いたら[削除]を選びます。いまエディターで編集しているページを削除するときに便利です。

■ エディターで開いているページを削除する

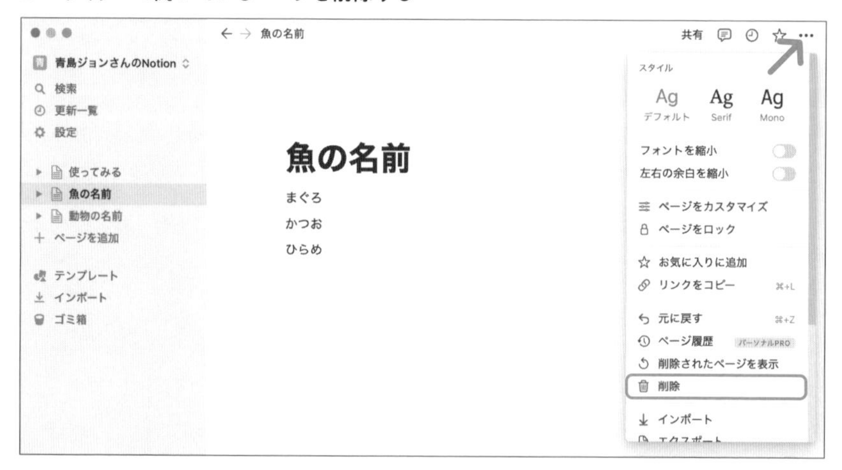

もう1つは、サイドバーのメニューを使う方法です。サイドバーで目的のページにマウスのポインタを重ね、「…」アイコンが表示されたらクリックします。メ

ニューが開いたら、[削除]を選びます。

この方法では、ページをエディターで開かなくても削除できますが、残しておきたいページまで削除しないように注意してください。とくに、必要なページが下位に残っていないか、忘れずに確認しましょう。

■ サイドバーのメニューでページを削除する

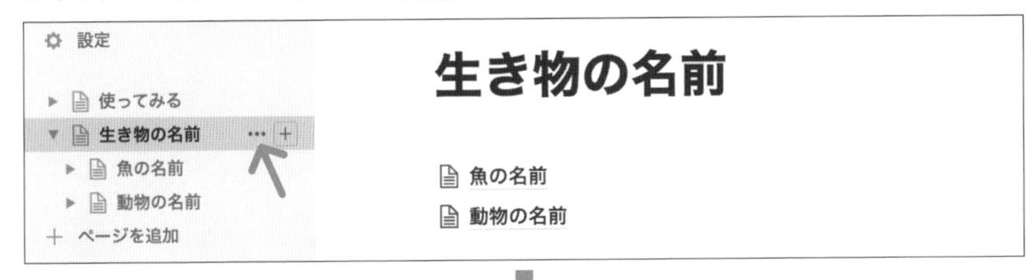

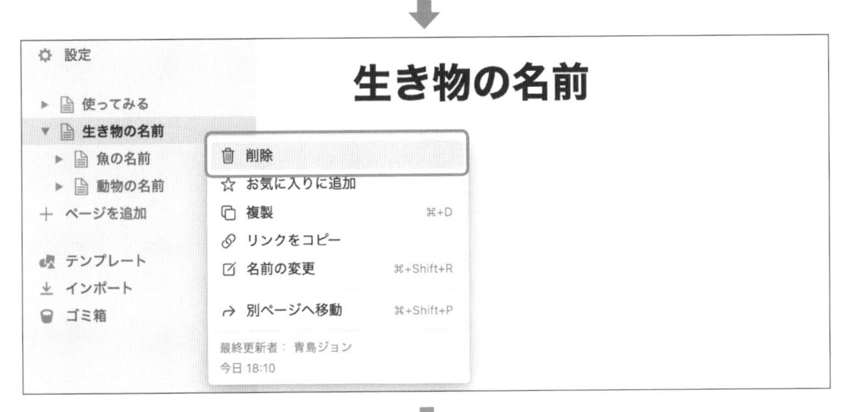

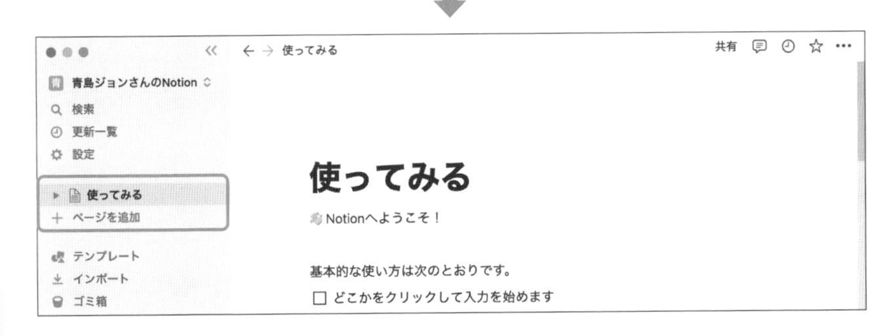

「ページ」タイプのブロックを削除する

あるページの下位にページを作ると、上位のページには、その一覧がリンクとともに必ず表示されます（詳細「2-1-5 最大の作業領域「ワークスペース」」を参照）。

この一覧は、クリックするとそのページを開くリンクとして機能しますが、ただのリンクではなく、現在のページに埋め込まれているものとして扱われるため、ページ自体も操作します。

　つまり、「ページ」タイプのブロックを削除すると、ページ自体も削除します。複数のブロックをまとめて削除するときは、誤って下位のページも削除しないように注意してください。

■「ページ」タイプのブロックを削除するとページ自体も削除される

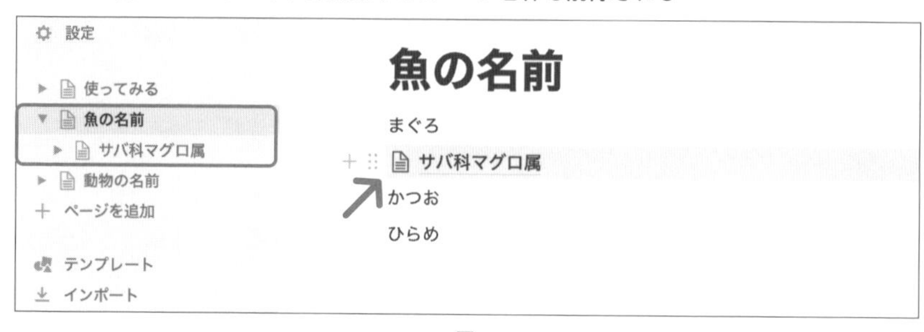

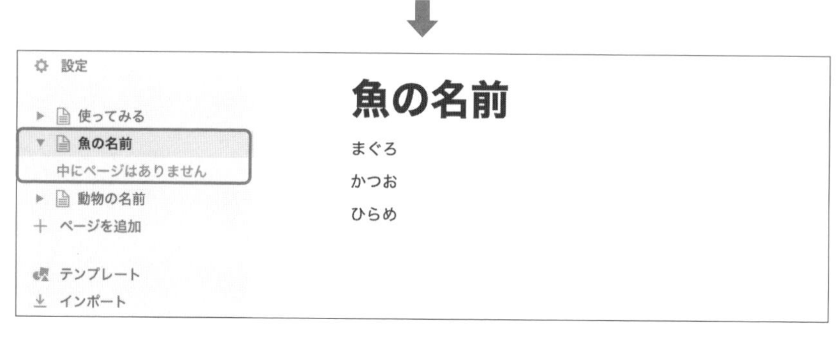

「ページ」タイプのブロックは、リンク（ページの名前）の左隣にアイコンが表示されます。これがないときは、既存のページへリンクを設定しているだけなので、ブロックを削除しても、リンク先のページには影響しません。

■ ページ自体を示すかどうかは、ページのアイコンの有無で分かる

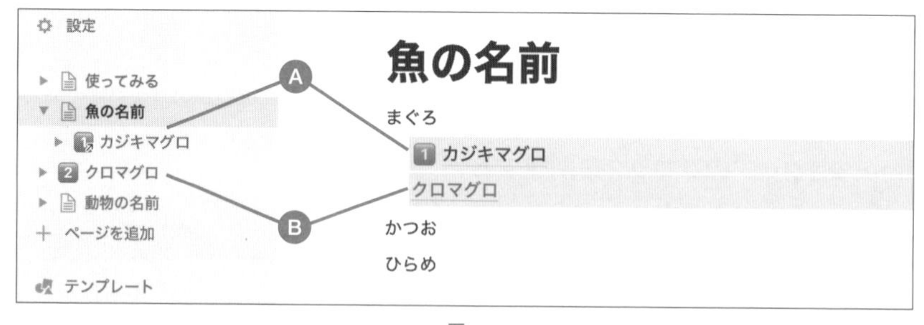

ブロックを削除すると…

設定
使ってみる
魚の名前
中にページはありません
2 クロマグロ
動物の名前
ページを追加
テンプレート
インポート
魚の名前
まぐろ
かつお
ひらめ

Ⓐ アイコンが表示されているリンクは「ページ」タイプのブロックなので、ブロックを削除するとページも削除されます。

Ⓑ アイコンが表示されていないリンクは「リンクが設定された文字列」なので、ブロックを削除してもページには影響しません。

「ゴミ箱」から復元・削除する

「ゴミ箱」へ移動したページを復元したり、完全に削除するには、サイドバーの「ゴミ箱」をクリックして、ウインドウから操作します。

■「ゴミ箱」を開いて操作する

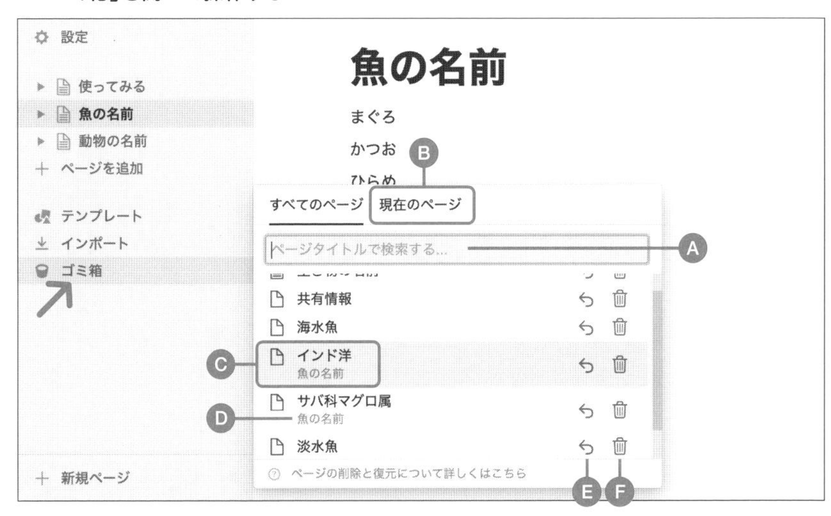

Ⓐ ページの名前を入力して絞り込みます。

Ⓑ 「現在のページ」タブへ切り替えると、いまエディターで開いているページの下位にあったページに絞り込みます。

- Ⓒ ページの名前をクリックすると、エディターにページの内容を表示します。その場合、ページの先頭に「このページは削除済みです」と表示されます。
- Ⓓ ページの名前の下にあるグレーの文字は、上位のページの名前です。グレーの文字がないページは、最上位にあったことを示します。
- Ⓔ 元の位置へ復元します。ただし、上位のページも削除されている場合でも、上位のページは復元されません。
- Ⓕ 完全に削除します。

復元のアイコンⒺをクリックすると、元の位置へ復元します。

■ 内容も位置も復元される

削除のアイコンⒻをクリックすると、確認のダイアログが表示されます。「ページを削除する」をクリックすると、完全に削除されます。

■ ページの完全削除を確認する表示

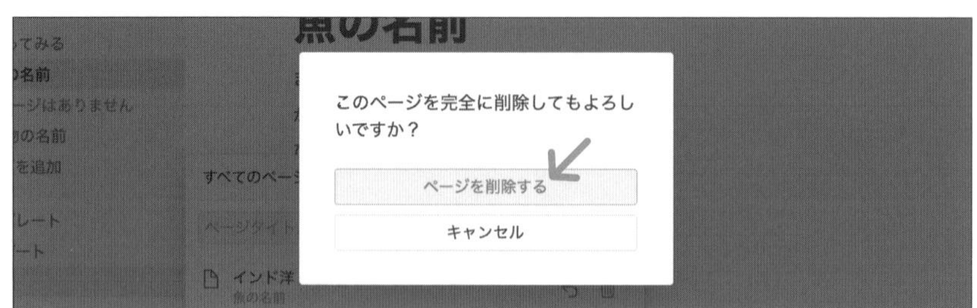

Notionでは、「ゴミ箱」にあるページを一括削除する方法は用意されていません。「ゴミ箱」は、過去に作成したページのアーカイブとして機能するとされています（公式ヘルプによる）。

2-3-6 ページを「お気に入り」に登録する

特定のページを「お気に入り」として登録すると、サイドバーの上方に「お気に入り」の見出しが作られ、その一覧が表示されます。

「お気に入り」には、ページの順序や階層に関係なく登録できます。このため、よく使うページを登録しておくと、必要になるたびに検索したり階層をたどったりする必要がありません。また、下位にページがあれば、「お気に入り」から階層を開いてもアクセスできます。

特定のページを「お気に入り」に登録する方法には、次のものがあります。

エディターの「☆」アイコンを使う

エディター右上にある「☆」アイコンをクリックします。再度「☆」アイコンをクリックすると、「お気に入り」から外します。この方法は、いま内容を編集しているページを登録するときに適しています。

■ いま表示しているページを「お気に入り」に登録する

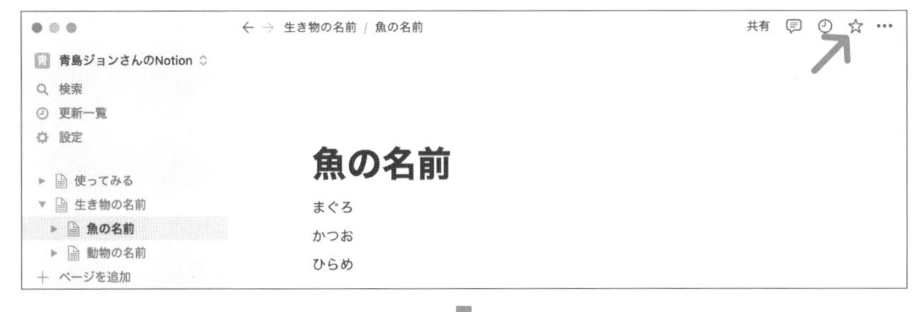

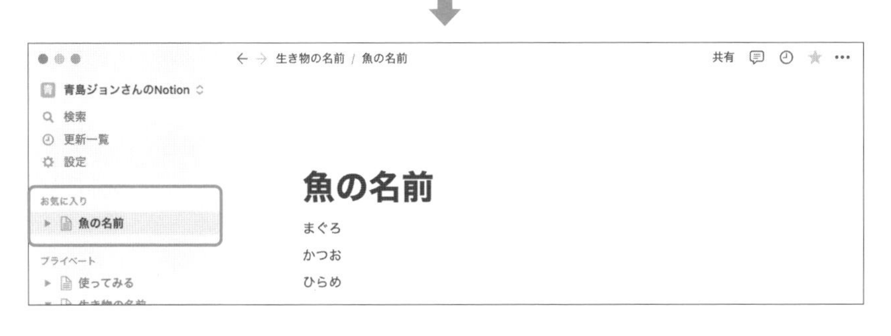

メニューから選ぶ

サイドバーで目的のページにマウスのポインタを重ね、「…」アイコンが表示されたらクリックします。メニューが開いたら、[お気に入りに追加]を選びます。この方法は、いまエディターで開いていないページも「お気に入り」に登録できます。

■ サイドバーで表示されているページを「お気に入り」に登録する

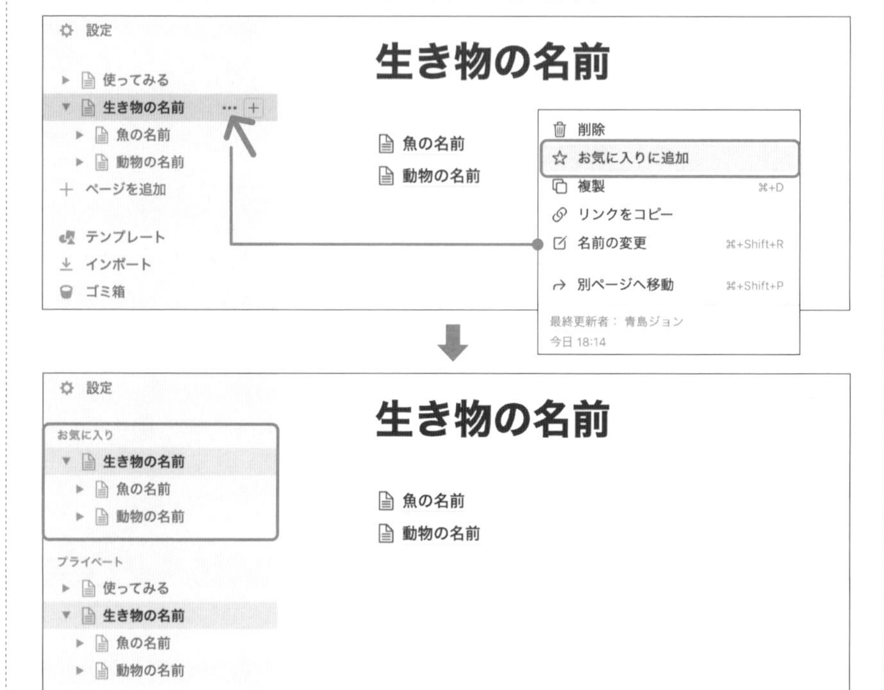

2-3-7 表示するページを移動する

目的のページを手早くエディターに表示できるようになると、ノートの数が増えても快適に扱えます。サイドバーで目的のページを直接クリックするほかにも、さまざまな方法を知っておきましょう。

なお、目的のページを探し出すという点では、検索機能も重要です。「2-3-8 画面内を検索する」「2-5-1 ワークスペースを検索する」も参考にしてください。

エディターに表示するページを移動する方法には、次のものがあります。

エディター左上のアイコンを使う

エディターの左上に表示されている左右の矢印は、直前または直後に表示されていたページへ移動します。機能はWebブラウザーと同じで、サイドバーでの階層や順序とは関係なく、エディターに表示していた順番で移動します。

■ 直前または直後に表示されていたページへ移動

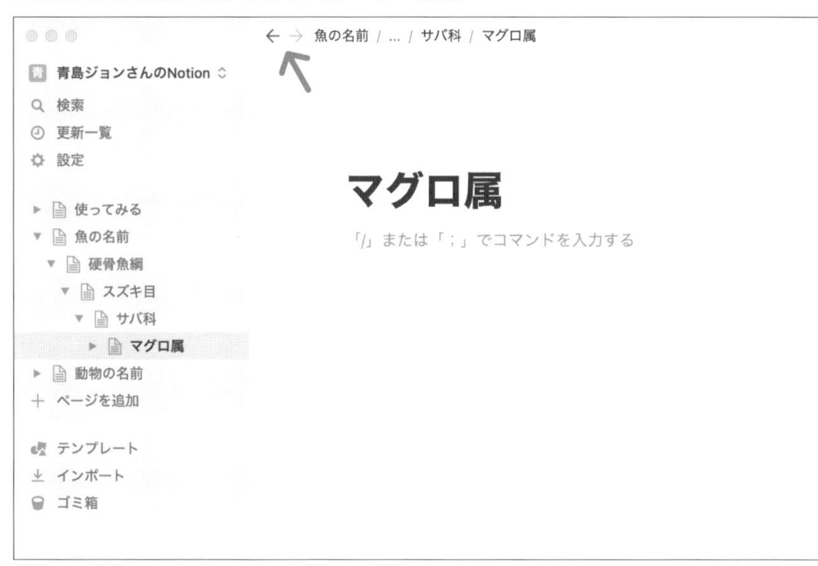

この機能は、以下のキーボードショートカットを押しても同じです。

Mac ⌘ + [および ⌘ +]

Win Ctrl + [および Ctrl +]

エディター左上のパスを使う

エディターの左上には、最上位の階層から現在表示中のページまでのパス（または「パンくずリスト」）が表示されています（パスについてはNoteを参照）。言い換えると、現在のページの上位にあたるページを、最上位まで段階的にさかのぼって確認できます。

この表示でページの名前をクリックすると、そのページ（階層）へ移動できます。表示しきれないときは途中が「...」で省略されますが、クリックすると詳細が表示されます。

■ パスを使って上位へ移動

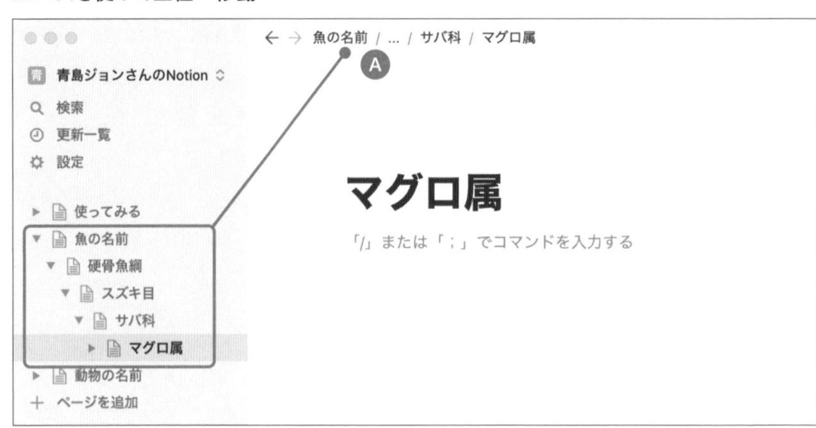

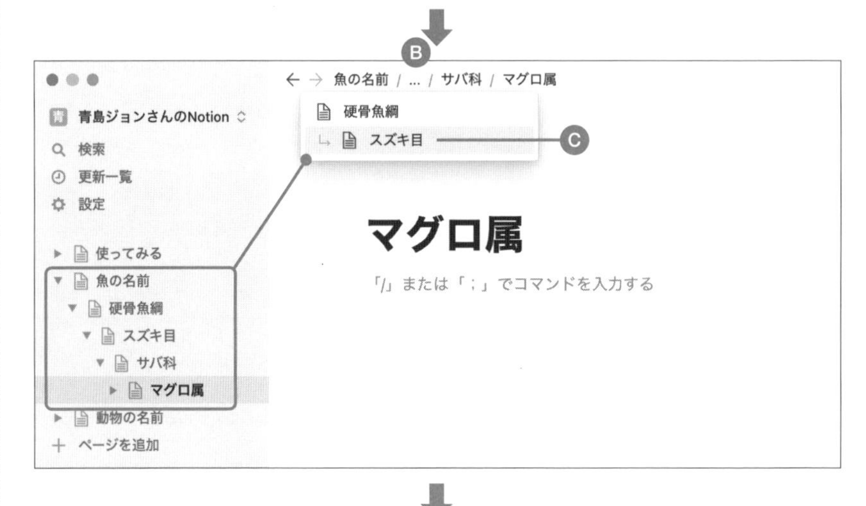

Ⓐ サイドバーと同じパスが表示されます。表示しきれないときは「...」で途中が省略されます。

Ⓑ 省略部分は「...」をクリックすると表示されます。

Ⓒ ページの名前をクリックすると、そのページへ移動します。

●NOTE　「パス」(path)とは「経路、道筋」の意味で、コンピューター用語では「基点になる場所からの経路」を表すものです。Notionでは、サイドバーの最上位を基点にして目的のページまでの「ページAの下位にある、ページBの下位にある、……ページX」という経路を、「A/B/…/X」のように、ページの名前をスラッシュで区切って表現します。ただし、Notionの公式ガイドでは、Webシステムにならって「パンくずリスト」(breadcrumb menu)と呼ばれています。この名称は、童話「ヘンゼルとグレーテル」で、目印のため経路にパンくずを置いていった逸話にちなむものです。

キーボードで上位へ移動する

エディターに表示しているページより、1階層上位のページへ移動するには、以下のキーボードショートカットを使います。

Mac　⌘ + shift + U

Win　Ctrl + Shift + U

2-3-8 画面内を検索する

いまウインドウに表示している語句を検索するには、以下のキーボードショートカットを押します。

Mac　⌘ + F

Win　Ctrl + F

するとエディターの右上に入力欄が開くので、検索したい語句を入力します。ヒットすると、検索された箇所が色で強調表示されます。

■ 画面内を検索

Ⓐ 該当箇所を順に移動します。

Ⓑ 入力欄を閉じます。

なお、この方法では、エディターに表示しているページの内容だけでなく、サイドバーに表示しているページの題名も検索されます。ただし、下位にあるため非表示にしているなど、一時的であっても画面に表示されなければ、検索されません。

2-4 ページのカスタマイズ

各ページには名前を付けたり、装飾を施したりするほか、エディターで使う基本フォントなどをカスタマイズできます。

2-4-1 ページの名前を変える

各ページには、名前を付けられます。ページをエディターで表示したときに、その先頭に最も大きなサイズで表示されている文字が名前です。ページの名前は、サイドバーや上位のページなどにも表示され、変更するとすぐに各所に反映されます。

ページの名前は、同じワークスペースの中、同じ階層の中で、重複してもかまいません。ただし、混乱を防ぐためにも、同じ名前を使うのはできるだけ避けたほうがよいでしょう。

ページの名前を変更する方法には、次のものがあります。

エディターで書き換える

目的のページをエディターで開いているときは、実際に表示されている名前をクリックして書き換えます。

■ エディターで名前を変更する

設定
使ってみる
魚の名前
動物の名前
Add a page
テンプレート

魚の名前
まぐろ
かつお
ひらめ

設定
使ってみる
魚のカタログ
動物の名前
Add a page
テンプレート

魚のカタログ
まぐろ
かつお
ひらめ

パンくずナビゲーションで書き換える

エディター左上にある「パンくずナビゲーション」（詳細は「2-3-7 表示するページを移動する」参照）に表示されている名前をクリックすると、入力欄が開いて、ページの名前を変更できます。

この方法では、ページの内容が長大な場合でも、スクロールして先頭へ戻る必要がありません。ただし、ここをクリックするとページの先頭へ移動するので、エディターの中で書き換えても手順はほぼ変わりません。

■ パンくずリストの中で名前も変更できる

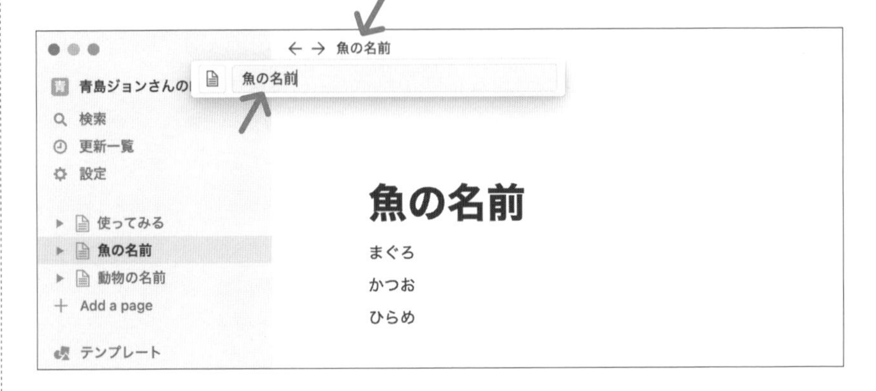

サイドバーのメニューを使う

サイドバーで目的のページを探し、ポインタを重ねたときに表示される「…」をクリックします。メニューが開いたら［名前の変更］を選びます。

この方法では、目的のページをサイドバーに表示できれば、エディターで表示していなくても変更できます。

■ サイドバーのメニューを使ってページの名前を変更する

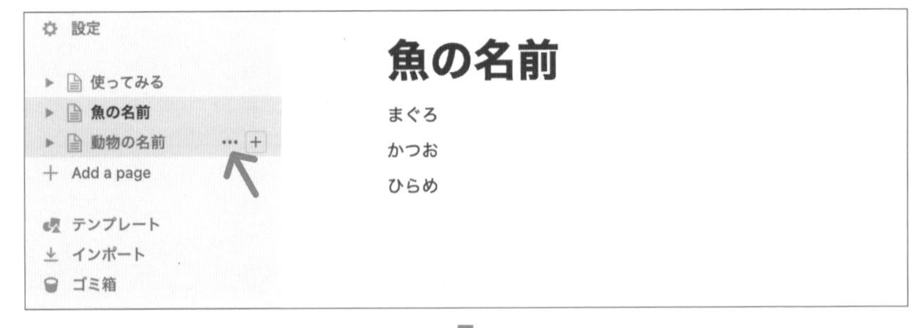

ページの名前には何を付ける？

　それぞれのページには、少ない文字数でほかのページと区別できる名前を付けましょう。

　名前が長くなってもエディターの右端で折り返して表示されますが、shift＋return／Enterキーを使った改行はできません。また、名前はサイドバーにも表示されますが、その幅には限りがあるので、末尾まで表示しきれないおそれがあります。画面幅の狭いモバイル端末と併用する場合はとくに注意してください。

　また、名前を付けずにおくと、「無題」として扱われます。名前は必須ではありませんが、名前のないページはすべて「無題」として扱われるため、サイドバーや検索結果で区別できなくなります。先に内容を書く必要がある場合でも、できるだけ早く、適当なタイミングで適切な名前を付けましょう。

■「無題」が重複すると区別できない

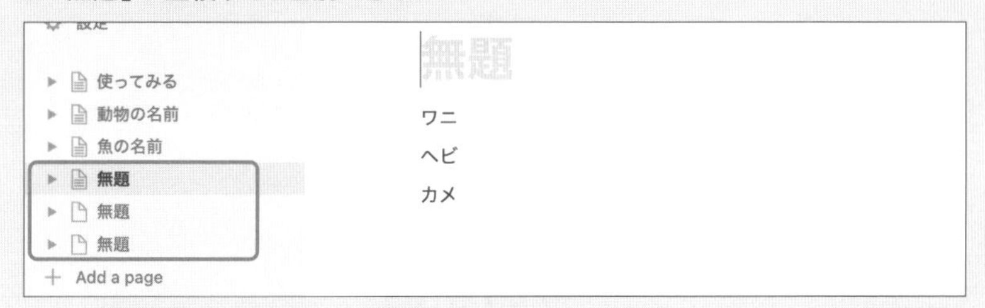

　長い名前を付ける必要が出てきた場合は、複数のページに分けて階層化したり、データベース化することを検討してみましょう。たとえば、「社内報告・浜松営業所の日報・20220314」のような名前を考えてしまった場合は、「社内報告」「浜松営業所」「日報」「2022年」「3月」「14日」のように階層化したり、日報そのものをデータベース化すると、扱いやすくなるでしょう。ただし、具体的にどのようにすべきかは、各組織の事情にあわせて検討してください。

2-4-2 ページのアイコンを変える

ページにはアイコンを付けられます。必須ではありませんし、重要性が高いものでもありませんが、名前より強く印象づけられるので、類似のページとの取り違えを防ぐなどの目的にも役立ちます。

アイコンの画像は任意に選べますが、初めて設定するときはまずランダムで選ばれます。内容に合っていない、好みに合わないなどの場合は、それをさらに変更します。

ページにアイコンを設定する方法には、次のものがあります。

エディターで変える

いまエディターで開いているページにアイコンを設定するには、ページの先頭あたりや名前にポインタを重ねます。グレーの文字で「アイコンを追加」のガイドが表示されたらクリックします。

■ エディターでページのアイコンを付ける

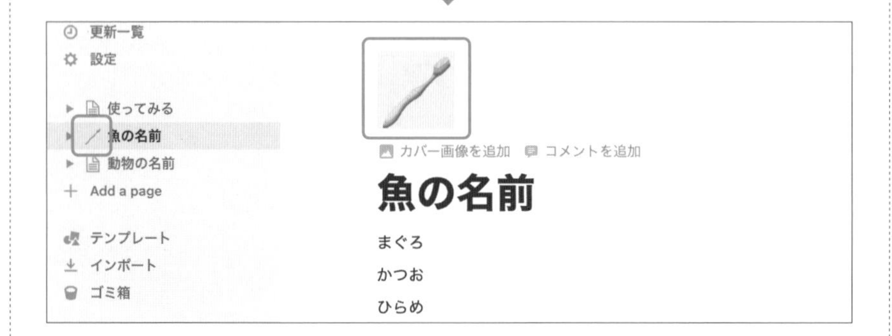

また、新しいページのテンプレートを使うときに（詳細は「2-3-2 新しいページのテンプレートを使う」を参照）、グレーの文字のガイドにある「アイコン付きページ」をクリックしても、自動的に最初のアイコンを付けられます。

一方、すでに設定されているアイコンを変更または削除したい場合は、アイコンの画像をクリックして、ウインドウから操作します。

■ エディターでアイコンを変更する

Ⓐ 用意されている絵文字から選びます。検索も可能ですが、英語で入力してください。「魚」や「ビル」では検索できませんが、「fish」や「building」では検索できます。

Ⓑ 自分で用意した画像ファイルをアップロードします。推奨サイズは、縦横280ピクセルです。

Ⓒ 画像がすでにインターネット上にあり、URLを指示して読み込める場合に使います。ただし、素材集のサイトなどでは、URLを直接指示して利用することを禁じている場合があります。自分の組織が運営しているサイトに限って使うのがよいでしょう。

Ⓓ 用意されている絵文字からランダムに設定します。

Ⓔ いま設定されているアイコンを削除します。サイドバーでは書類のアイコンが表示されます。

●NOTE　エディターの左上にある「パンくずナビゲーション」に表示されているページの名前をクリックしても、アイコンを変更できます。

サイドバーで変える

サイドバーで目的のページを探し、名前の左隣にあるアイコンをクリックします。するとアイコンを選ぶウインドウが開きます。

この方法では、目的のページをサイドバーに表示できれば、エディターで表示していなくても変更できます。

■ サイドバーでアイコンを変更する

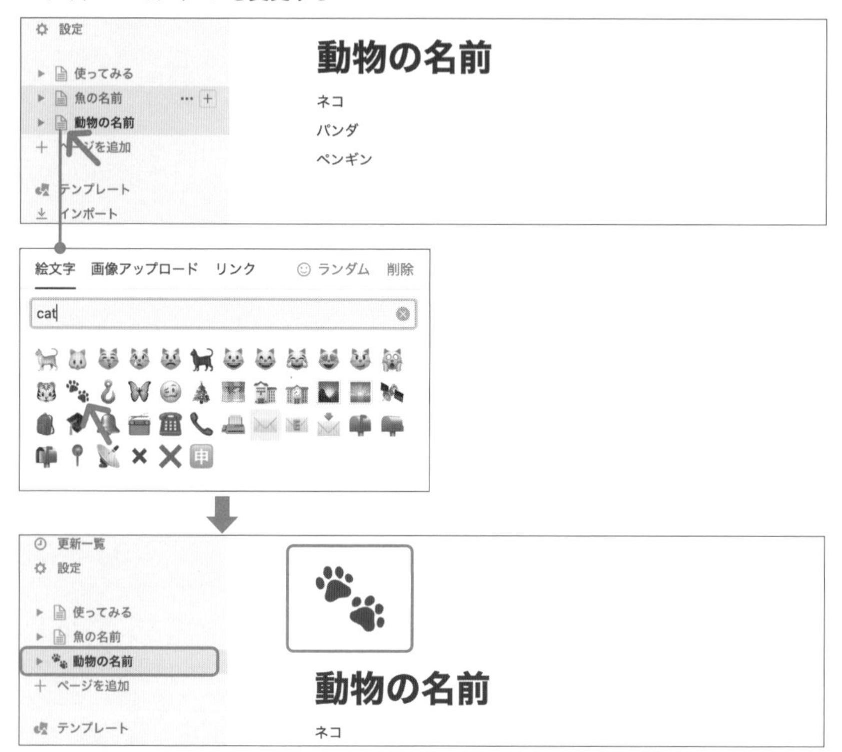

●NOTE　サイドバーでページを操作しようとしたときに、アイコンをクリックすると、アイコンを変更する操作になります。ページをエディターで表示するときや、移動するときは、その名前をクリックしてください。

2-4-3 ページのカバー画像を変える

それぞれのページの上端に、ヘッダー画像を設定できます。Notionではこれを「カバー画像」と呼びます。名前よりもアイコンよりも強く印象づけられるので、重要なページに設定するとよいでしょう。

カバー画像は任意に選べますが、初めて設定するときはまずランダムで選ばれます。内容に合っていない、好みに合わないなどの場合は、それをさらに変更します。

ページにカバー画像を設定する方法には、次のものがあります。

カバー画像を最初に設定する

既存のページにカバー画像を設定するには、まず目的のページをエディターで開き、ページの先頭あたりや名前にポインタを重ねます。グレーの文字で「カバー画像を追加」のガイドが表示されたらクリックします。

なお、カバー画像のファイルを読み込むために、数秒程度の時間がかかることがあります。

■ エディターでページのカバー画像を設定する

既存のカバー画像を変える

すでに設定されているカバー画像を変更または削除したい場合は、カバー画像にポインタを重ねます。カバー画像の右下にボタンが表示されたら、「カバー画像を変更」ボタンをクリックします。

■ カバー画像を変更する

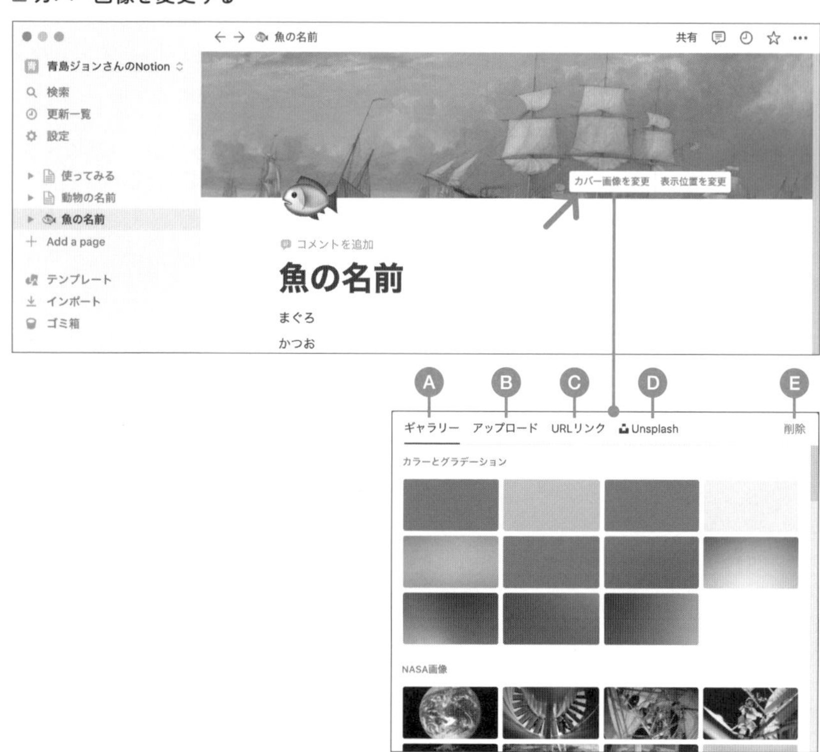

Ⓐ 用意されているライブラリから選びます。

Ⓑ 自分で用意した画像ファイルをアップロードします。推奨サイズは、横1,500ピクセル以上とされています。

Ⓒ 画像がすでにインターネット上にあり、URLを指示して読み込める場合に使います。ただし、素材集のサイトなどでは、URLを直接指示して利用することを禁じている場合があります。自分の組織が運営しているサイトに限って使うのがよいでしょう。

Ⓓ ライセンスフリーの写真サイト「Unsplash」（https://unsplash.com）のライブラリから検索して選びます。Unsplashのアカウントを取得する必要はありません。

Ⓔ いま設定されているカバー画像を削除します。

カバー画像の位置を調整する

すでに設定されているカバー画像の位置を調整できます。これには、カバー画像にポインタを重ね、カバー画像の右下にボタンが表示されたら、「表示位置を変更」ボタンをクリックします。するとポインタが変わるので、画像を上下左右にドラッグします。調整を終えたら、「表示位置を確定」ボタンをクリックします。

■ カバー画像の位置を調整する

2-4-4 エディターをカスタマイズする

ページの表示に使うフォントや、エディターの表示形式をカスタマイズできます。これには、エディターの右上にある「…」アイコンをクリックして開くメニューを使います。これらの設定は、ページ全体に影響し、ページごとに保存されます。代表的なものを紹介します。

［スタイル］では、本文で使う基本フォントを3種類から選べます。

■「デフォルト」は画面で読みやすいゴシック体

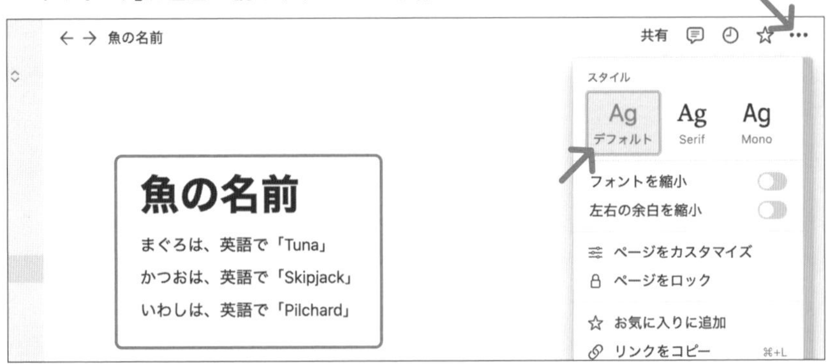

■「Serif」は長文で読みやすい明朝体

■「Mono」はプログラムコードが読みやすい等幅

［フォントを縮小］オプションをオンにすると、文字サイズを全体的に一回り小さくします。また、［左右の余白を縮小］オプションをオンにすると、余白を狭めます。どちらも、1画面に入る情報量が増えるオプションです。

2-5 ワークスペースの管理

ワークスペース自体の操作は、普段はあまり使うところではありませんが、重要な作業の1つです。あわせて、ワークスペース全体の検索や、アカウントの設定も紹介します。

2-5-1 ワークスペースを検索する

いま開いているワークスペースを検索するには、サイドバーの上方にある「検索」をクリックするか、以下のキーボードショートカットを使います。

Mac ⌘ + P
Win Ctrl + P

■ サイドバーの「検索」

また、この機能は、最近表示したページや、検索したキーワードの履歴の表示も兼ねています。

履歴を表示する

入力欄に何も入力していない状態では、履歴を表示します（次ページ図）。

■ 表示履歴を表示

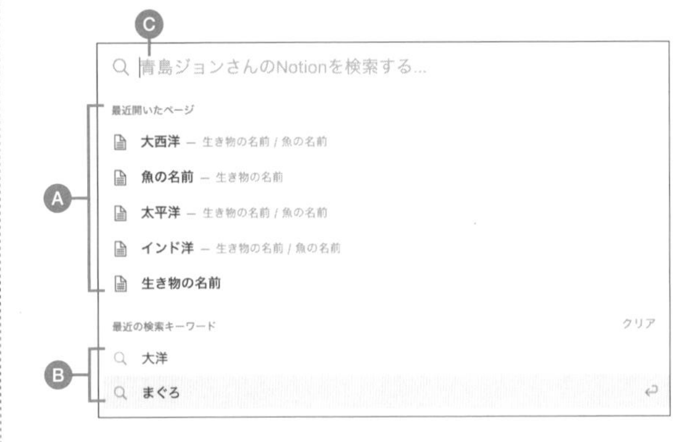

Ⓐ 最近表示したページの履歴です。ページの名前に添えられているグレーの文字は、ページのパスです。

Ⓑ 最近検索したキーワードの履歴です。

Ⓒ 検索キーワードを入力します。詳細は以下へ読み進めてください。

ⒶまたはⒷの履歴をクリアするには、それぞれの見出しの右端に表示される「クリア」の文字をクリックします。この文字は、それぞれの領域にポインタを重ねたときだけ表示されます。たとえば図では、グレーで強調表示されているあたりにポインタを重ねているので、「最近の検索キーワード」の「クリア」だけが表示されています。

検索する

入力欄に文字を入力すると、それをキーワードとして検索します。

■ キーワード検索を実行

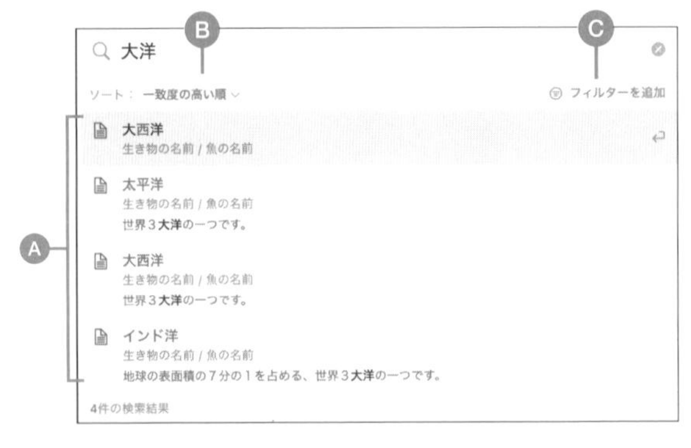

Ⓐ ページの名前と、そのページへのパス、該当箇所の前後が表示されます。

Ⓑ 表示結果を並べ替えます。

Ⓒ クリックすると次図のように表示が変わり、フィルター（絞り込み条件）を追加できます。

■ フィルターを追加

2-5-2 ワークスペースを操作する

新しいワークスペースを追加して、複数のワークスペースを切り替えて利用できます。これは無料の「パーソナル」プランでも可能です。

さらに、複数のアカウント（メールアドレス）を取得して、1つのアプリに登録して切り替えて利用できます。

ワークスペースの追加作成

ワークスペースを追加作成する手順は、以下のとおりです。

■ ワークスペースを追加作成する

① サイドバーの上端にある、ワークスペースの名前が表示されている箇所をクリックします。

② メニューが開いたら、アカウント(メールアドレス)の右端にある「…」をクリックします。すでに複数のアカウントを使い分けている場合は、目的のアカウントのものを選びます。

③ [ワークスペースへの参加・新規作成]を選びます。

④ ワークスペースの用途を選びます(詳細は「1-2-3 初期設定」を参照)。以後は、必要に応じて、ワークスペースの名前やアイコンを変えるなどの設定を行ってください(詳細は「2-5-3 ワークスペースを設定する」を参照)。

なお、不要になったワークスペースを削除するには、ワークスペースの「設定」から操作します(詳細は「2-5-3 ワークスペースを設定する」を参照)。

ワークスペースの切り替え

ワークスペースを切り替えるには、サイドバーの上端にある、ワークスペースの名前が表示されている箇所をクリックします。すると、ログインしているワークスペースのリストが表示されるので、クリックして選択します。

■ ワークスペースを切り替える

このメニューに並ぶ順序は、左端にある6つの点のアイコンを上下にドラッグ&ドロップして入れ替えられます。この順序は、同じアカウントでログインしているすべての端末ですぐに反映されます。

ワークスペースの切り替えは、メニューに表示されているキーボードショートカットでも行えます。よく使うものから順に並べるなど、工夫してください。

Mac　⌘ +（メニューの表示順と同じ数字）キー
Win　Ctrl +（メニューの表示順と同じ数字）キー

別のアカウントでログインする

同じ端末の同じアプリで、複数のアカウントを扱えます。これには、サイドバーの上端にある、ワークスペースの名前が表示されている箇所をクリックします。メニューが開いたら、[別のアカウントを追加する]を選びます。以後は表示に従ってログインしてください。ログインが完了すると、そのアカウントで使用しているワークスペースの一覧が、このメニューにあわせて表示されます。

■ 複数のアカウントも切り替えられる

●NOTE　アプリは1つでも、複数のアカウントでログインできる点は便利ですが、私用と仕事用など、データを登録するワークスペースを間違えないように注意してください。間違いを防ぐためには、ワークスペースの名前を短く区別しやすいものにする、遠目にも違いの分かりやすいアイコンを使うなどするとよいでしょう。

ワークスペースはいつ追加するべき？

　すべてのデータを1つのワークスペースにまとめる場合と、複数のワークスペースを使い分ける場合の、どちらにもメリットとデメリットの両方が考えられるので、用途や目的を踏まえてよく検討してください。少なくとも、無計画にワークスペースを増やすことはやめたほうがよいでしょう。

　一般的には、まず1つのワークスペースだけを使い、「同じワークスペースに入れたくないデータ」を扱うことになったときに、データを区切るために新しいワークスペースを作るとよいでしょう。

　たとえば買い物リストを作るときに、個人的に必要なものと、勤務先やアルバイト先で必要なものがあり、同じショップで買うものがあるとします。このとき、2つのリストが同じワークスペースにあるほうが都合がよい場合と、そうでない場合があるでしょう。

　買い物を1度に済ませることを重視する場合は、買い忘れがないようにリストもまとめるほうがよいでしょう。しかし、同僚や上司と一緒にリストを見ながら買い物を検討する場合は、ワークスペースを分けたほうがよさそうです。

　もしも両者を同じワークスペースでまとめて扱ってしまうと、リストの作成中に、自分の買い物リストどころか、それ以外の個人的なページまで見られてしまうおそれがあります。サイドバーを隠しても、同じワークスペースの中にあると、検索機能を使ったときなどに意図せず見られることもありえます。しかし、別のワークスペースへ分ければ、個人的なノートはサイドバーにも、履歴や検索結果にも表示されなくなります。

ほかには、実用として使うワークスペースと、Notionの勉強用に使うワークスペースを分ける場合が考えられます。未知の機能を試したいときに後者を使えば、もしも何か失敗してもワークスペースごと削除すればよいからです。

2-5-3 ワークスペースを設定する

いま開いているワークスペース自体の設定を行うには、サイドバー上方にある「設定」をクリックして、開いた画面の左側にある「ワークスペース」の見出しにある項目から選びます。

■ ワークスペース設定の画面を開く

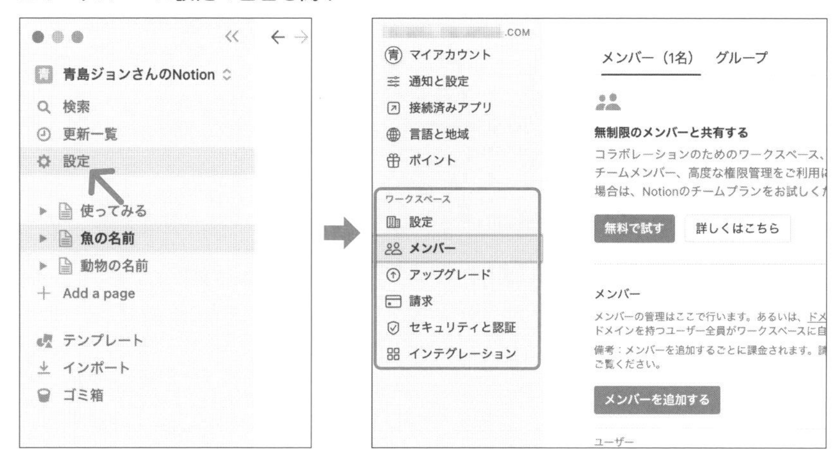

6つの項目がありますが、「パーソナル」プランの場合、実際に関係があるのは「設定」1つだけです。それ以外は、アップグレードに関わるものが2つ、上位プランにのみ関わるものが3つあります。

ここでは、上位プランに関わる3つは省略します。また、個別の設定項目に「エンタープライズプラン」などと書かれている場合は、そのプランを契約している場合にのみ有効な項目ですので、それらも省略します。

「設定」カテゴリー

「設定」カテゴリーにある設定項目は以下の通りです。なお、操作を終えたら下端にある「保存」ボタンをクリックしてください。Notionのほとんどの画面には「保存」ボタンがありませんが、この画面では、新しい設定を有効にするには保存する必要があります。

■「設定」カテゴリー

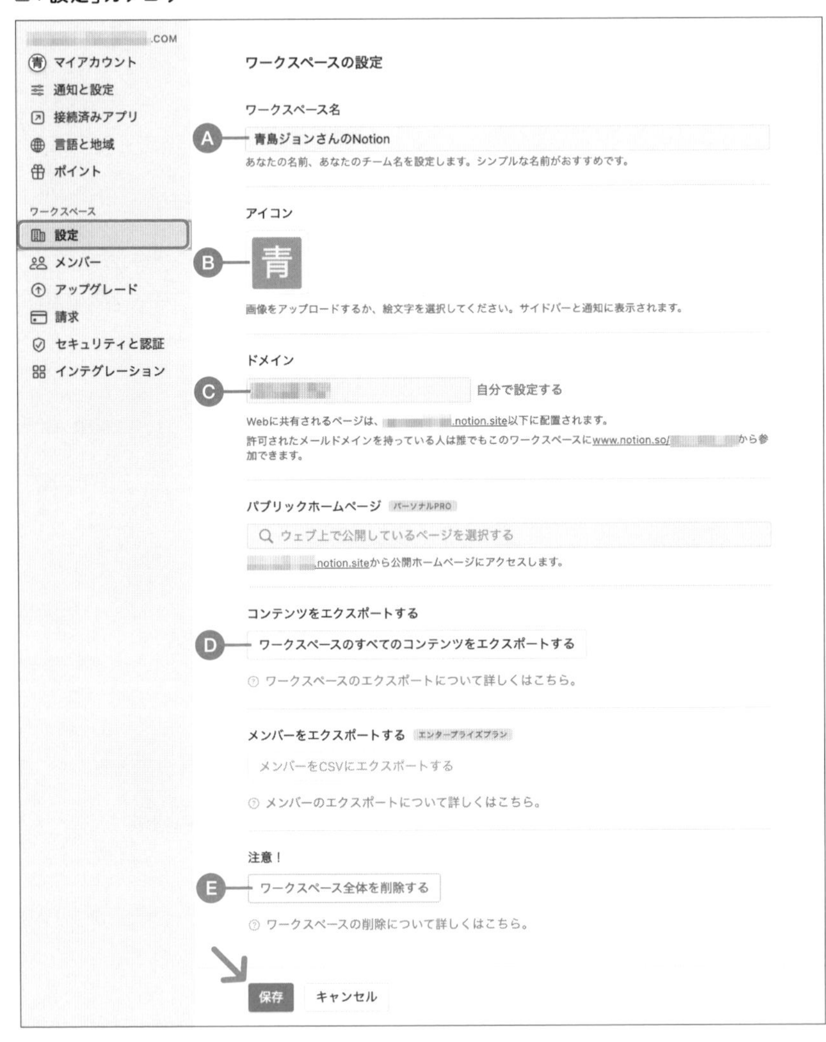

Ⓐ「ワークスペース名」：このワークスペースの名前です。サイドバーの上端にも表示されます。

Ⓑ「アイコン」：このワークスペースのアイコンです。変更するにはアイコンのプレビューをクリックします。任意の絵文字、任意の画像、特定のURLから設定できます。すでに設定されているアイコンを削除する場合も、アイコンをクリックしてから「削除」を選びます。

Ⓒ「ドメイン」：ページをWebで共有するときに使うドメインを設定します。

Ⓓ「コンテンツをエクスポートする」：ワークスペース内のデータを一括エクスポートします。ファイル形式には「マークダウンとCSV」または「HTML」を指定できます。前者を選んだときは、通常のノートはマークダウン（.md）形式、データベースはカンマ区切り（.csv）形式のファイルでエクスポートされます。

Ⓔ「ワークスペース全体を削除する」：ワークスペース自体を削除します。個人情報の流出などを防ぐためにも、不要になったワークスペースは放置せず削除しましょう。ただし、この操作は取り消しできないので、表示の説明をよく読んで操作してください。必要に応じてⒹの機能を使ってバックアップしましょう。

「メンバー」カテゴリー

このワークスペースに参加するメンバーや、その権限を管理するカテゴリーです。ただし、「パーソナル」プランでは、「メンバーを追加する」ボタンをクリックすると、「チーム」プランのトライアルのガイドが表示されます。

■「メンバー」カテゴリーの設定

「アップグレード」カテゴリー

いま契約しているプランの確認と、ほかのプランへのアップグレードまたはダウングレードをガイドするカテゴリーです。「年払／月払」のスイッチを切り替えると、それぞれの料金も確認できます。

■「アップグレード」カテゴリーの設定

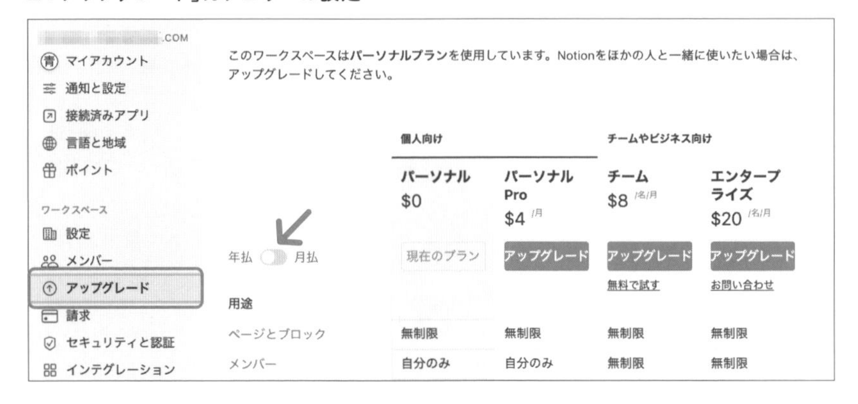

2-5-4 アカウントを設定する

アカウントの設定を行うには、サイドバー上方にある「設定」をクリックして、開いた画面の左側上部から行います。

■ アカウント設定の画面を開く

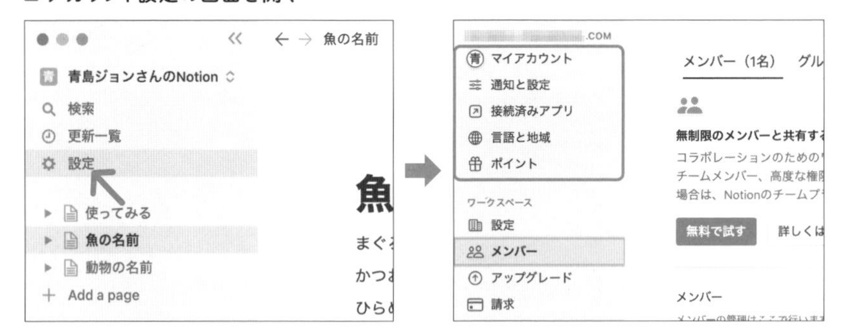

「マイアカウント」カテゴリー

「マイアカウント」カテゴリーでは、アカウントに直接関係する設定を行います。必要に応じて、表示下端にある「更新」ボタンをクリックしてください。

■「マイアカウント」カテゴリーの設定

Ⓐ「写真」：自分の写真を設定します。あらかじめ正方形で切り抜いておくと合わせやすいでしょう。

Ⓑ「個人情報：メールアドレス」：自分のメールアドレスを設定します。変更するには、「メールアドレスを変更する」をクリックします。

Ⓒ「個人情報：Notionで表示するユーザー名」：画面中で表示する自分の名前を設定します。

Ⓓ「パスワード」：パスワードを変更するには「パスワードを変更」ボタンをクリッ

クします。なお、「パスワードを削除」をクリックすると、現在設定されているパスワードを削除し、ログインのたびにメールで送付される使い捨てのパスワードを入力する設定になります。

Ⓔ「サポートアクセスを許可する」：Notionのサポートチームに、自分のアカウントやノートなどへのアクセスを許可します。

Ⓕ「すべてのデバイスからログアウトする」：セキュリティ上の懸念や問題があるときに、いったんすべての機器からログアウトします。

Ⓖ「アカウントを削除する」：アカウントと、すべてのプライベートワークスペースを削除します。

「通知と設定」カテゴリー

「通知と設定」カテゴリーでは、このアカウントへの通知と、アプリの設定を行います。設定内容は画面のガイドのとおりです。

■「通知と設定」カテゴリーの設定

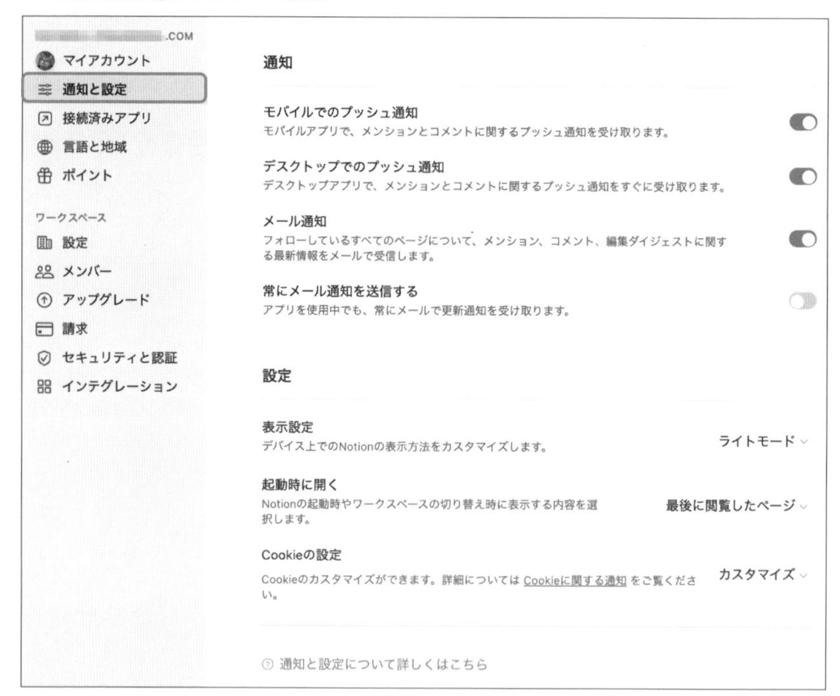

「接続済みアプリ」カテゴリー

「接続済みアプリ」カテゴリーでは、ほかのサービスとの接続や、接続の解除を行います。たとえば、Slackと接続すると、ワークスペースに何らかの内容が変更されたときに、Slackの指定チャンネルへ通知されます。

■「接続済みアプリ」カテゴリーの設定

「言語と地域」カテゴリー

「言語と地域」カテゴリーでは、言語と、地域の習慣に関連する設定を行います。

■「言語と地域」カテゴリーの設定

Ⓐ「言語」：画面表示の言語を設定します。もしも日本語以外で表示されたときは、ここで変更します。執筆時点では「日本語（ベータ）」と表示されています。アプリに関してはほぼすべて日本語化されていますが、一部のヘルプや開発者向けのドキュメントなどは翻訳の作業中のようです。

Ⓑ「週の始めを月曜日にする」：オンにすると、カレンダー機能（詳細は「3-6-5「カレンダー」レイアウト」を参照）で反映されます。

「ポイント」カテゴリー

「ポイント」カテゴリーのポイントとは、指定のアクションを行うことで、Notionの有料プランで使えるクレジットをためられるというものです。ショッピングで付与されるポイントのようにイメージしてください。

いずれも難しいアクションではないので、有料プランを試してみたい場合は、まずこのカテゴリーのアクションをすべて実行して、ポイントをためてから申し込むとお得です。

■「ポイント」カテゴリーの設定

データベースを作ろう

データベース機能を使うには用語や仕組みについて予備知識が必要ですが、いくつかのポイントをおさえれば、あとはそれらの組み合わせです。ソリューションを自作したり解析したりするためには、まず基礎をしっかり固めましょう。関数の基礎も本章で紹介します。

3-1 はじめてのデータベース

これまでデータベースに触れたことがない方のために、データベースの基礎について簡単に紹介します。また、シンプルな表をデータベースへ変換しながら、Notionの用語も覚えましょう。

3-1-1 データベースとは

「データベース」という単語は、日常的には「彼は歩くデータベースだ」というように、「物知りだ」「たくさんの情報を持っている」という程度の意味で使われることが多いでしょう。

コンピューターの世界で「データベース」とは、厳密な定義はありませんが、特定のテーマに関する大量のデータを蓄積したうえで、それらを活用しやすく作られたシステムを指すことが一般的です。つまり、情報を大量に蓄積するだけでなく、自在に取り出せることも重要です。

たとえば、ここにさまざまなイベントで出会ったビジネスパーソンやクリエーター数百人分の名刺があるとします。これはたしかに「仕事を依頼できそうな、実在の人物の連絡先」という点では「大量のデータを蓄積したもの」です。

では、あるプロジェクトを始めるにあたって、名刺の中から「写真家」「首都圏在住」「Instagram利用者」といった条件に合致する人物を探すことになったらどうでしょうか。

紙に印刷された名刺のままでは1枚ずつ調べる必要があり、大変な手間がかかります。もしも名刺ホルダーにきちんと分類していたとしても、専門分野、地域、経験など、その時々で要望は変わりますから、探す手間はあまり変わらないでしょう。

すべての名刺をスキャンして、文字認識機能を使ってデジタル化すれば瞬時に検索できるようになりますが、まだ不十分です。たとえば「千葉」で検索したときに、住所や勤務先が「千葉県」や「千葉市」にあるのか、姓が「千葉さん」なのか、勤務先の名称や支店名などに「千葉」が含まれているのか、分からないからです。

このように、大量のデータの中から目的のものを正確に探し出すためには、デジタル化するだけでなく、あとで探し出すときのために、1人分のデータの中から「名前はこれ」「住所はこれ」といったように、属性ごとに仕分ける必要があります。

■ 正確に探し出すためにはデータを属性で仕分ける必要がある

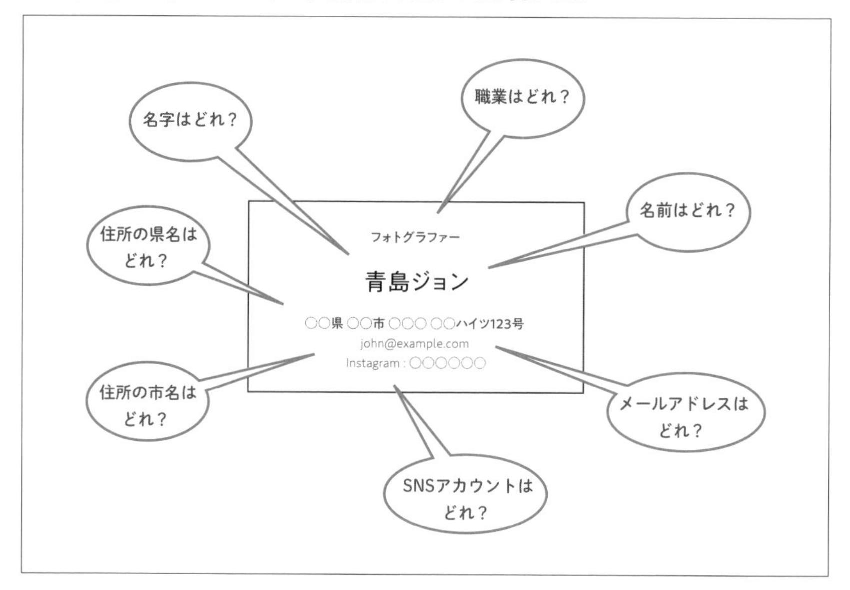

データを属性で仕分けると、集計できるようになるという利点も生まれます。名簿で足し算をすることはないので、今度は通販ショップで注文を受け付ける例を考えてみましょう。

もしも、注文票をファクスで受け付けていて、1つの注文が用紙の1枚になっていたら、「明日発送する商品の合計」や「特定の顧客からの注文の合計」を計算するのは大変です。注文票を日付別にまとめていれば前者は短時間で集計できそうですが、後者は過去の注文票をすべて調べる必要があります。

そこで、たとえば注文票の内容を「顧客名」「注文個数」「受注日」「発送日」などに仕分けてコンピューターに登録すると、「注文個数」の合計はすぐに計算できます。あとは、必要に応じて、「顧客名」や「発送日」で絞り込んでから計算すればよいのです。

このような、大量のデータを、属性を仕分けた上でコンピューターに登録することで、あとから自在に検索したり、集計したりできるシステムを、一般的にデータベースと呼びます。

なぜNotionなのか？　Excelではだめなのか？

一般にデータベースというと、価格が高く、高度な知識や長時間の学習が必要で、相応の規模の企業であっても手が出にくいことが多いものです。過去には個人や小規模チーム向けの製品もありましたが、現在ではなくなってしまいました。オープンソース製品は無償ですが、経験のない個人のエンドユーザーが気軽に手を出せるものではありません。

現在「大量のデータを、属性ごとに仕分けた上でデジタル化する」目的で、実際に広く使われているアプリはMicrosoft Excelでしょう。Excelには一覧表という汎用的で分かりやすいデザインがあり、データベース製品に比べればずっと安価で、多くの方が使用した経験を持ち、活用するための情報が大量にあり学習もしやすいという利点があります。

しかし、現実的にさらに広く必要とされるのは、データベース製品とされるほど本格的なものである必要はなく、Excelよりも分かりやすいインターフェイスを持ち、少しの学習と簡単な操作で、日常的なちょっとした要望を便利にしてくれるものでしょう。このことはおそらく、規模や要望そのものとは関係ないように思われます。

たしかに、重厚なデータベース製品やExcelが求められるシーンがなくなることは、当面ないでしょう。ただし、「いわゆるデータベースを持ってくるほどではない」ものの、「Excelよりも気楽に使えるデータベース」が求められるシーンは、実際には多くあるように思われます。

そして一般のユーザーが本質的に必要とするものは、データベースかどうかではなく、ノートを自由に記録できるアプリと思われます。雑然としたノートに交じって、ごく小さなリストでさえもデータベースとして扱えるNotionは、ほかの製品にない柔軟さを備えています。

Excelではだめだというわけではありません。グラフ作成やマクロなど、Excelが必要なシーンは数多くあります。しかし、Notionのほうがふさわしいシーンもまた、たくさんあることでしょう。

実際、1つのプロジェクトや要望でも、資料はExcelに、雑多なノートはWordにというケースは多いようですが、Notionであればそれらを1か所にまとめられます。すると情報の見通しもよくなり、内容の更新や利用も活発になるでしょう。

なお、本書では具体的なソリューションは扱わないので、実例に興味がある方はインターネットで探してみてください。工夫を凝らしたテンプレートや活用例が、メーカー公式の資料だけでなく、有志のユーザーなどによって多数公開されています。

3-1-2 表からデータベースを作る

では、MacまたはWindowsのNotionアプリを起動し、簡単なデータベースを作ってみましょう。

ここでは、まず単純な表を作り、それをデータベースへ変換するという手順をとります。また、このデータベースは本章の解説を進めるサンプルの基礎として使います。紹介する機能に応じて内容を自由にアレンジして、手元で動作を確かめてみてください。

データベースの内容は、やるべき用件をチェックするものです。あなたには「指定の取引先へ、注文された個数の商品を、指定の日に届ける」業務があり、これからの配達予定や、完了した配達を管理するために使うものとします。あまり現実的ではありませんが、ToDoの練習問題だと思ってください。

●NOTE　もちろんNotionは、最初からデータベースとして作ることもできます(詳細は「3-2 データベースの作成と予備知識」を参照)。しかし、作成時にいくつかの項目を選ぶ必要があり、そのためにはいくつもの用語を知っておく必要があります。そこでここでは、基礎知識なしにデータベースを作れる手順を紹介します。

ステップ1

このデータベースにとって、必要なデータの種類(属性)を考えます。このサンプルでは、「配達先」「個数」「配達日」「実行したかどうか」の情報が必要です。

ステップ2

適当な位置に新しいページを作り、名前を「配達記録」とします。

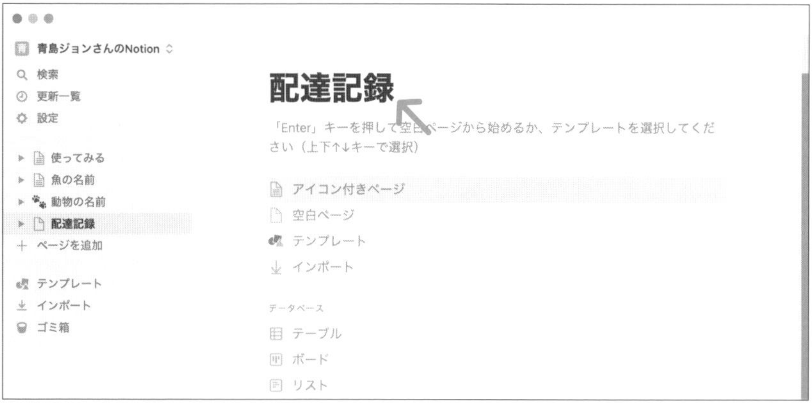

ステップ3

グレーの文字の「空白ページ」をクリックします。もしも「データベース」の見出し以下にある6つのいずれかを選ぶとすぐにデータベースを作れますが、いまは使いません。

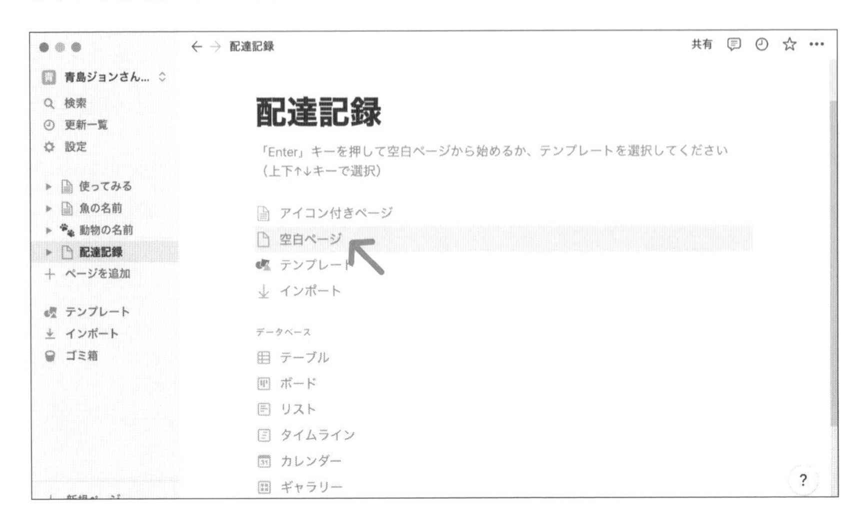

ステップ4

最初のブロックをクリックし、このページの説明を書きます。たとえば、「商品配達の予定」などです。このようなメモをデータベースと並べて配置できることも、Notionの特徴の1つです。

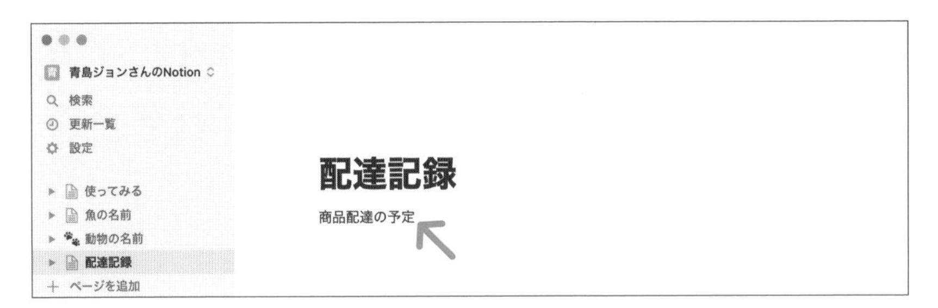

ステップ5

直下に「テーブル」タイプのブロックを追加しましょう。いまのブロックの領域にポインタを重ね、左端に現れる「+」アイコンをクリックし、メニューが開いたら「ベーシック」の見出しにある[テーブル]を選びます（「データベース」の見出しにある[テーブルビュー]ではありません）。

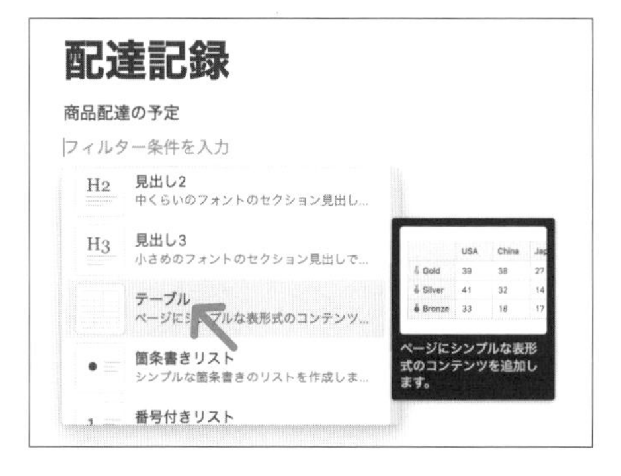

●NOTE　「テーブル」ブロックタイプは、罫線だけの単純な表です。手作業で行や列を入れ替えることはできますが、データに従った並べ替えや、計算はできません。

ステップ6

表が作られたら、1列目に配達先、2列目に個数を記入します。見出しは不要です。ポイントは、1度の配送に関する情報を、（縦1列ではなく）横1行に書くことです。列を増やしてほかの属性も書きたいところですが、これは後回しにしましょう。

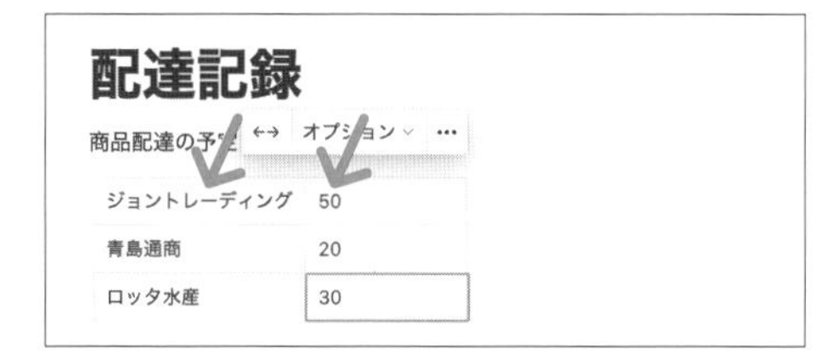

ステップ7

最初のセルの左側あたりにマウスのポインタを重ねて、ブロックハンドルが表示されたらクリックします。メニューが開いたら、[データベースに変換]を選びます。

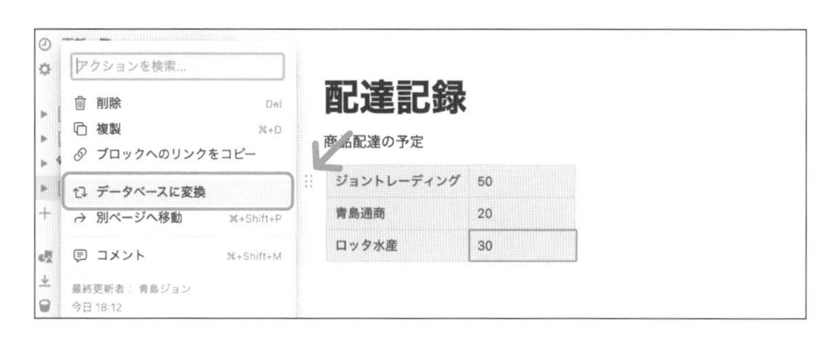

ステップ8

内容を保ったまま見た目が変わます。左上に「テーブルビュー」と表示されていれば成功です。データの量は少ないものの、これでデータベースができました。

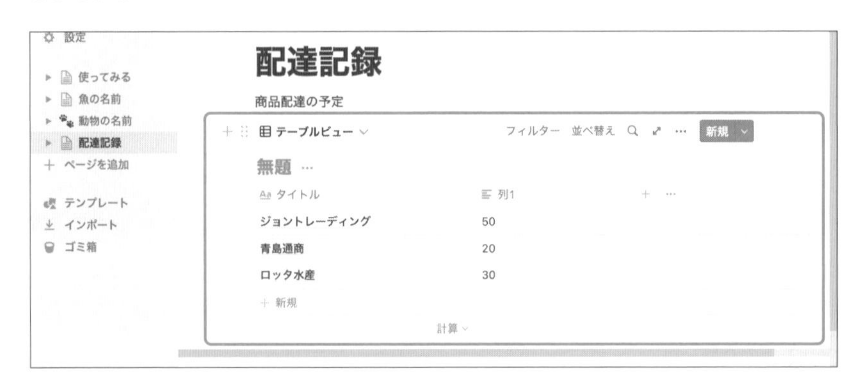

3-1-3 データベースで使う用語

　前項の手順で出てきたものについて、対応する用語を紹介します。以後の解説では頻繁に登場するので、必ず覚えてください。

■ アイテム、プロパティ、値

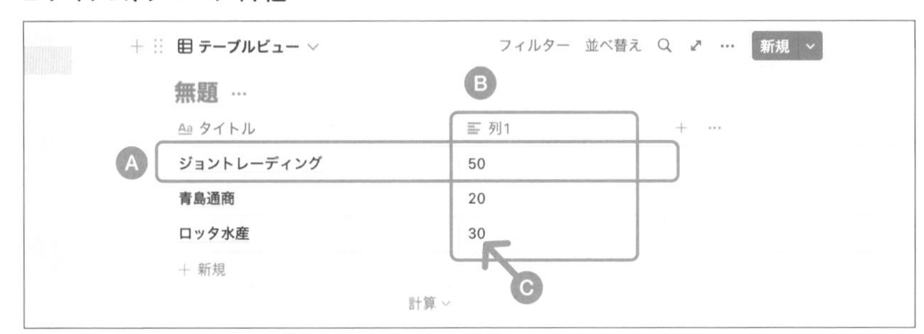

Ⓐ データベースアイテム

Ⓑ プロパティ

Ⓒ 値

データベースアイテム（アイテム）

　データベースに登録したデータの1件を、「データベースアイテム」、あるいは単に「アイテム」と呼びます。

名刺の例で言えば名刺1枚、配達記録の例で言えば注文1件にあたります。
データベース設計の根幹になるものですから、データベースの目的をよく考え、1件として扱うものを最初にはっきりさせておきましょう。

プロパティ

アイテムが持つさまざまな属性を「プロパティ」と呼びます。個々のアイテムに含まれるデータを仕分けるために使います。
名刺の例では「姓」「名」「勤務先」「電話番号」などが、配達記録の例では「配達先」「個数」などが、それぞれ1つのプロパティにあたります。

値

あるアイテムの、あるプロパティに収められている個々のデータを「値」(あたい)と呼びます。値というと一般的には数値のことを連想しますが、形式は関係ありません。文字列や画像などであっても、値と呼びます。
名刺の例では、(姓を1つのプロパティとして扱う、とした場合)「向井」や「青島」などが、配達記録の例では配達先名称の「青島通商」や、注文個数の「20」などが、それぞれ1つの値になります。

3-2 データベースの作成と予備知識

最初からデータベースとして作る手順と、作成時の設定に必要な数多くの予備知識を紹介します。用語と仕組みをしっかり把握しましょう。

3-2-1 「フルページ」と「インライン」

ここからは、データベースに関連する機能や手順のうち、おもにNotion特有のものを紹介していきます。

Notionのデータベースは、デザインの点で、「フルページデータベース」と「インラインデータベース」に分けられます。

作成時にはどちらかを選ぶ必要がありますが、どちらで作成しても、あとから相互に変換できます。また、データベース自体の機能としては同じです。

フルページデータベース

「フルページデータベース」とは、1つのデータベースのみを1ページ全体に表示するものです。

■ フルページデータベースの例

フルページデータベースはページ自体がデータベースですから、通常のページと同様に、アイコンとカバー画像を付けられます。

さらに、特有の設定として、ページに「説明」を付けられます。これには、ページの名前にポインタを重ねます。するとグレーで「説明を追加」のガイドが表示されるので、それをクリックします。

■ フルページデータベースに「説明」を付ける

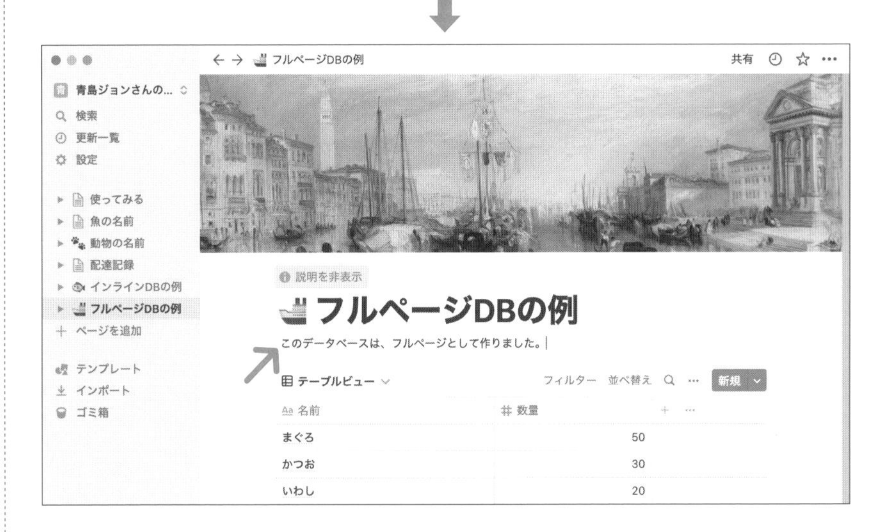

インラインデータベース

「インラインデータベース」とは、1ページの中でほかのブロックと混在できるように、データベースを1つのブロックとして配置するものです。ただし、次のいずれかの操作で全画面表示へ切り替えられます。

■ インラインデータベースの例と、全画面表示する操作

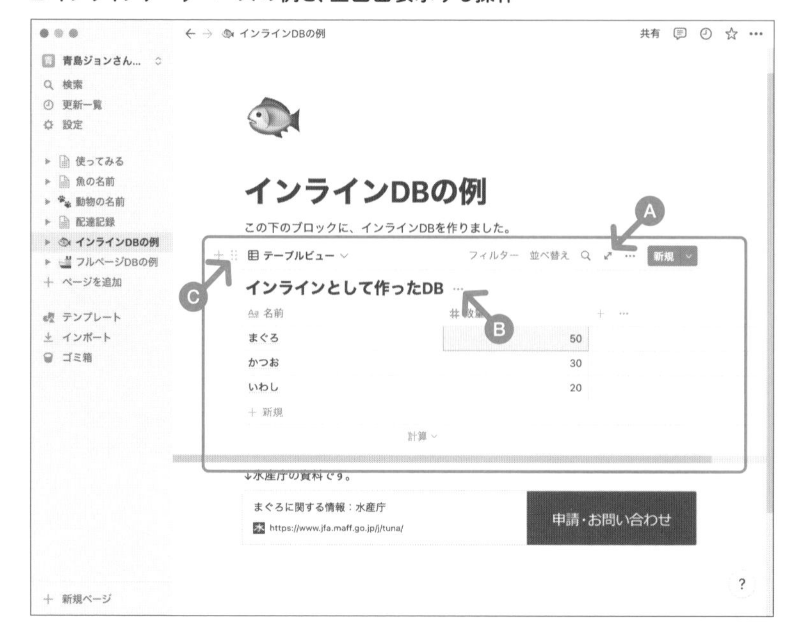

Ⓐ データベースの領域にポインタを重ね、右上に表示される「フルページとして開く」（双方向に矢印が付いたアイコン）をクリックします。

Ⓑ データベースの領域にポインタを重ね、（ページの名前ではなく）データベースの名前の右隣に現れる「…」をクリックします。メニューが開いたら［フルページで表示］を選びます。

Ⓒ データベースの領域にポインタを重ね、ブロックハンドルが表示されたらクリックします（この図では「テーブルビュー」の文字の左隣にあります）。メニューが開いたら［ページとして開く］を選びます。

なお、データベースの右上と下端には、データベースを操作するためのボタンやメニューがありますが、インラインデータベースではデータベースにポインタを重ねたときだけ表示されます。フルページデータベースでは、つねに表示されます。

「フルページ」と「インライン」を選ぶポイント

フルページデータベースとインラインデータベースの、どちらにも利点があります。必要に応じて使い分けてください。

フルページデータベースは、同じページにほかのブロックを配置できません

が、1つのデータベース自体の内容に集中できるので、データベース内で扱う情報が多い場合に適しています。

一方、インラインデータベースは、同じページの中にほかのブロックを配置できるので、データベース以外のデータや、ほかのインラインデータベースなど、さまざまな情報を1つのページに並べて表示したい場合に適しています。

どちらで作るか迷った場合は、インラインデータベースとして作ることをおすすめします。インラインデータベースは一時的に全画面表示へ切り替えられるからです。フルページデータベースをほかのブロックと並べて表示するには、インラインデータベースへ変換する必要があります。

インラインデータベースからフルページデータベースへの変換

インラインデータベースからフルページデータベースへ変換する手順も、ここであわせて紹介しておきます。まだ紹介していない用語もありますが、必要になったときに読み返してください。

まず、インラインデータベースからフルページデータベースへ変換する手順は、次のとおりです。

■ インラインデータベースからフルページデータベースへ変換する

① データベース自体のブロックハンドルを表示し、クリックしてメニューが開いたら［フルページに変換］を選びます。

② データベースから変換されて作られたページは、現在のページの下位に作られます。このとき、変換元のページでは、フルページデータベースとなったページへのリンクが設定されます。通常の下位のページと同じです。

③ 変換によって作られたページを選ぶと、フルページデータベースになっていることが分かります。

フルページデータベースからインラインデータベースへの変換

　フルページデータベースをインラインデータベースへ変換する手順は、次のとおりです。

■ フルページデータベースからインラインデータベースへ変換する

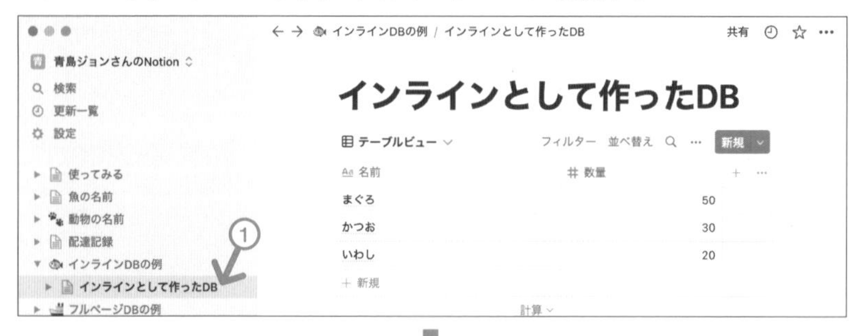

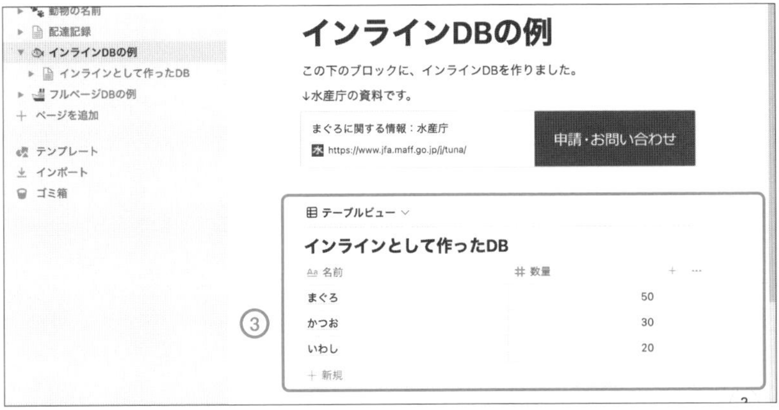

① サイドバーを使って、目的のデータベース（ページ）を、「インラインデータベースとして配置したいページ」の下位へ移動します。

② 新しく上位になったページをエディターで表示すると、下位になったフルページデータベースへのリンクがあります。このブロックのハンドルをクリックして、メニューが開いたら［インラインに変換］を選びます。

③ インラインデータベースへ変換されます。

3-2-2 見方を変えるセット「ビュー」

データベースを使うと、大量のデータを指定した順番に並べ替える、キーワードで絞り込む、集計する、などの操作ができるようになります。しかし、必要のたびにこれらを設定するのは手間がかかります。

とはいえ、たいていの場合、日常的に必要な設定は多くとも十数種類程度でしょう。そこで、特定の目的でよく使う設定をひとまとめにして保存しておき、切り替えて呼び出す仕組みがあります。このセットをNotionでは「ビュー」と呼びます。

言い換えると、ビューとは、おもに次の設定を組み合わせたものです。それぞれの用語は本章の中で順次紹介するので、いまは「さまざまな設定の組み合わせ」がビューであることに注目してください。

- レイアウト：基本的な表示形式を6種類から選べます。
- プロパティ：プロパティごとに表示／非表示を設定できます。
- フィルター：条件を設定して、表示するアイテムを絞り込みます。
- 並べ替え（ソート）：条件を設定して、アイテムを表示する順序を指定します。
- グループ：条件を設定して、アイテムをグループ分けします。（総合計ではなく）小計を必要とするような場合に使います。

レイアウトだけは最初に設定する必要がある

データベースを作るときは、ビューを1つ作る必要があります。「ビューは作らないが、データベースだけを作る」ことはできません。

ビューはさまざまな設定の組み合わせですが、作成時に一部の設定を省略してもかまいませんし、あとで変更もできます。ただし、基本的な表示形式を決める「レイアウト」だけは、設定を省略できません。あとで変更はできますが、作成時に1つを選ぶ必要があります。

レイアウトには、「テーブル」「ボード」「ギャラリー」「リスト」「カレンダー」「タイムライン」の6種類があります（詳細は「3-6 ビューの操作」を参照）。たとえば、「テーブル」レイアウトはExcelのような縦軸と横軸のある一覧表、「カレンダー」レイアウトは月間カレンダーのようなデザインです。

■ 同じデータベースを異なるレイアウトで表示できる

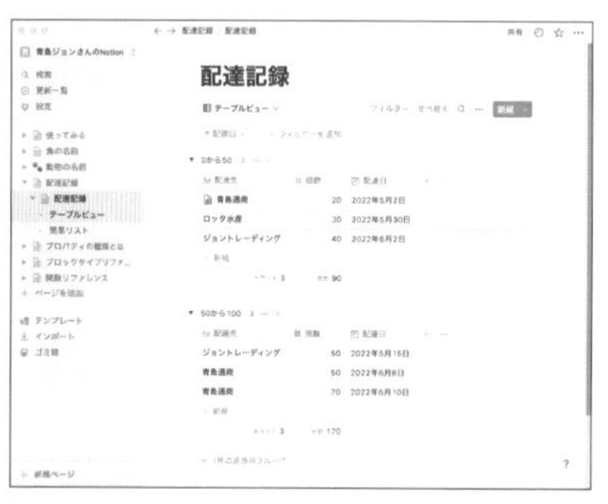

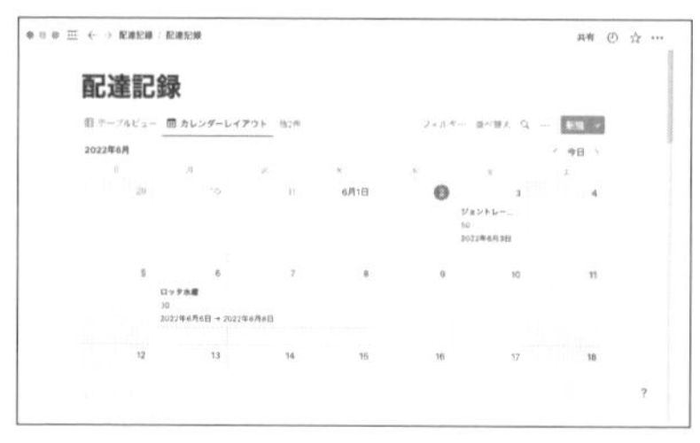

基本的な要望を満たすだけであれば「テーブル」レイアウト1つだけでも十分かもしれませんが、たとえば日付に注目したいときは「カレンダー」レイアウトのほうが直感的でしょう。6種類のレイアウトを使い分けられることも、Notionの特徴の1つです。

1つのビューに設定できるレイアウトは1つだけです。そのため、複数のレイアウトを使い分けるには、複数のビューを作ってそれぞれに異なるレイアウトを設定します。これにより、同じデータを多角的に見られるようになります。

なお、ビューで使う設定は自由に組み合わせられるので、同じレイアウトを何度使ってもかまいません。同じレイアウトを使っても、異なるフィルターやプロパティを設定すれば、データの見方も変わるでしょう。

以後本章では、最も一般的なデザインである「テーブル」レイアウトでの操作手順を紹介します。それ以外のレイアウトの特徴は「3-6 ビューの操作」の中で紹介します。

●NOTE　「ビュー」と「レイアウト」は区別しましょう。6種類あるレイアウトは、ビューを構成する要素の1つです。たとえば、スラッシュコマンドで開くメニューにある［テーブルビュー］とは、「「テーブル」レイアウトを設定したビュー」のことです。

管理用として「テーブル」レイアウトのビューを作る

1つのデータベースには少なくとも1つのビューが必要です。このときに使うレイアウトはどれでもよいのですが、日常的にはおもに別のレイアウトを使う場合でも、管理用として、「テーブル」レイアウトを使ったビューを用意することをおすすめします。

もちろん、日常的な利用では、特徴的な表示形式のほうが扱いやすいでしょう。たとえば、とくに日付を重視するデータベースであれば、「カレンダー」や「タイムライン」だけあれば十分という場合も考えられます。

しかし、特徴的なレイアウトでは、プロパティの追加や、プロパティの種類の変更など、データベース自体を管理する操作が面倒になりがちです。Notionの扱いに十分慣れている方はともかく、データベース自体の管理には、もっとも一般的なデザインで、全体を一様に見られる「テーブル」レイアウトのほうが扱いやすいでしょう。

「テーブル」レイアウトのビューを必ず使うのであれば、最初にそれを作るほうが合理的です。よって本書では、最初のビューは「テーブル」レイアウトで作り、基本的な操作にも「テーブル」レイアウトで慣れることをおすすめします。

3-2-3 ビューに表示するデータベースを選ぶ「データソース」

1つのデータベースに対して、ビューは必要な数だけ作れます。つまり、ビューはデータベースと一対のものではなく、独立した窓口のようなものとイメージしてください。

ビューで表示するデータベースは、自由に選べます。あるビューで表示するデータベースを、ビューにとっての「データソース」と呼びます。この場合の

「ソース」とは情報源という意味で、データソースとは「ビューにとって、表示のソースとするデータベース」という意味になります。

ビューを作るとき、データソースとするデータベースは、新しく作ることも、既存のものから選ぶこともできます。実際には、手順によってはデータソースやレイアウトを選べない場合もありますが、ここではまず基本的な仕組みを把握してください（詳細は「3-2-4 データベースを作成する」を参照）。

■ ビューとはデータベースにとっての窓口のようなもの

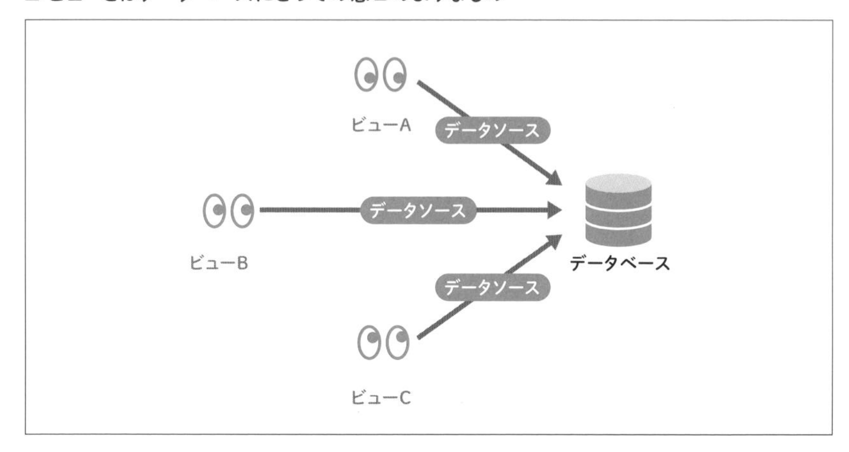

ビューだけを作る「リンクドビュー」

データベースとビューを同時に作るときは、データベースの実体は同じブロックに存在することになります。

一方、データベースがない場所に、（データベースを新しく作らずに）既存のデータベースをデータソースとして選ぶことで、ビューだけのブロックを新しく作ることができます。これを「リンクドビュー」と呼びます。

リンクドビューは、インラインデータベースとしてのみ配置できます。ただし、全画面表示に切り替えることはできます。

次の図は、上にあるのはインラインデータベース、下にあるのはそれをデータソースにしたリンクドビューです。リンクドビューでは、データベースの名前の先頭に矢印が付きます。

ここでは解説のために同じページに配置しましたが、実際には、複数のページに散在しているデータベースを1つのページにまとめて表示したいような場合に使うとよいでしょう。

■ リンクドビューは名前の先頭に矢印が付く

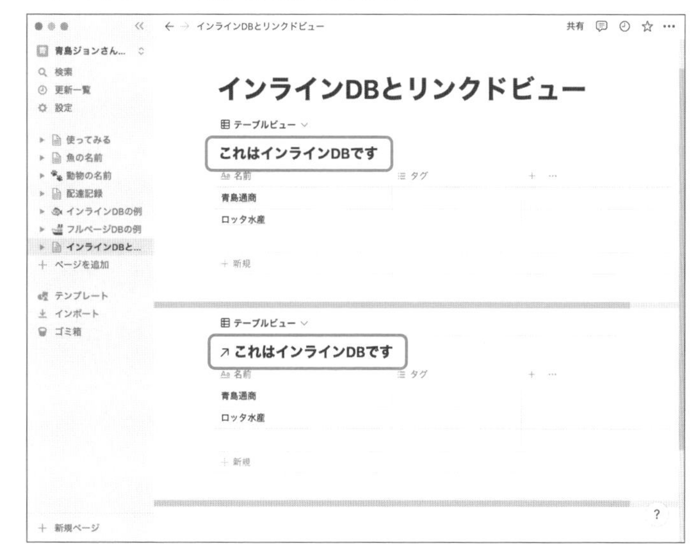

リンクドビューであっても、操作方法は変わりません。リンクドビューの中にビューを追加したり、フィルターや並べ替えの設定を変更したりできます。これらの操作は、データソースとしたデータベースのビューには影響しません。

ただし、データソースとして設定している以上、データ自体を変更すると、データソースとしたデータベースが変更されます。たとえば、リンクドビューからアイテムやプロパティを追加したり、値を変更したりすると、元のデータベースが操作されます。

3-2-4 データベースを作成する

予備知識を踏まえたところで、データベースを作る手順を紹介します。ここでは3つの方法を紹介します。さまざまな設定項目がありますが、どれも見覚えがあるはずです。分からなくなったときは本節の冒頭から読み直してください。

作成時に必要な指定のまとめ

手順を紹介する前に、前項までの内容を端的にまとめておきます。

新しいデータベースを作るときは、次の3点を意識してください。手順やコマンドにはいろいろなものがありますが、この3点に注目すれば自然と区別できるようになるでしょう。

- インラインデータベースと、フルページデータベースのどちらを使うか
- 6つあるレイアウトのうち、どれを使うか
- データソースに使うデータベースは、新しく作るか、既存のものから選ぶか

新規ページのテンプレートから作る

新しいページを作るとテンプレートが開きます（詳細は「2-3-2 新しいページのテンプレートを使う」を参照）。

この中の「データベース」の見出しにある6つの項目は、6種類あるレイアウトから1つを選んでビューを作るものです。データソースは、新しく作ることも、既存のデータベースから選ぶこともできます。データベースやビューの設定はあとで変更できます（詳細は本章内で順次紹介します）。

ただし、この方法では必ずフルページデータベースになります。インラインデータベースは作れないので、その場合は別の手順を選んでください。

■ 新規ページのテンプレートからデータベースを作る

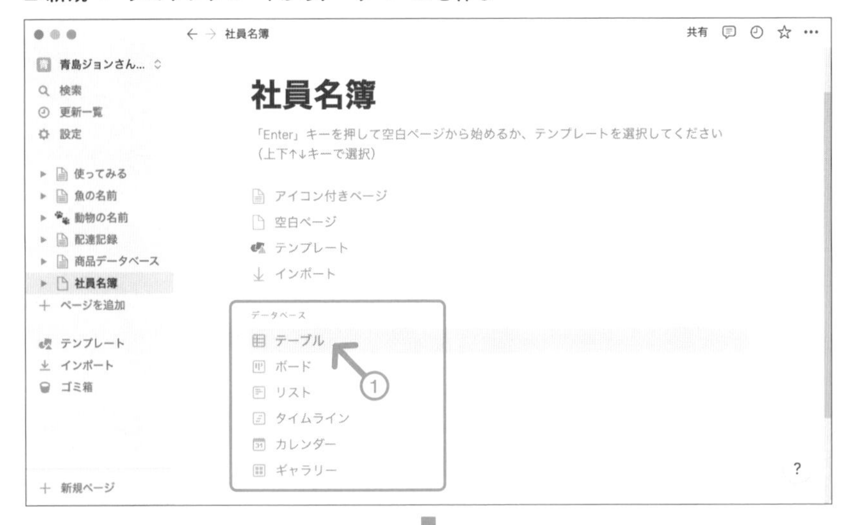

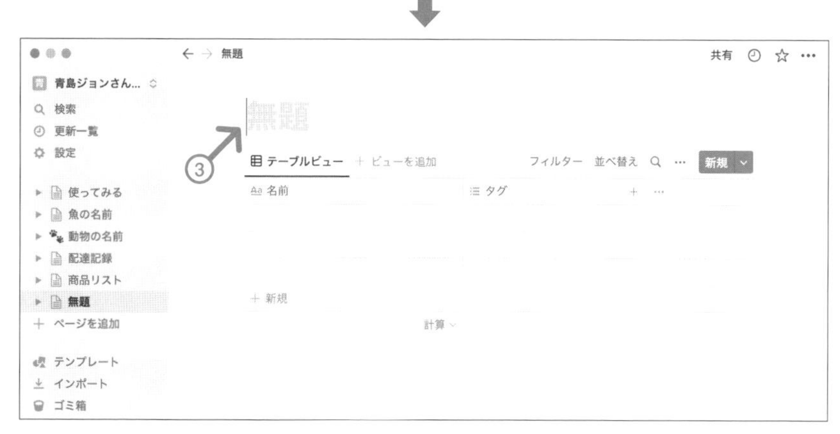

①「データベース」の見出しから、作成するビューに使うレイアウトを選びます。ここでは「テーブル」を選びます。もしもほかのレイアウトを使うときは、それを選びます。

②「データソースを選択する」では、データソースを選びます。ここでは「+新規データベース」をクリックします。もしも既存のデータベースを使うときは、それを選びます。

③「テーブル」レイアウトのフルページデータベースが作られました。データベースの名前は付いていませんが、リンクの矢印がないので、データベースの実体もこのブロックにあることが分かります。

●NOTE　フルページデータベースでは、データベースの名前がページの名前として扱われるため、データベースの作成前にページの名前を書き込んでいても破棄されます。本文の図①②にある「社員名簿」の文字はページの名前で、③の「無題」はデータベースの名前です。なお、ブロックを作ると同時にページのテンプレートも選べなくなるので、誤ってデータベースを作って既存の内容をなくしてしまうおそれはありません。

スラッシュコマンドまたは+ボタンのメニューで作る

すでにページの内容を作成している場合は、以下のどちらかのメニューからデータベースを作成できます。

- スラッシュコマンドを開き、「データベース」の見出しにあるコマンド
- ブロックにポインタを重ねたとき、その左隣に表示される「+」ボタンをクリックして開くメニューの「データベース」の見出しにあるコマンド

■「+」ボタンのメニューからデータベースを作る

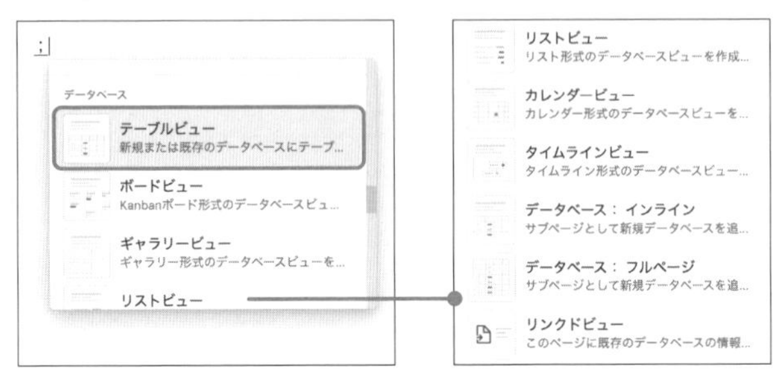

［～ビュー］：インラインデータベースを、コマンド名に書かれたレイアウトを使ったビューで作ります。たとえば［テーブルビュー］は、「テーブル」レイアウトを設定したビューを作ります。データソースは作成時に指定するので、データベースを新しく作ることも、既存のデータベースを選ぶこともできます。

［データベース：インライン］：インラインデータベースを、「テーブル」レイアウトで、新規のデータベースとして作ります。ほかのレイアウトや、既存のデータベースは選べません。

［データベース：フルページ］：フルページデータベースを、「テーブル」レイアウトで、新規のデータベースとして作ります。ほかのレイアウトや、既存のデータベースは選べません。作成する位置は、現在のページの下位になります。

［リンクドビュー］：リンクドビューを、「テーブル」レイアウトで作ります。データソースのデータベースには、既存のものを選ぶことも、（コマンド名にもかかわらず）新しく作ることもできます。

データソースを選べる場合は、次の図のような設定画面が開きます。必要に応じて選んでください。

■データソース設定の画面

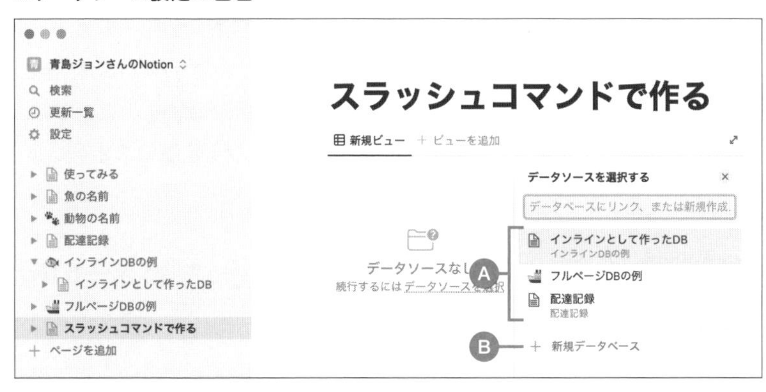

Ⓐ 既存のデータベースを使う場合はその名前をクリックします。

Ⓑ 新しいデータベースを作る場合は「+新規データベース」をクリックします。

●NOTE　メニューの「ベーシック」の見出しにある「テーブル」は、「シンプルテーブル」とも呼ばれるもので、縦軸と横軸を持つだけの表です。データベースではありません。

「テーブル」タイプのブロックを変換する

「テーブル」タイプのブロックを、「テーブル」レイアウトのインラインデータベースへ変換できます。これには、ブロックハンドルをクリックして、メニューが開いたら[データベースに変換]を選びます(詳細は「3-1-2 表からデータベースを作る」を参照)。

この操作では、インラインデータベースを、「テーブル」レイアウトで作ります。データソースは、「テーブル」タイプのブロックから変換された新しいデータベースになります。変換時に設定を変更するウインドウは表示されませんが、あとから変更できます(詳細は本章内で順次紹介)。

●NOTE　逆の操作も可能です。これには、ブロックハンドルをクリックして、メニューが開いたら[シンプルテーブルに変換]を選びます。ただし、設定されているプロパティの種類などによっては変換できません。この場合、メニューに[シンプルテーブルに変換]は現れません。

3-3 データベースの基本操作

データベースの基本操作、すなわち、アイテムの管理、検索、フィルター、並べ替えなどについて紹介します。ここでは、Excelと同じデザインの「テーブル」レイアウトを使います。

3-3-1 「テーブル」レイアウトを使ったビューの概要

本節では、「3-1-2 表からデータベースを作る」の内容に従って、「テーブル」タイプのブロックをデータベースへ変換したものを使って紹介を進めます。

新しくデータベースを作る場合は、①インラインデータベース、②「テーブル」レイアウトを使ったビュー、③データソースには新しいデータベースを作成、の3点を指定してください（詳細は「3-2-4 データベースを作成する」を参照）。

また、図のデータはあくまでもサンプルですので、自由にアイテムを追加したり、値を書き換えたりして、実際に操作して動作を確認しながら読み進めることをおすすめします。

「テーブル」レイアウトは、縦軸に記録の1件（アイテム）、横軸にその属性（プロパティ）を並べる表形式です。たとえば名簿であれば、1行に1人分、各列に名前や住所などのデータをプロパティ別に並べます。Excelと似ているので、多くの方になじみがあるでしょう。

なお、「テーブル」以外のレイアウトの特徴や、ビューの追加は「3-6 ビューの操作」のなかで紹介します。

さて、「テーブル」レイアウトのインラインデータベースは、次の図のような構成になっています。それぞれの領域でポインタを重ねると、メニューの「…」やブロックハンドルなどが表示されます。また、表示幅によって、表示の一部が省略されることがあります。

■「テーブル」レイアウトのビュー(説明のため、すべてのガイド類を表示した状態を合成しています)

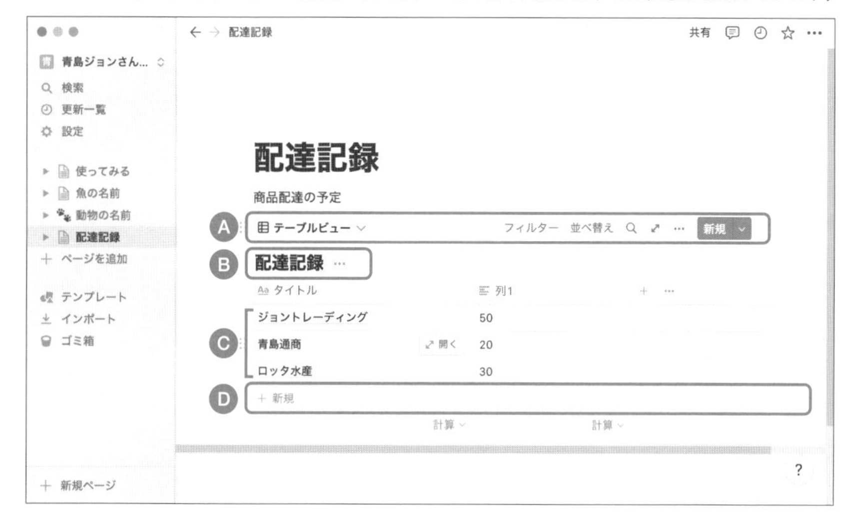

Ⓐ データベース全体に関わる操作を行います。具体的には、ビューの操作と管理、全画面表示への切り替え、フィルターや並べ替えの条件設定、などです。本書では便宜的に「データベースのメニュー」と呼びます。

Ⓑ データベースの名前です。メニューの「…」は名前の右隣に表示されます。

Ⓒ データベースに登録したアイテムです。個別のアイテムにも、ブロックハンドルが表示されます。

Ⓓ 計算機能を設定できます(詳細は「3-4-5 プロパティを計算する」を参照)。

ほかにも、見出しの行の仕切り線を左右にドラッグして表示幅を調整したり、プロパティをドラッグ&ドロップして順序を入れ替えたりできます。これはExcelと同じです。

●NOTE　6種類あるレイアウトの基本的な操作性は共通ですが、なかにはレイアウトの特徴とくに関係した機能もあります。本書の構成の都合上、それらも本節内で併記しますが、最初に読み通すときは無視して、「テーブル」以外のレイアウトを使うようになったときに見返してください。

3-3-2 アイテムをページとして開く

それぞれのデータベースアイテムは、内部的にはページとして扱われるため、個別のアイテムをページとして開くことができます。これには、以下のように操作します。

- 「テーブル」ビューでは、アイテムにポインタを重ねたときに表示される「開く」ボタンをクリックします。このボタンは、データベースを作ったときの1列目にのみ表示されますが、アイテムのどこかにポインタを重ねれば表示されます（1列目についてはNOTE参照）。
- 「テーブル」以外のビューでは、目的のアイテムをクリックします。

■ **アイテムをページとして開く**

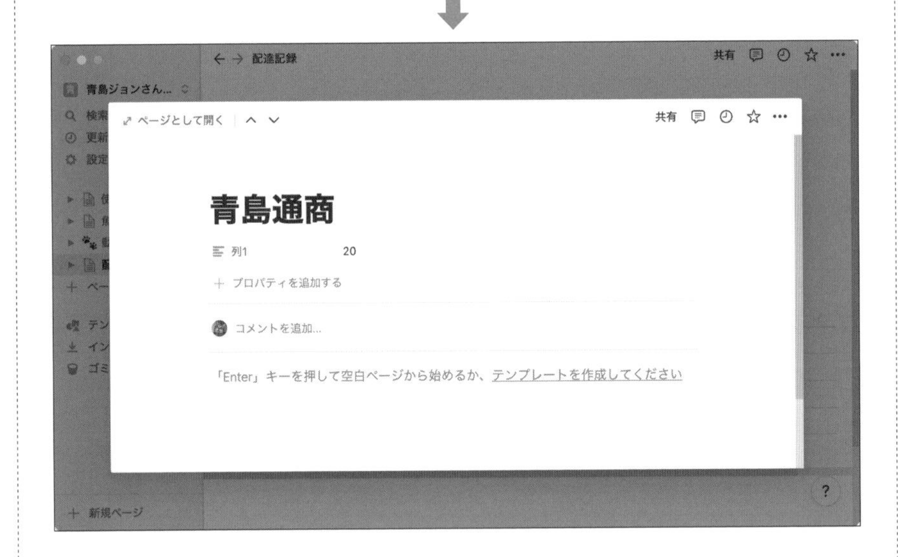

ページを閉じるには、外側の暗くなっているところをクリックします。データベース以外のページと同じです。

全画面表示へ切り替えるには、エディター左上の「ページとして開く」をクリックします。なお、全画面表示にしても、エディター左上にあるナビゲーション（左右の矢印アイコン）を使って前の画面へ戻れます。

●NOTE　データベースを作ったときの1列目のプロパティは、「タイトル」タイプという特殊なプロパティになります。このプロパティは、ページとして開いたときに名前として使われます。詳細は6章のコラム「「タイトル」プロパティタイプ」を参照してください。

アイテムには自由にブロックを追加できる

個々のデータベースアイテムもまたページであるため、通常のページと同様に、自由にブロックを追加できます。これには、グレーの文字の「「Enter」キーを押して空白ページから始めるか…」のガイドをクリックします。通常のブロックだけでなく、データベースを作ることもできます。

■ 個別のアイテムには任意のブロックを追加できる

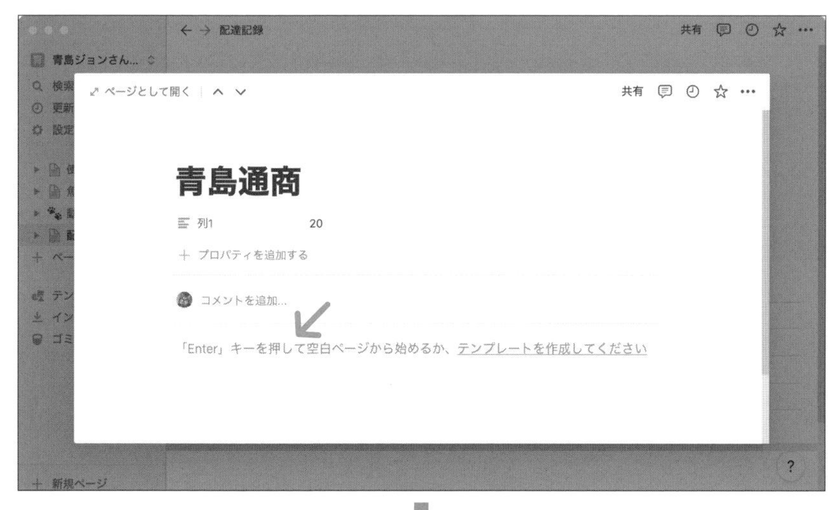

ただし、これらのブロックは、データベースの中のどのプロパティにも属さない点に注意してください。

どのプロパティにも属していないブロックがあることは、「タイトル」プロパティにページのアイコンが付くことで示されます。ただし、その内容は、アイテムをページとして開くまで分かりません。検索は可能ですが、データの見通しは悪くなります。

■ どのプロパティにも属さないブロックがあることを示すページアイコン

テーブルビュー　フィルター　並べ替え　新規

配達記録

タイトル	列1
ジョントレーディング	50
青島通商	20
ロッタ水産	30

＋ 新規

計算

個別のアイテム内にどのプロパティにも属さないメモが必要な場合でも、計画性なくブロックを追加するのを避け、できるかぎり何らかのプロパティとしてデータの保管場所を作ることをおすすめします。あるいは、「備考」などの名前で汎用のプロパティを作ることも検討してください。

●NOTE　「ギャラリー」レイアウトでは、どのプロパティにも属さないブロックを表示することもできます（詳細は「3-6-8「ギャラリー」レイアウト」を参照）。

3-3-3 アイテムを追加する

データベースアイテムを追加する方法には、次のものがあります。

「+」ボタンを使う

データベースの左下にグレーの文字で表示されている「+新規」をクリックします。このとき、「テーブル」レイアウトでは、空白の行を追加します。

■「+」ボタンを使ってアイテムを追加する

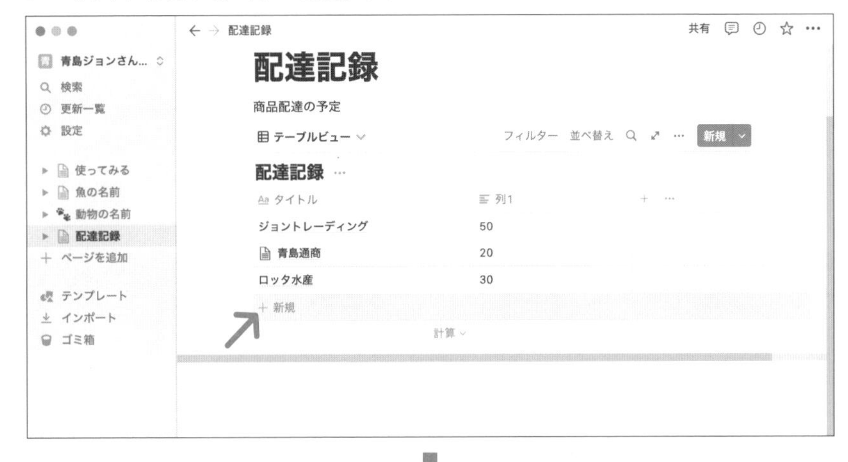

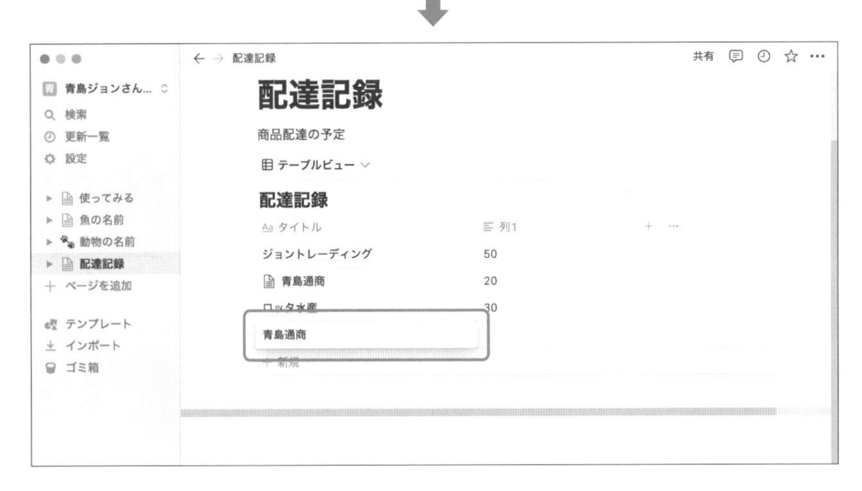

●NOTE　「テーブル」以外のレイアウトでは、アイテムを追加する「+新規」の文字、または「+」のボタンは、データベースの下端や末尾に表示されていることが多いです。また、「カレンダー」ビューでは日付のダブルクリック、「タイムライン」ビューではポインタを日付に重ねたときに表示される「新規ページ」のクリックで、それぞれ追加できます。

メニューの「新規」ボタンを使う

データベースのメニューの右端にある「新規」ボタンの、文字の範囲をクリックします（「新規」の文字の右側は別の動作になるので注意してください）。

このとき、「テーブル」レイアウトでは、新しいアイテムをページとして表示します。ページの名前は、「タイトル」タイプのプロパティになります（詳細は6章のコラム「「タイトル」プロパティタイプ」を参照）。

■メニューの「新規」ボタンを使ってアイテムを追加する

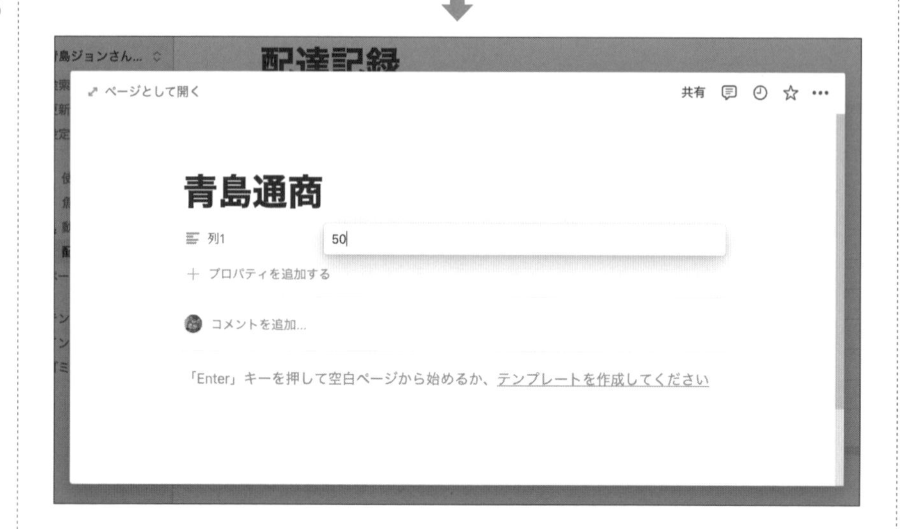

テンプレートを使う

データベースのメニューの右端にある「新規」ボタンの(「新規」の文字ではなく)右端 をクリックすると、先頭に「テンプレート」と書かれたメニューが開きます。これは、アイテムのテンプレートに関連するメニューです。アイテムのテンプレートは、データベースごとに複数作成して使い分けられます。

新しいテンプレートを作るには、まずメニューの[+新規テンプレート]を選びます。ページが開いたら、ページの名前と、テンプレートに入れたい値を書きます。ただし、ページの名前はアイテムの値には使われず、メニューの表示のみに使われます。書き終えたら、外側の暗くなっている領域をクリックしてウインドウを閉じます。

■ データベースアイテムのテンプレートを作る

作成したテンプレートを使ってアイテムを作るには、同じ「新規」ボタンの右端をクリックして、メニューが開いたら目的のテンプレートの名前を選びます。すると新しいアイテムが作られ、ページとして表示されます。このとき、名前は空白になりますが、それ以外の値はテンプレートにあったものがすでに入っています。

■ テンプレートを使って新しいアイテムを作る

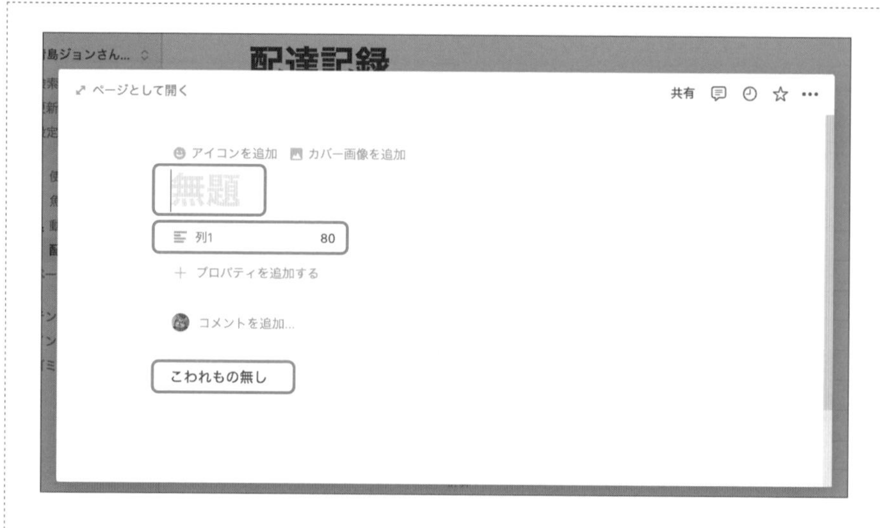

なお、あわせてメニューに表示される［空のページ］は、どのテンプレートも使わずにすべての値を空白にして、新しいアイテムを作ります。

作成したテンプレートを管理する方法は、次の図のとおりです。

■ アイテムのテンプレートを管理する

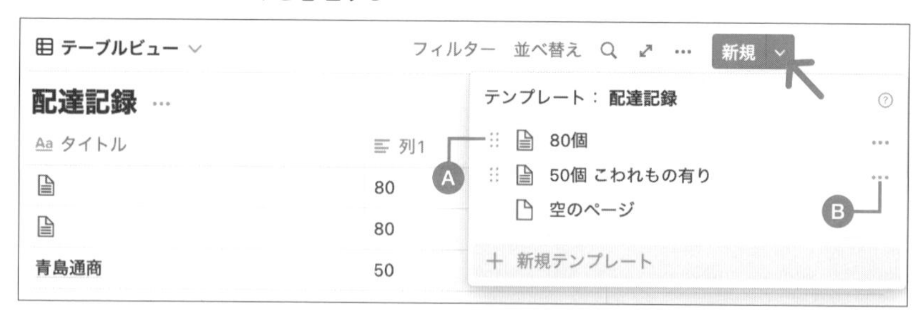

Ⓐ 上下にドラッグして、作成済みのテンプレートを表示する順序を入れ替えます。

Ⓑ メニューを開いて、編集、複製、削除を行います。

キーボードで「テーブル」レイアウトを操作する

キーボードで「テーブル」レイアウトを操作するには、次の方法があります。

- return キー：セルが編集状態でない場合に、選択しているセルを編集します。また、セルが編集状態の場合に、下のセルへ移動します。
- shift + return キー：選択されているアイテムの次に、新しいアイテムを追加します。
- ⌘ / Ctrl + return キー：選択しているアイテムをページとして開きます。

* tab キー：右隣のセルへ移動します。

下位ページやブロックをデータベースへ登録する

下位のページや通常のブロックを、データベースのアイテムとして登録できます。これには、それぞれのブロックハンドルを使って、データベースの中へドラッグ&ドロップします。

次の図のページには、「ページ」タイプのブロックと、インラインデータベースが配置されています。前者を後者へドラッグ&ドロップすると、データベースアイテムへ変換されます。このとき、ページのタイトルはデータベースアイテムの「タイトル」タイプのプロパティへ収められます。また、ページの中にあった「テキスト」タイプのブロックは、データベースアイテムになっても、いずれのプロパティにも属さないブロックとして維持されています。

■「ページ」タイプのブロックをデータベースアイテムへ変換する

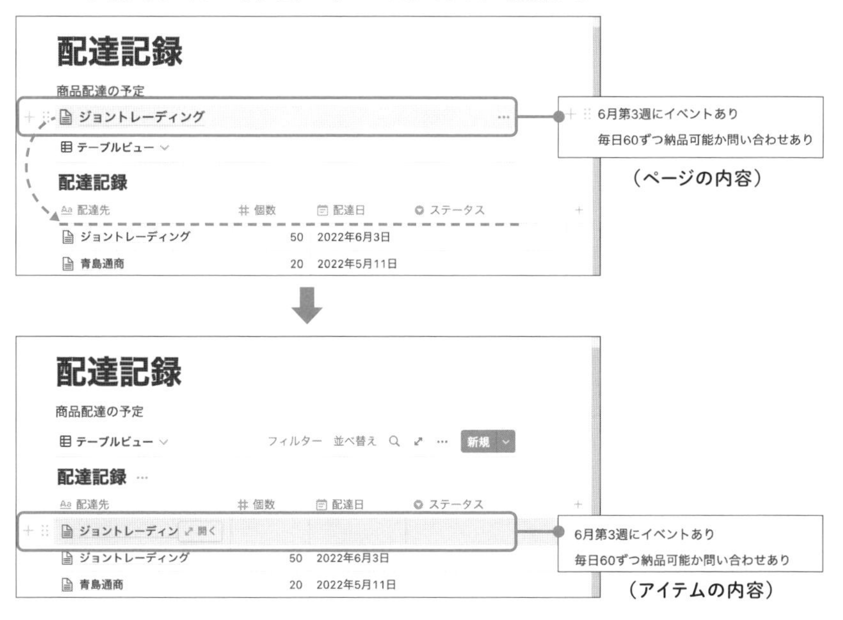

また、「テキスト」タイプのブロックを同様に操作しても、データベースアイテムへ変換されます。この場合は、ブロックの内容が「タイトル」タイプのプロパティへ登録されます。

この機能を使うと、最初からデータベースアイテムとして登録しなくても、まず通常のページとしてメモを取り、あとでメモの内容を見ながらデータベースへ登録できます。電話のように、急いでメモを取りたいときなどに便利です。

●NOTE　この機能は、ノートとデータベースを併せ持つNotionならではのものと言えます。なお、データベースアイテムのブロックハンドルをデータベースの外へドラッグ&ドロップすると、逆の操作ができます。このとき、各プロパティの値は表示されなくなります。再度データベースアイテムへ変換すれば各プロパティの値は復元されますが、そのような値が維持されていることは見た目には分かりません。

3-3-4 見出しの名前を変える

「テーブル」レイアウトでの各列の見出しの名前は、Notionではプロパティの名前にあたります。これを変えるには、目的の見出しをクリックし、メニューが開いたら[名前を変更]を選びます。ウインドウが開いたら、名前を書き換えて、return キーを押します。ウインドウを閉じるには、その外側をクリックします(×アイコンをクリックしても同じです)。

■ プロパティの名前を変える

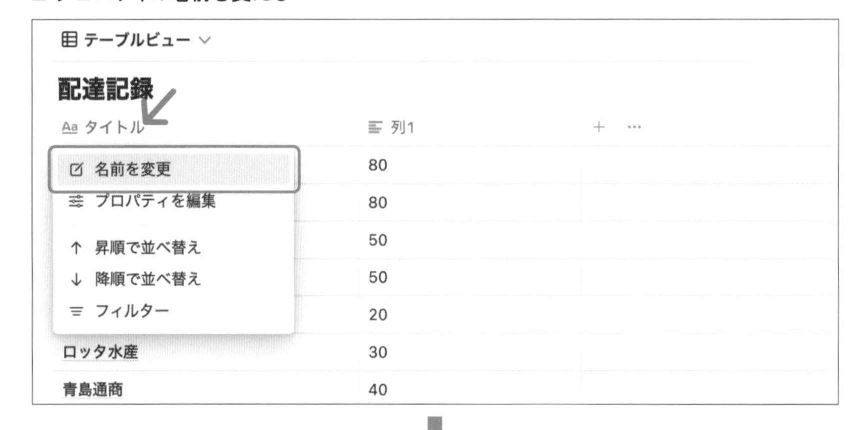

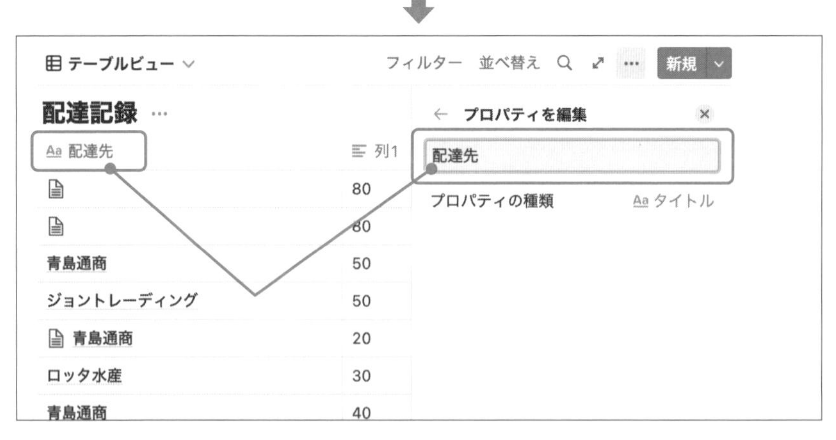

●NOTE　「テーブル」以外のレイアウトでは、「ビューのオプション」を使って変更します（詳細は「3-6-1 ビューのオプション」を参照）。

3-3-5 プロパティを追加する

プロパティを追加するには、表の右端にあるグレーの「+」をクリックします。すると「プロパティを編集」ウインドウが開き、プロパティの名前や、プロパティの種類を設定できます。名前を書き換えたら、return キーを押します。ウインドウを閉じるには、その外側をクリックします（×アイコンをクリックしても同じです）。

■ プロパティを追加する

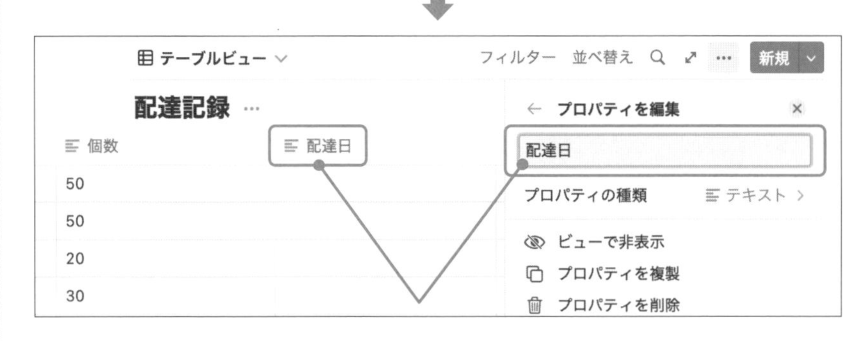

なお、「プロパティを編集」ウインドウにある「プロパティの種類」欄を使って、プロパティの作成と同時にプロパティタイプも設定できます（詳細は「3-4 プロパティの操作」を参照）。

●NOTE　この方法が使えるのは「テーブル」ビューのみです。また、プロパティが多い場合は右端までスクロールする手間があります。別の手順として、ビューのオプションを使う方法も知っておきましょう（詳細は「3-6-1 ビューのオプション」を参照）。

必要十分なプロパティを検討する

あるデータベースに必要なプロパティを考えるときは、将来の要望をできるかぎり先回りして検討する必要があります。いったん実際のデータを入力し始めてからプロパティを変えると、データの仕分け方を変えて登録し直したり、未入力のデータを入れ直すことになり、大変面倒な作業になる場合があるからです。

たとえば、一般に住所は「都道府県名、市区町村名、町名、番地、建物名、部屋番号」と分けられますが、住所全体を1つのプロパティとする場合、都道府県名だけ分けて2つのプロパティとする場合、「都道府県名、市区町村名、以下すべて」の3つのプロパティに分ける場合など、さまざまなケースが考えられます。

単に住所を登録しておけば十分という場合は、住所全体で1つのプロパティにしてもよいでしょう。しかし、都道府県ごとの集計や分類が必要であれば、都道府県名までは別のプロパティにするほうがよいでしょう。同様に、市区町村までの集計や分類が必要であれば、市区町村名も別のプロパティにするほうがよいでしょう。

また、名前を登録するときは、多くの場合、姓と名でプロパティを分けるほうがよいでしょう。もしも名前全体を1つのプロパティにすると姓名を区別できないため、たとえば「長谷川春」さんが「はせがわ・はる」さんなのか、「はせ・かわはる」さんなのか分かりませんし、姓による並べ替えもできません。場合によっては、姓名の順序が「名、姓」の人、ミドルネームを持つ人、アラビア人のようにさらに長い名前を持つ人の扱い方も考える必要があるでしょう。

しかし、細かく分ければよいわけでもありません。新しいアイテムの登録が必要以上に面倒になるおそれがありますし、そもそもそれほど細かく分ける必要性がない場合もあるでしょう。

このように、プロパティには、データベースの目的と登録の手間のバランスを考えて、必要十分なものを検討する必要があります。そのためには、まずは少ないアイテム数でテスト運用を行うなどして、このまま本格的に運用してよいのか検討するとよいでしょう。

3-3-6 アイテムを削除する

データベースアイテムを削除するには、次の方法があります。実際に選べる方法は、ビューによって異なります。

- 目的のアイテムのブロックハンドルを表示し、クリックしてメニューが開いたら[削除]を選びます。

- 目的のアイテムをマウスの右ボタンでクリックし、メニューが開いたら［削除］を選びます。どのプロパティをクリックしてもかまいません。

■ ブロックハンドルからメニューを開きアイテムを削除する

テーブルビュー　フィルター　並べ替え　新規

配達記録

配達先	個数	配達日
青島通商	50	
ジョントレーディング	50	
青島通商	20	
ロッタ水産	30	
青島通商	40	

＋ 新規

計算

■ 右ボタンをクリックしてメニューを開きアイテムを削除する

●NOTE　「ギャラリー」レイアウトでは、アイテムにポインタを重ねたときに表示される「…」をクリックし、クリックしてメニューが開いたら［削除］を選ぶという方法もあります。

3-3-7 アイテムを検索する

アイテムを検索するには、右上に表示される虫眼鏡のアイコンをクリックします。そのまま文字を入力できる状態になるので、検索キーワードを入力します。return キーを押す必要はありません。

■ アイテムを検索する

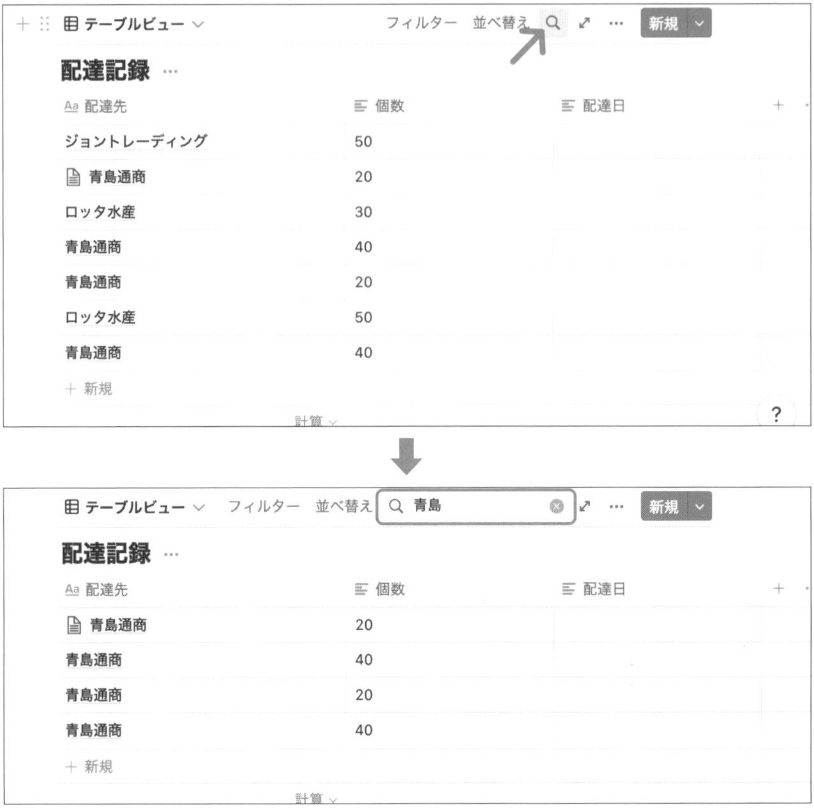

テーブルビュー　フィルター　並べ替え　新規

配達記録

配達先	個数	配達日
ジョントレーディング	50	
青島通商	20	
ロッタ水産	30	
青島通商	40	
青島通商	20	
ロッタ水産	50	
青島通商	40	

＋ 新規

計算

⬇

テーブルビュー　フィルター　並べ替え　青島　新規

配達記録

配達先	個数	配達日
青島通商	20	
青島通商	40	
青島通商	20	
青島通商	40	

＋ 新規

計算

検索を解除するには、検索欄の末尾にある「×」アイコンをクリックします。

なお、サイドバーにある「検索」を使ってもデータベース内を検索できますが、データベース右上のアイコンから検索すると、範囲をデータベース内に限定します。

●NOTE　複数の条件を設定したいときは、「フィルター」機能を使います（詳細は「3-3-8 アイテムを絞り込む」を参照）。Webの検索サービスとは異なり、スペースで区切って複数のキーワードを入力しても、ORやANDの検索にはなりません。

3-3-8 アイテムを絞り込む

表示するアイテムを絞り込むには、「フィルター」機能を使います。フィルターは、条件を厳しく設定できる検索機能とも言えます。フィルターを設定する手順は、次の図のとおりです。

■ フィルター機能を使って表示するアイテムを絞り込む

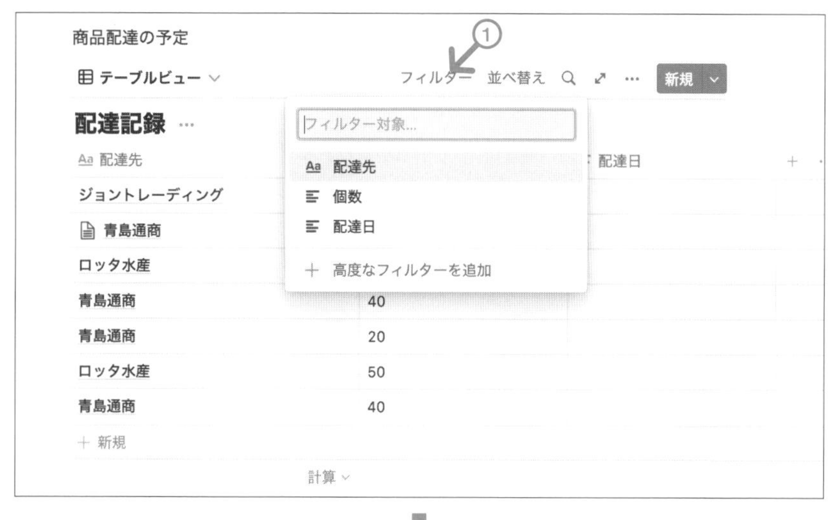

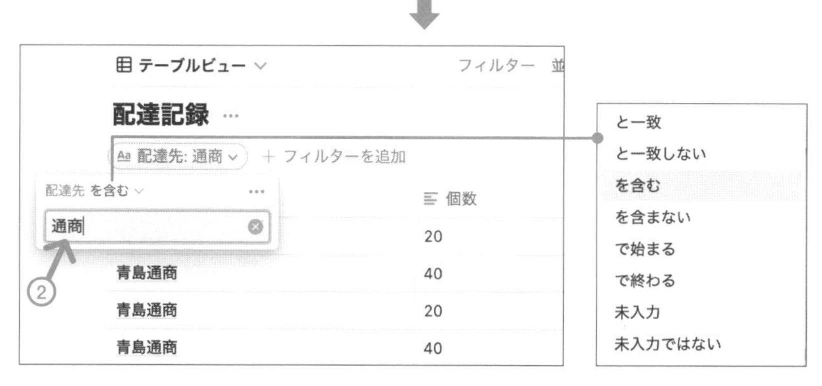

① データベースのメニューにある「フィルター」の文字をクリックします。メニューが開いたら、フィルターの対象とするプロパティを選びます。候補に目的のプロパティが表示されない場合は、入力欄にプロパティの名前を入力して検索します。

② 条件と値を指定します。たとえば、それぞれ「を含む」と「通商」を指定すると、「通商」を含むアイテムだけが表示されます。

●NOTE　同様にしてほかのプロパティも絞り込みの対象に選べますが、数を扱うプロパティの場合は「～以上」「～以下」のような条件も必要でしょう。しかし、もしもここで「個数」プロパティに「50以上」のように設定しようとしても、条件のメニューにそれらしいものは現れません。これは「個数」プロパティに設定されている種類が「数値」でないためです。詳細は「3-4 プロパティの操作」を参照してください。

フィルター設定の表示

フィルター機能は、表示するアイテムを一時的に絞り込むだけです。条件に合わないアイテムは隠されますが、削除されたわけではありません。あるはずのアイテムが見つからないときは、フィルターの設定を確かめてください。フィルターの設定は、削除するまで機能します（手順は本項内で紹介します）。

フィルターを設定すると、データベースのメニューにある「フィルター」の文字がブルーになるとともに、データベースの上方にブルーの文字で設定内容が表示されます。

■ フィルターが設定されていることを示す表示

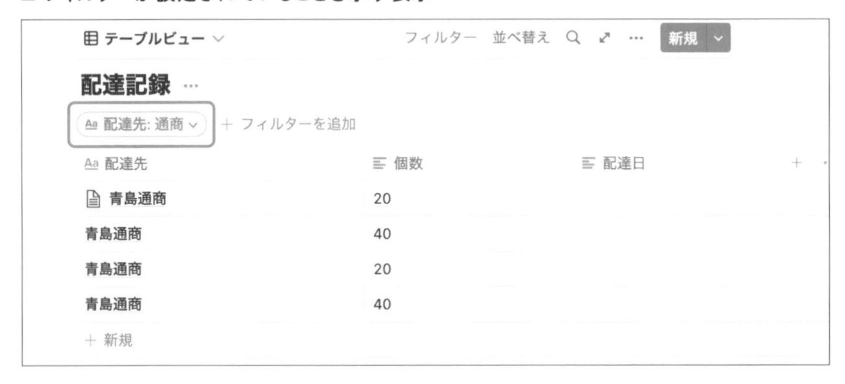

設定内容の表示が煩雑なときは、メニューの「フィルター」の文字をクリックすると、表示／非表示を切り替えられます。

ただし、インラインデータベースでは、ポインタを重ねるまでデータベースのメニューが表示されない点に注意してください。フィルターの設定内容を非表示にすると、フィルターが設定されていること自体が分からなくなります。

■ データベースからポインタを外すと、メニューが非表示になる

フィルターを追加する

フィルターは複数設定できます。2つめ以降のフィルターを設定するには、設定内容の表示の右隣にあるグレーの文字の「+フィルターを追加」をクリックします。以降の手順は、最初のフィルターを設定するときと同じです。

■ フィルターを追加する

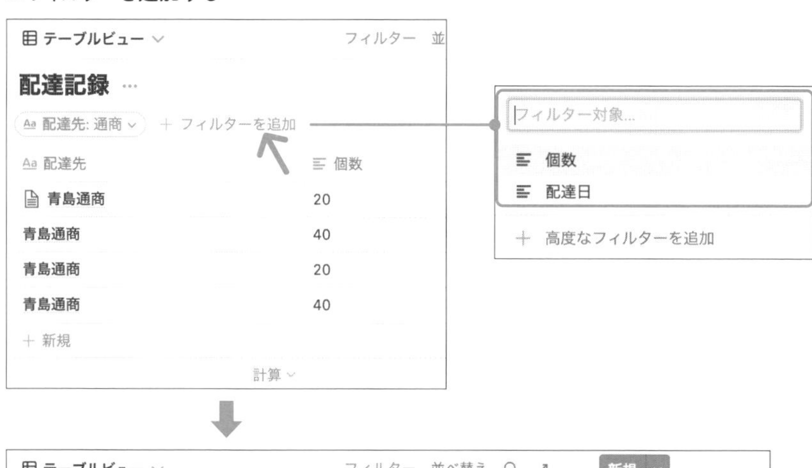

設定したフィルターは1つずつ並べて表示されます。あとから変更または削除するときは、目的の設定内容をクリックして操作します。

フィルターを削除する

フィルターを削除するには、目的の設定内容の表示をクリックします。ウインドウが開いたら、右上の「…」をクリックして、メニューから[フィルターを削除]を選びます。なお、条件の値を削除しただけでは、フィルターは削除されません。

■ フィルターを削除する

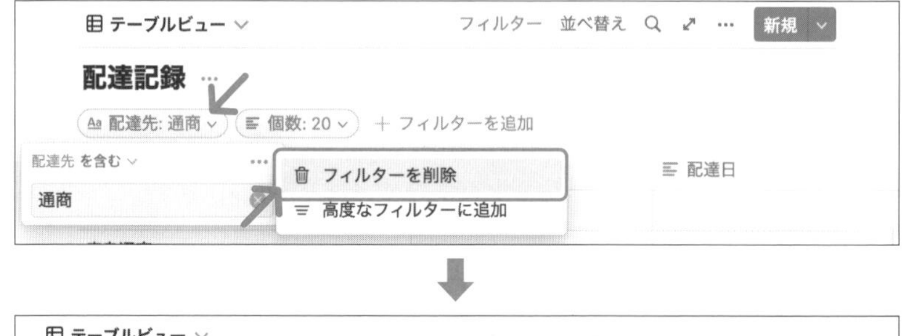

高度なフィルターを使う

より複雑な条件を設定するには、「高度なフィルター」を使います。これには、次のどちらかの手順を選びます。

- 何もフィルターがない状態で高度なフィルターを設定する場合は、データベースのメニューにある「フィルター」をクリックし、メニューが開いたら[＋高度なフィルターを追加]を選びます。
- すでに設定したフィルターの内容を使って高度なフィルターを設定する場合は、目的のフィルターの設定内容をクリックし、ウインドウが開いたら右上の「…」をクリックして、[高度なフィルターに追加]を選びます。

■ 新しく高度なフィルターを作成する

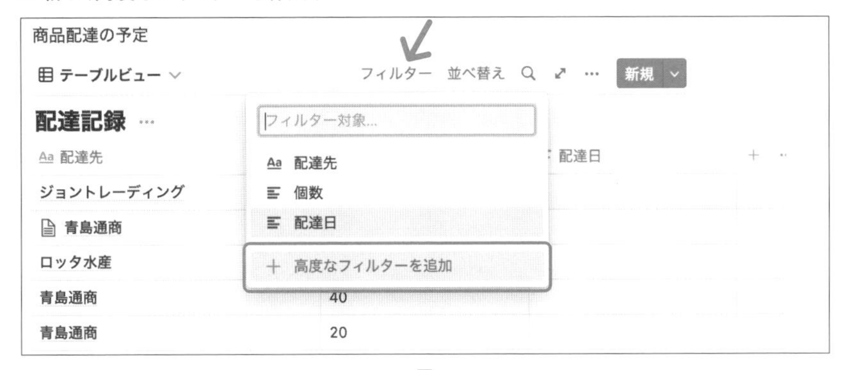

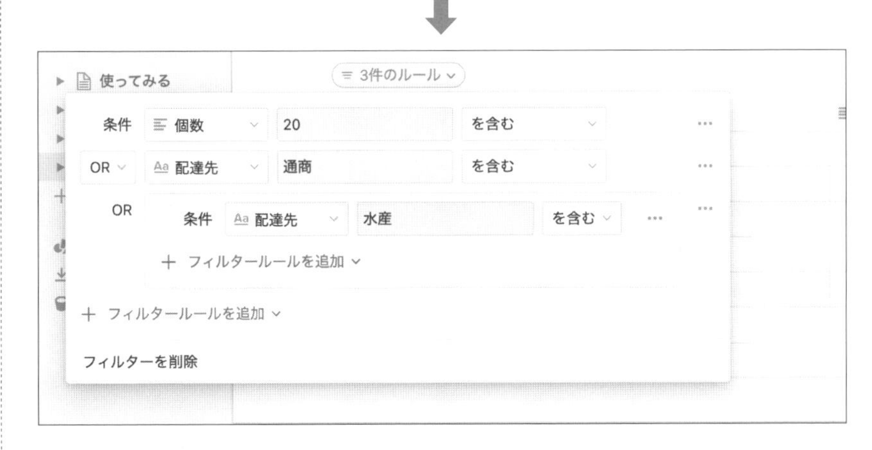

3-3-9 アイテムを表示する順序を変える

アイテムを表示する順序を変える（ソートする）手順は、次ページの図のとおりです。なお、並べ替えは、フィルターと併用できます。

■ アイテムを表示する順序を変える

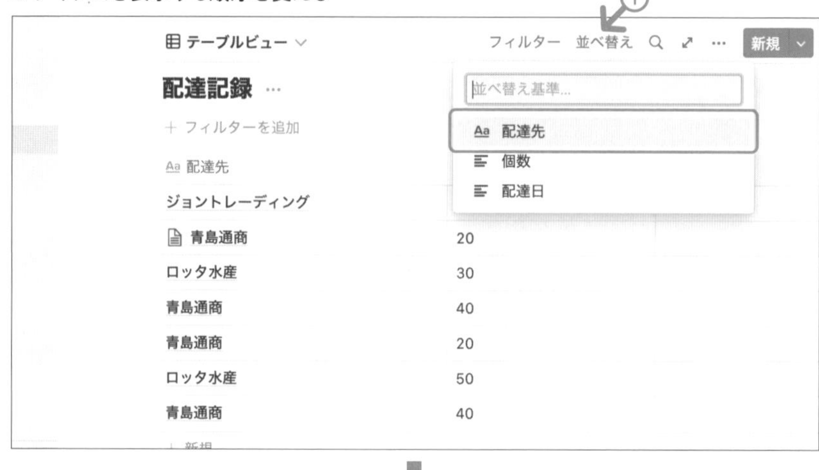

① データベースのメニューにある「並べ替え」の文字をクリックし、設定のウインドウが開いたら対象のプロパティを選びます。

② 並べ替える順序を選びます。

③ 並べ替えが行われます。同時に、ビューの右上にある「並べ替え」の文字がブルーになるとともに、設定内容を短くブルーの文字で示します。昇順と降順は、矢印の向きで示されます。

並べ替えのルールを再設定または削除する

並べ替えのルールを再設定または削除するには、ビューの右上にある「並べ替え」の文字、または、設定内容の表示をクリックして、設定ウインドウを開きます。

■ 並べ替えのルールを変更する

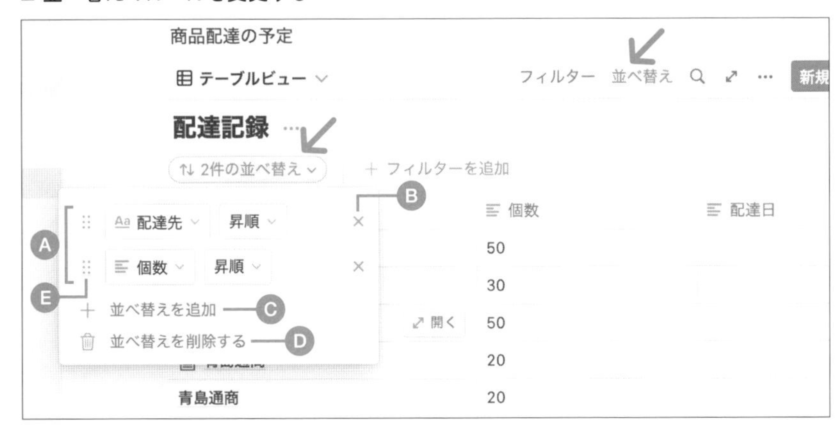

Ⓐ 並べ替えるルール（プロパティと順序）を変更します。

Ⓑ この行のルールを削除します。複数のルールを設定したときに、個別に削除できます。

Ⓒ 並べ替えのルールを追加します。

Ⓓ すべての並べ替えのルールを一括削除します。

Ⓔ 上下にドラッグして、ルールを適用する順序を入れ替えます。

3-4 プロパティの操作

それぞれのプロパティに適切なタイプを設定すると、見栄えの設定だけでなく、計算機能や関数機能を使うときの土台としても役立ちます。計算機能の使い方もここで紹介します。

3-4-1 プロパティタイプとは

データベースのそれぞれのプロパティには、値の種類に応じて「プロパティタイプ」（アプリの画面では多くの場合「プロパティの種類」）を設定できます。具体的には、「テキスト」「数値」「日付」「メール」「セレクト」などがあります（詳細は「第6章 プロパティタイプリファレンス」を参照）。

前節まではデータベースにアイテムや値を登録しただけなので、プロパティタイプを気にする必要はありませんでした。しかし、計算機能や関数機能を使うときには、プロパティタイプはそれらの基礎となる重要な設定になります。

●NOTE　アプリの画面では、ほとんどの場合に「プロパティの種類」と書かれていますが、一部には「プロパティタイプ」とも書かれています。数としては「プロパティの種類」のほうが多いのですが、ブロックの種類は「ブロックタイプ」と呼ぶので、プロパティの種類は「プロパティタイプ」と呼ぶほうが対比としては適しているでしょう。本書では、アプリ内の表記を転記するときは画面の表示に従いますが、解説では「プロパティタイプ」と表記します。

プロパティに対して適切なタイプを設定する

新しいプロパティを作るとデフォルトで「テキスト」タイプが設定されますが、値の種類によっては専用のプロパティタイプが用意されています。その場合は、適切なものを設定してください。

たとえば、「メール」タイプは、メールアドレス専用のプロパティタイプです。あるプロパティをこれに設定すると（単なる文字列ではなく）全体が1つのメールアドレスとして扱われるようになり、その値（メールアドレス）を使ってメールアプリで新規メールを作成できるボタンが表示されるようになります。

■ プロパティタイプを「メール」（右側のプロパティ）に設定すると専用のボタンが表示される

種類は「テキスト」	@ 種類は「メール」
lotta@example.com	lotta@example.com

もしもメールアドレスを登録するプロパティを「テキスト」タイプに設定していても、値は登録できます。しかし前記したボタンと同じ動作結果を得るためには、「値をコピーして、メールアプリを起動して、新規メールを作成して、アドレスをペーストする」という手順が必要になります。プロパティの値がメールアドレスとして扱われるからこそ、便利な機能が付加されます。

適切なプロパティタイプを選ぶためには、あらかじめすべてのものを把握する必要がありますが、それほど数は多くないので選択に悩むおそれはないでしょう。リストは「第6章 プロパティタイプリファレンス」にあるので、ここでは、適切なものを選ぶ必要があることに注目してください。

プロパティには適切な値を1つだけ入れる

このような特定のタイプのプロパティでは、値の全体がひとまとまりのものとして扱われるため、それ以外の文字列を入れてはいけません。

たとえば、「メール」タイプのプロパティには、「1つのメールアドレス」以外の値を入れてはいけません。もしも、「個人用はprivate@example.jp、仕事用はbusiness@example.jp」のように、メールアドレスではない文字列を入れたり、複数のメールアドレスを併記したりすると、入力した値の全体が1つのメールアドレスとして扱われてしまうため、前記した専用のボタンは期待した動作になりません。

もしも不適切なプロパティタイプを設定すると

もしも適切でないプロパティタイプを設定すると、メリットがなくなるだけでなく、値を登録できない、値を使った計算ができないなどのトラブルを起こします。

たとえば、もしも文字列を扱うプロパティを「数値」タイプに設定すると、通常の文字列は登録できなくなります（エラーメッセージも表示せずに、入力した文字を破棄します）。プロパティタイプを「数値」に設定すると、数値ではない値は収められないからです。

では逆に、数値を扱うプロパティを「テキスト」タイプに設定するとどうなるでしょうか。たとえば「80」という値は数値ですが、文字列でもあるので、登録は可能です。しかし、数値として扱われないため、合計や平均値を割り出すような計算機能は使えません。

今後、データベースに関連したさまざまな機能を使うときに、意図したコマンドが現れないようなときは、値に対して適切なプロパティタイプが設定されていることを確かめてください。

3-4-2 プロパティタイプを変更する

「テーブル」レイアウトでプロパティタイプを変更する手順は、次の図のとおりです。

■ プロパティタイプを「テキスト」から「数値」へ変更する

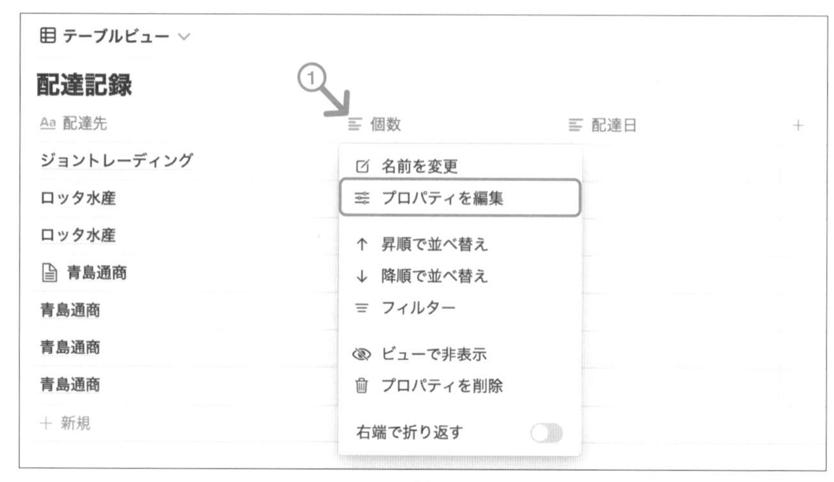

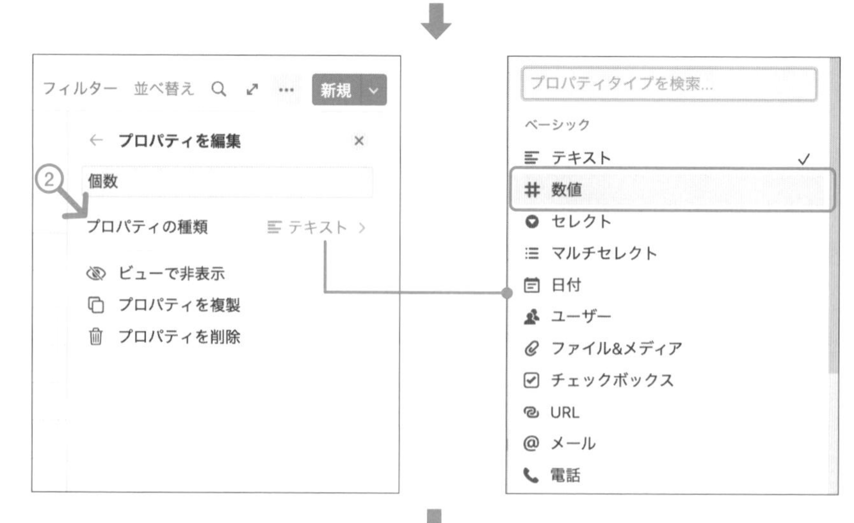

① グレーの文字で表示されている見出しをクリックし、メニューが開いたら[プロパティを編集]を選びます。

②「プロパティを編集」ウインドウが開いたら、[プロパティの種類]をクリックしてプロパティタイプを選びます。

③ 設定が反映されたら、ウインドウを閉じます。

ここでは「テキスト」タイプから「数値」タイプへ変更したので、値が左揃えから右揃えになりました。また、見出しの行にある「個数」の文字の前にあるアイコンも変わっています。アイコンは、メニューに表示されているものと同じものが表示されます。

●NOTE　この手順は直感的ですが、目的のプロパティの列を表示する必要があるので、プロパティの数が増えたときは手間がかかります。「ビュー」のオプションを使う方法も覚えておきましょう(詳細は「3-6-1 ビューのオプション」を参照)。「テーブル」以外のレイアウトを使っているビューでプロパティタイプを変更するときも、「ビューのオプション」を使います。

1列目のプロパティタイプは「タイトル」から変更できない

データベースを作成したときに1列目にあるプロパティには、「タイトル」という特別なプロパティタイプが設定されていて、変更できません。このため、数値や日付として扱うこともできません。1列目には、汎用的な文字列以外のデータは登録しないほうがよいでしょう。

なお、「タイトル」タイプは、データベースアイテムをページとして開いたときにページの名前になります。

■ 1列目のプロパティタイプは「タイトル」から変更できない

●NOTE 本文では便宜的に1列目と紹介しましたが、プロパティの順序は入れ替えられるため、必ず1列目にあるとは限りません。

3-4-3 プロパティの表示形式を変更する

前項の「プロパティを編集」ウインドウを見ると、[プロパティの種類]の下に[〜の形式]という項目が現れることがあります。この場合は、値を表示する形式を選べます。登録する値を実際に書き換えなくても、表示形式だけを変更できるので、必要に応じて設定してください。

たとえば、「数値」プロパティタイプに設定すると、[数値の形式]の項目が現れます。設定によって表示がどのように変わるか、次の図で見比べてください。

■ プロパティタイプが「数値」のときの、さまざまな表示形式の例

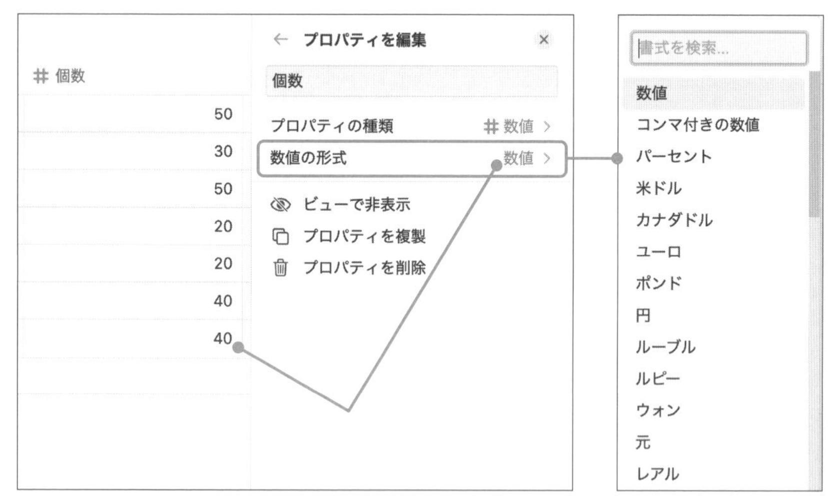

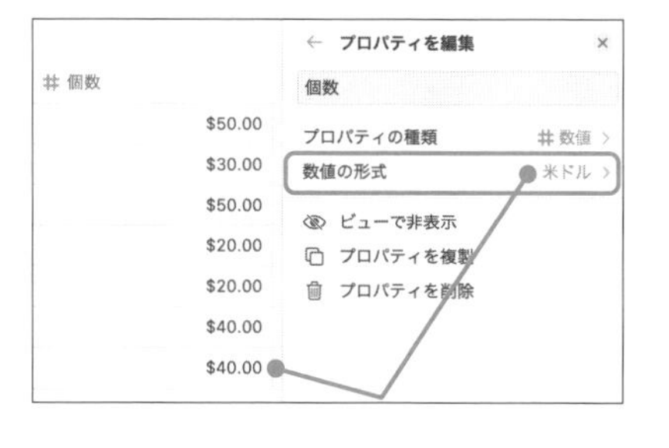

同様に、次の図は「日付」プロパティタイプであるときに、表示形式を変えた例です。

■ プロパティタイプが「日付」のときの、さまざまな表示形式の例

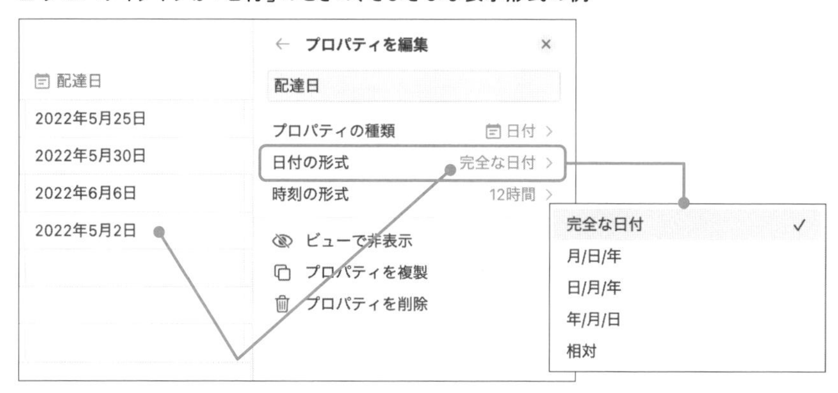

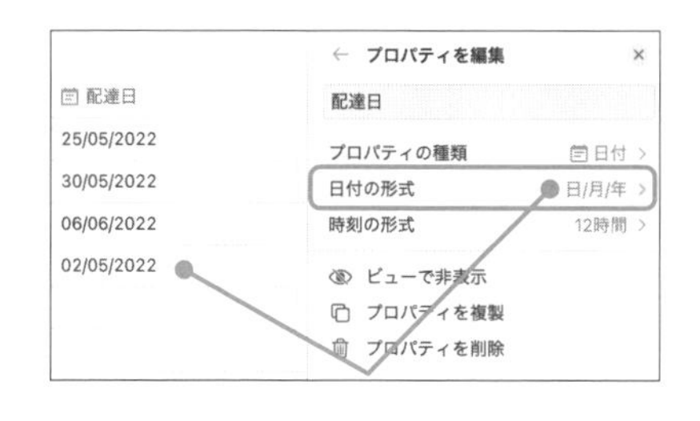

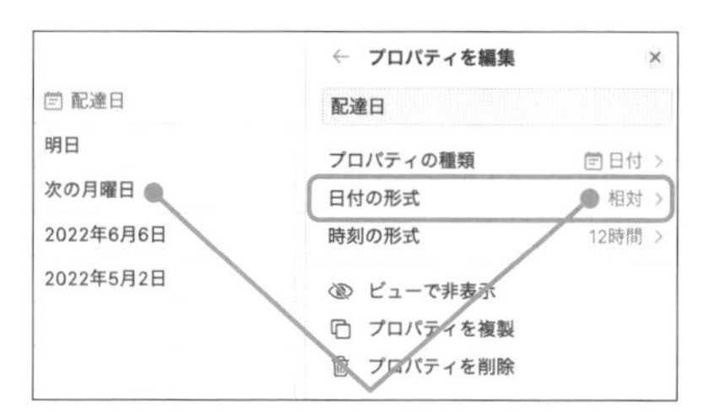

3-4-4 プロパティの表示を変更する

プロパティごとに、ビューでの表示／非表示を設定できます。プロパティの数が増えてきたら、必要な情報に集中するためにも設定しましょう。なお、実際にはビューによって使い分けるのがよいでしょう。

「テーブル」レイアウトで特定のプロパティを非表示にするには、グレーの文字で表示されている見出しをクリックし、メニューが開いたら[ビューで非表

示］を選びます。表示を隠しているだけですので、データやプロパティを削除したわけではありません。

■ 特定のプロパティを非表示にする

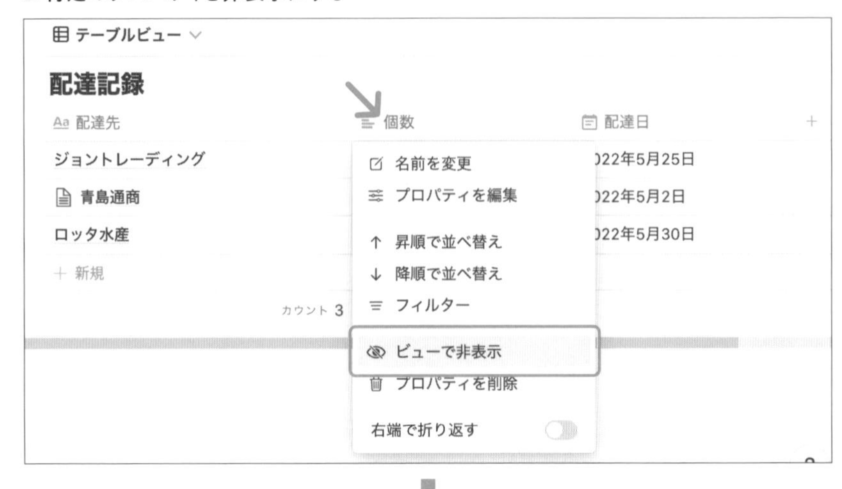

●NOTE　非表示に設定したプロパティを表示へ切り替えたり、「テーブル」以外のレイアウトで特定のプロパティを非表示にするときは、「ビューのオプション」から操作します（詳細は「3-6-1 ビューのオプション」を参照）。

3-4-5 プロパティを計算する

いくつかのレイアウトでは、プロパティごとに計算（集計）を行えます。たとえば、アイテムの数を数えて件数を、数値を足して合計を計算できます。選べる計算の方法は、プロパティタイプによって異なります。計算機能はフィルターと併用できるので、条件に合致したアイテムに限定した計算もできます。

●NOTE　プロパティの計算機能は、「タイムライン」および「ボード」レイアウトでも使えます。

「テーブル」レイアウトでプロパティの計算を設定する手順は、次の図のとおりです。

■ 計算機能を設定する

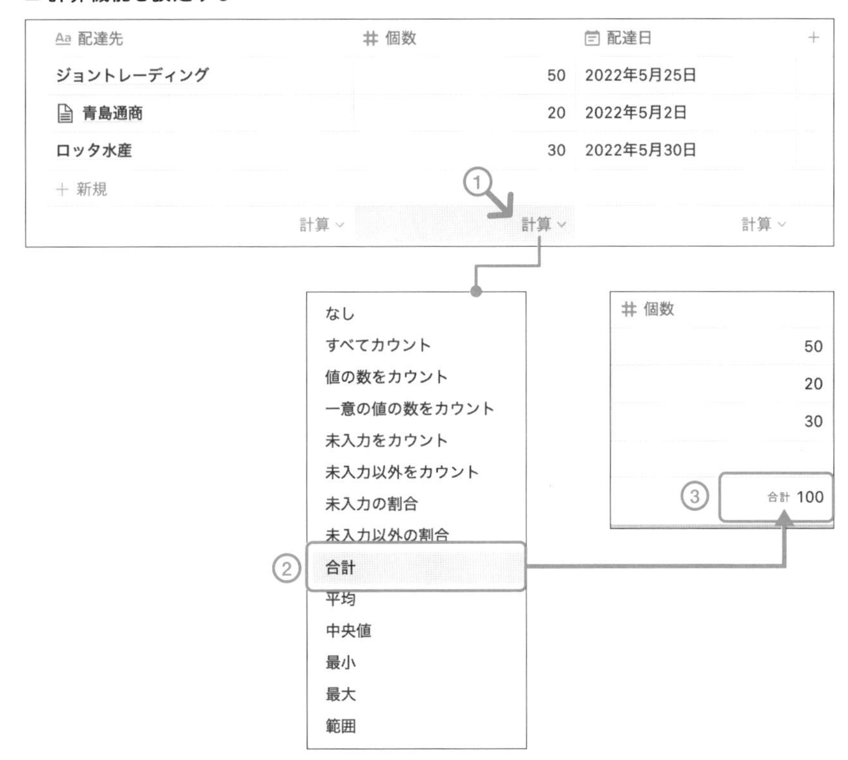

① 最後のアイテムの直下の行にポインタを重ねて、グレーの文字で「計算」と表示されたらクリックします。
② メニューが開いたら、目的に合う計算方法を選びます。
③ 計算結果と、計算方法が表示されるようになります。

目的の計算方法がメニューにない場合

目的の計算方法がメニューに表示されないときは、プロパティタイプを確認してください。計算のメニューの内容は、プロパティタイプによって変わります。

たとえば、値の合計を計算するには、プロパティタイプが数値である必要があります。もしも値が数値であっても、プロパティタイプが「テキスト」であると、

Notionは値を文字として認識するため、数値を使った計算ができません。次図のメニューを前図のものと比べてください。

プロパティタイプが「テキスト」であると、計算機能のメニューに[合計]や[平均値]は現れない

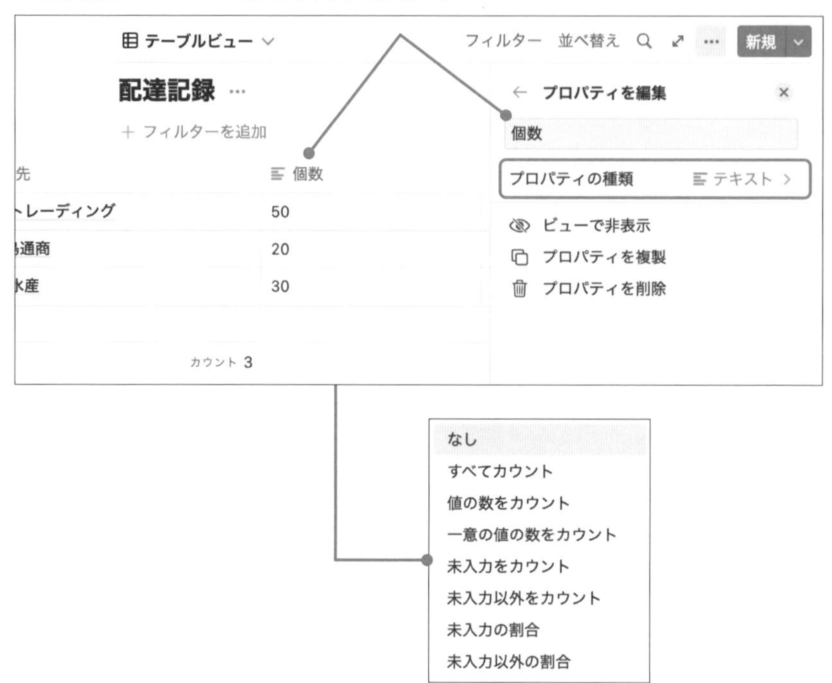

3-5 関数の操作

「関数」プロパティタイプを使うと、ほかのプロパティなどの値を使って、さまざまな計算を行えます。既存のデータから新しいデータを作れるので、さらにデータベースを活用できます。

3-5-1 「関数」プロパティタイプとは

データベースで使う「関数」プロパティタイプは、あらかじめ指定した数式を使って決まった計算を行い、その結果を出力するものです。

本項では、はじめて関数を使う方のために、関数機能を簡単に紹介します。これまでExcelやプログラミングなどで関数を使った経験がある方は、「3-5-2 関数を設定する」へ進んでもかまいません。

「関数」プロパティタイプの例

まずは、「関数」タイプのプロパティの例を見てみましょう。設定の内容は分からなくてもかまいません。

次の図では、「日付」プロパティタイプを設定した「my日付1」プロパティの値と現在の日時を比較して、日付が過ぎていれば、「my関数1」プロパティに超過していることを知らせるメッセージを表示します。

■ プロパティタイプ「関数」の例（今日は6月1日であるとします）

テーブルビュー ＋ ビューを追加　フィルター　並べ替え　新規

名前	my日付1	my関数1
青島物産	2022年5月19日	超過しています！
青島物産	2022年5月26日	超過しています！
青島物産	2022年6月3日	

「my関数1」プロパティには「関数」プロパティタイプを設定し、次の内容を記述しています。

半角スペースを入力し、改行せずに続けて「"超過〜」を入力

```
if(dateBetween(prop("my日付1"), now(), "days") > 0, "",
"超過しています！")
```

このような内容を記述することで、オリジナルのソリューションを作れます。

ただし、前図では「日付を超過したかどうか」しか調べていないので、作業が

完了していてもメッセージが表示されてしまいます。そこで状況を管理するために「セレクト」プロパティタイプを設定した「my状況1」プロパティを作り、作業が完了したものは「完了」と書き入れることにしました(「セレクト」プロパティタイプは、候補の中から文字列を選ぶものです)。

そのうえで、「完了していない、かつ、日付を超過している」ものだけにメッセージを表示するように改善しました。

■ 前図を改善した例

名前	my日付1	my状況1	my関数1
青島物産	2022年5月19日	完了	
青島物産	2022年5月26日		超過しています!
青島物産	2022年6月3日		

「my関数1」プロパティの内容は次のとおりです。記述が増えてさらに複雑になっていることが分かります。

改行せずに続けて「付"), ～」を入力(半角スペースは入れない)

```
if(prop("ステータス") == "完了", "", if(dateBetween(prop("日
付"), now(), "days") > 0, "", "超過しています"))
```

このように、いったん作った「関数」プロパティタイプを修正して、さらに機能を追加したり、目的に合わせて修正したりできます。

関数とは

次に、関数の仕組みについて紹介します。

「関数」タイプのプロパティは、さまざまな部品をつなげて作る機械装置のようなものです。ここでは、ジュースなどの自動販売機をイメージしてください。

自動販売機のユーザーは、その中身をまったく知りません。おそらく販売機の中では、投入された現金を数えたり、商品を冷やしたり温めたり、在庫がなくなったら「売り切れ」のランプを付けたり、投入された現金と商品の価格に応じてお釣りを返したりと、さまざまな部品を組み合わせることによって、自動販売機として動いているはずです。しかし、それを知っているのは販売機を作ったりメンテナンスしたりする人たちだけです。

ユーザーが自動販売機について知っているのは、「現金を投入して、商品を指定すると、商品とお釣りが出てくること」だけです。つまり、機械の中身を知ら

なくても、「必要なものを渡すと、目的のものが得られる機械」であることだけを知っていれば、自動販売機を使って要望を満たせます。

自動販売機がユーザーに商品を提供するように、Notionの関数機能はユーザーに計算結果を提供します。

関数には多くの種類が用意されていて、たとえば「プロパティAとプロパティBの間の日数が出てくる関数」、「プロパティAとプロパティBを掛け算した結果が出てくる関数」などがあります。自動販売機に現金を入れたり商品を指示したりするように、Notionでは別のプロパティの値を渡します。

なかには、「現在の日時が出てくる関数」のように、何も渡さなくても目的の値を返す関数もあります。現在の日時は、コンピューターが自分で調べられるからです。

ユーザーはこれらの関数を部品のように使って組み立てることで、「日付を入力すると、現在の年月日との差を数えて、超過していればメッセージを出すプロパティ」や「単価と個数を入力すると、合計の金額を教えてくれるプロパティ」を作れます。

■ 部品を組み立てて自動販売機を作るように、関数を組み立てて数式を作り、必要なものを得る

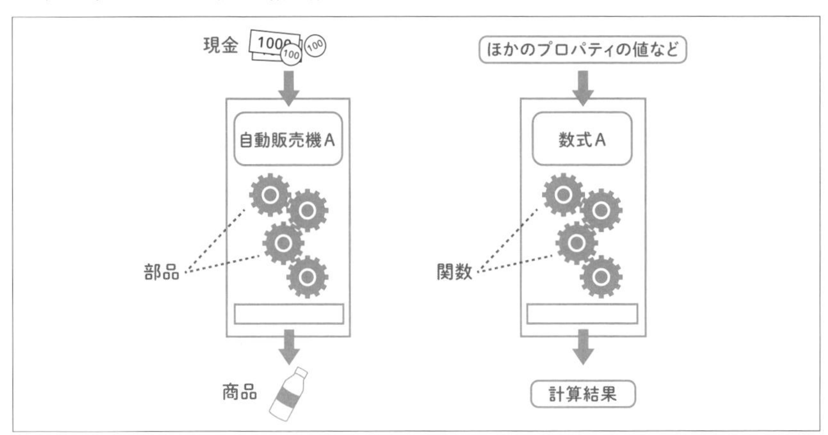

関数を組み立てたものを、数学と同様に「数式」(または単に「式」)と呼びます。自動販売機の例では、関数は内部の部品、関数を使って組み立てた数式は自動販売機にあたります。なお、計算結果が出てくることを、コンピューターの世界では「値を返す」と言います。

関数を使って思い通りの数式を作るのは、簡単な場合もあれば、難しい場合もあります。ただし、どちらにしても、一度数式を作ってしまえば、数式を忘れてしまっても、以後は完成した自動販売機のように誰もが使えるものになります。

●NOTE　本書では共有に関係する機能は扱いませんが、チームの中に関数機能に強い方がいれば、その方に数式を作ってもらい、全員で使うこともできます。自分や、チーム全員が関数機能を知る必要はありません。

3-5-2 関数を設定する

「関数」タイプのプロパティを作るには、プロパティを作成または編集するときに表示される「プロパティを編集」ウインドウで、[プロパティの種類]に[関数]を選びます(プロパティを作成する手順は「3-3-5 プロパティを追加する」、既存のプロパティのプロパティタイプを変更する手順は「3-4-2 プロパティタイプを変更する」を参照)。

「プロパティを編集」ウインドウに[関数]が表示されたら、それを選びます。すると、数式を入力するウインドウが開きます。このウインドウの構成は、次の図のようになっています。

■ プロパティタイプを「関数」に設定して編集する

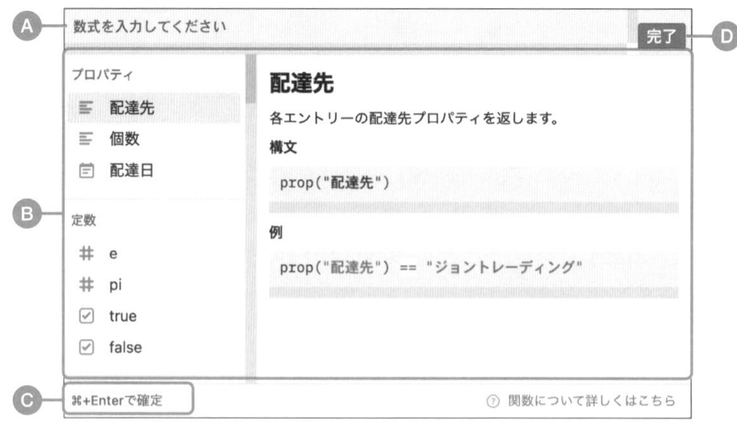

Ⓐ 数式を入力します。プロパティ名以外は、すべて半角英数字で記述します。

Ⓑ 数式に使用できる関数などの一覧です。ポインタを重ねると右側に解説を表示し、クリックすると数式欄に入力します。

Ⓒ ガイドが表示されます。エラーがあるときはレッドの文字で表示されます。

Ⓓ このウインドウを閉じます。ただし、数式の構文に矛盾があるとクリックできません。

Ⓐに数式を直接入力してもかまいませんが、ここではⒷの機能を使って、入力を補助してもらいましょう。関数や数式の記述に使う用語は、正確に書く必要があるからです。

Ⓑをスクロールして「関数機能」の見出しを探し、さらにスクロールして「now」関数を探し、ポインタを重ねます。すると右側に「now」関数の解説が表示されます。関数の機能や構文をすべて暗記しなくても、この画面で確認できます。

■ 数式入力ウインドウでは関数の解説も表示される

解説を見ると、「構文」の欄に「now()」と書いてあります。これは、「now」関数は、「now()」という書式を必要とするというもので、括弧の書き方や、そこに入れるべき値は決まっています。このような、関数ごとに決められている書式のことを「構文」と呼びます。

内容を確認したら左の列の「now」をクリックします。すると、Ⓐに「now(」と入力されます。多くの関数では、このあとにさまざまな要素を記述する必要があるため、閉じる括弧「)」は自動入力されません。

■ 関数一覧でいずれかの要素をクリックすると、関数名と構文の一部が入力される

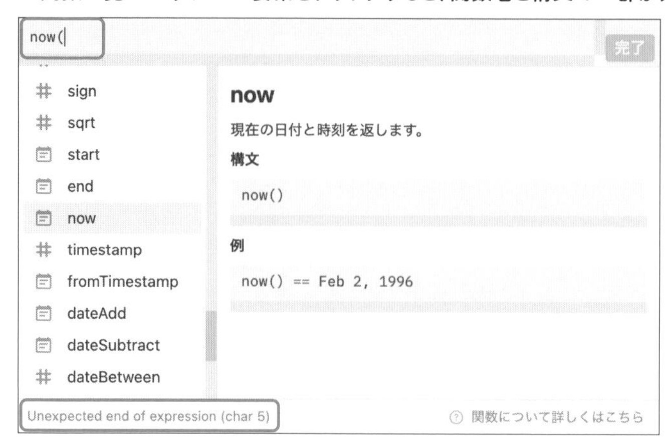

ウインドウの左下を見ると、レッドの文字で「Unexpected end of expression (char 5)」(予期しない表現の末尾です(5文字目))と表示されます。これは、5文字目が構文どおりでないため、エラーがあることを示しています。ただし、このメッセージの内容は機械的に判断されたものであり、いま記述途中である数式に対して必ずしも適切な指摘とは限りません。

構文にエラーがあると、Notionはこの数式を計算できません。そのため、Ⓓの「完了」ボタンはクリックできません。

Ⓐの欄の末尾に「)」と入力します。すると構文が正しいものになり、ウインドウ左下の警告が消え、Ⓓの「完了」ボタンをクリックできるようになります。

数式を書き終えて、構文のエラーも解決したので、「完了」ボタンをクリックして、ウインドウを閉じます。これで「関数」プロパティの数式は完成です。

■ 構文が正しくなると「完了」ボタンを押せるようになる

数式記述時の補助

数式を記述するときに、関数名などをクリックすると、解説が表示されます。これは構文エラーを起こしていても、ほとんどの場合対応します。

■ 数式欄で「now」をクリックすると、「now」関数の解説が表示される

また、数式欄に関数名などを直接入力すると、一覧を絞り込みできます。関数名がうろ覚えの場合に便利です。ほかの要素を記述しているときでも機能します。

■「date」と入力すると、「date」を含む関数を絞り込める

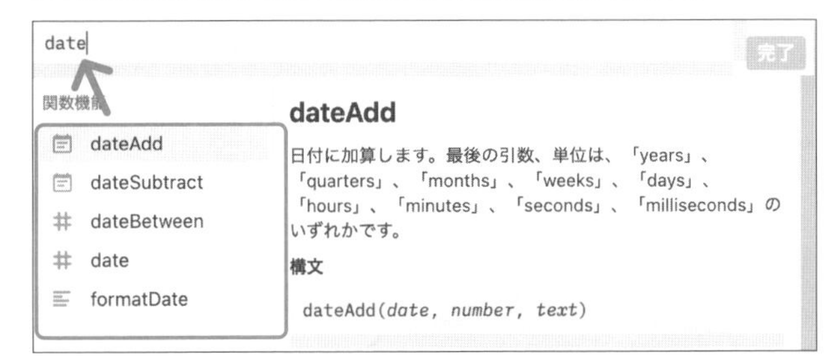

未完成の数式は取扱注意

未完成の数式の扱いには注意が必要です。

数式を編集するウインドウの「完了」ボタンは、構文が正しくなるまでクリックできません。しかし実は、「完了」ボタンをクリックしなくても、ウインドウの外側をクリックすれば閉じられます。ただし、構文に合うように、数式が自動的に修正されます。これでよい場合もあれば、意図から外れてしまう場合もありえます。

複雑な数式を作るときは、数式が未完成のまま中断する必要がある場合もあるでしょう。しかし、自動修正はさせたくないときは、数式をカット&ペーストして、別の場所に作った「テキスト」タイプのブロックに保存するとよいでしょう。

また、既存の数式を書き換えるときは、現状の数式を別のブロックにコピー&ペーストして、いざというときは元通りにできるようバックアップするとよいでしょう。

3-6 ビューの操作

ビューは、使い勝手に直接関わる重要な設定です。また、「ビューのオプション」ではビューに関わるすべての設定を行えます。自動的に仕分けてくれる「グループ」機能や、「テーブル」以外の5つのレイアウトも紹介します。

3-6-1 ビューのオプション

「ビュー」そのものについては、さまざまな設定の組み合わせであることを紹介しました（詳細は「3-2-2 見方を変えるセット「ビュー」」を参照）。

前節までは「テーブル」レイアウトを使う場合を前提に、機能を個別に紹介してきましたが、「ビューのオプション」を使うと、ビューの中で行うさまざまな設定をまとめて管理できます。

「ビューのオプション」の使い方は、すべてのレイアウトで共通です。非表示にしたプロパティを操作したり、プロパティの数が増えて探しづらくなった場合などにも扱いやすいため、両方の方法を知っておきましょう。

ビューのオプションを設定する

ビューのオプションを設定するには、データベースのメニューの右端近くにある「…」をクリックします。すると「ビューのオプション」ウインドウが開きます。

ウインドウの内容はレイアウトによって異なりますが、ここでは「テーブル」レイアウトでのメニューを例に、おもなものを紹介します。

■「テーブル」レイアウトで「ビューのオプション」メニューを開く

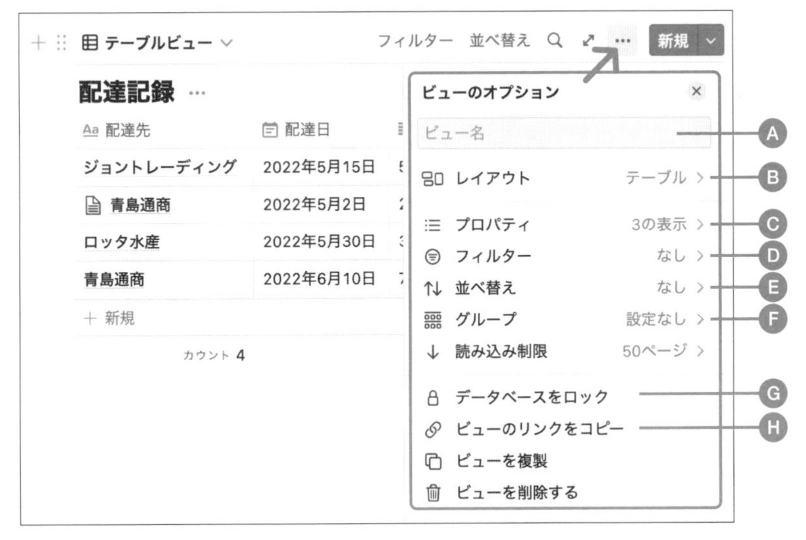

Ⓐ（ビュー名）：ビューの名前を設定します。既存のビューと同じ名前でも設定できますが、区別できなくなるので注意してください。

Ⓑ［レイアウト］：レイアウトを設定します。レイアウトによってはこのメニューから、右端で折り返す、カードのサイズを選ぶ、日付として使うプロパティを選ぶなど、レイアウト設定に関連するオプションが選べます。

Ⓒ［プロパティ］：このデータベースに作られているプロパティのリストです。このメニューから、表示／非表示の切り替え、順序の入れ替え、新しいプロパティの作成などが行えます。

Ⓓ［フィルター］：フィルターの設定を行います。機能は「3-3-8 アイテムを絞り込む」で紹介したものと同じです。

Ⓔ［並べ替え］：並べ替えの設定を行います。機能は「3-3-9 アイテムを表示する順序を変える」で紹介したものと同じです。

Ⓕ［グループ］：指定したプロパティに基づいて、アイテムをグループ分けします（詳細は「3-6-3「グループ」で仕分ける」を参照）。

Ⓖ［データベースをロック］：ロックすると、ビューの追加・編集や、見出し行をクリックしてメニューを開くなどの操作ができなくなり、ビューの設定の意図しない変更を防ぎます。再度それらの操作を可能にするには、同じ位置に表示される［データベースのロックを解除］を選びます。

Ⓗ［ビューのリンクをコピー］：このビューへのリンク（URL）をコピーします。

3-6-2 ビューを追加する

ビューは、必要に応じて追加できます。ビューを追加する手順は状況によって変わるので、次の手順を上から順に試してください。これらの表示は、データベースのメニューの左側にあります。

- グレーの文字で［+ビューを追加］と表示されていたら、それをクリックします。
- グレーの文字で［他〜件］と表示されていたら、それをクリックします。メニューが開いたら、［+ビューを追加］を選びます。なお、このメニューは、ビューを数多く作成して表示しきれなくなったときに、それらをまとめて扱うためのものです。
- ブラックの文字でビューの名前が表示されている右隣にある下向きのアイコンをクリックします。メニューが開いたら、［+ビューを追加］を選びます。

■ ビューを追加する

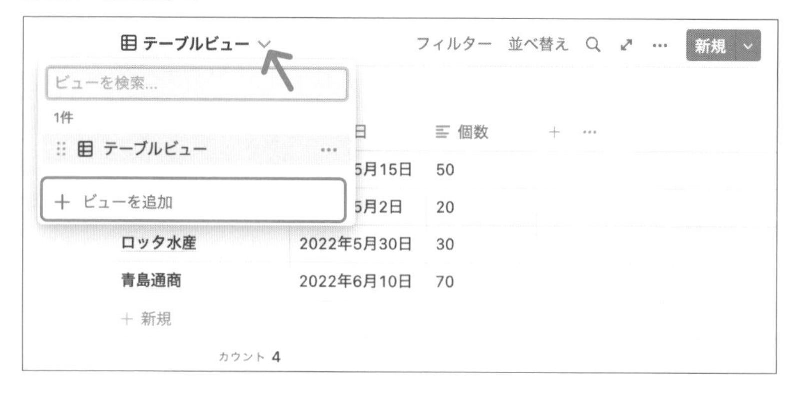

●NOTE　既存のビューを流用したい場合は、「ビューのオプション」ウインドウにある［ビューを複製］を選んで複製できます。

「新規ビュー」のウインドウが開いたら、表示に従って設定します。

■「新規ビュー」ウインドウ

Ⓐ このビューに名前を付けます。ここでは「簡易リスト」と入力してください。

Ⓑ レイアウトの種類を選びます。ここでは「リスト」を選んでください。

Ⓒ ウインドウを閉じて設定を終えます。

ビューを切り替える

ビューを切り替えるには、データベースのメニューの左端にある表示を使います。状態によっては、ビューが横に並んで表示され、メニューを開かずに切り替えられることもあります。

■ ビューを切り替えるメニュー

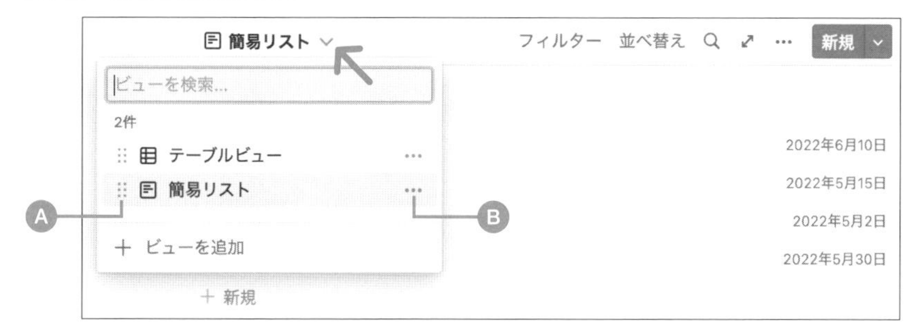

Ⓐ 上下にドラッグして表示する順序を入れ替えます。

Ⓑ メニューを開きます。名前の変更、複製、削除などはここから行います。

データベースとビューはサイドバーにも表示される

データベースやビューを追加すると、サイドバーにも表示されます。これらをクリックしても、ビューの切り替えや、全画面表示を行えます。

■ データベースやビューはサイドバーにも表示される

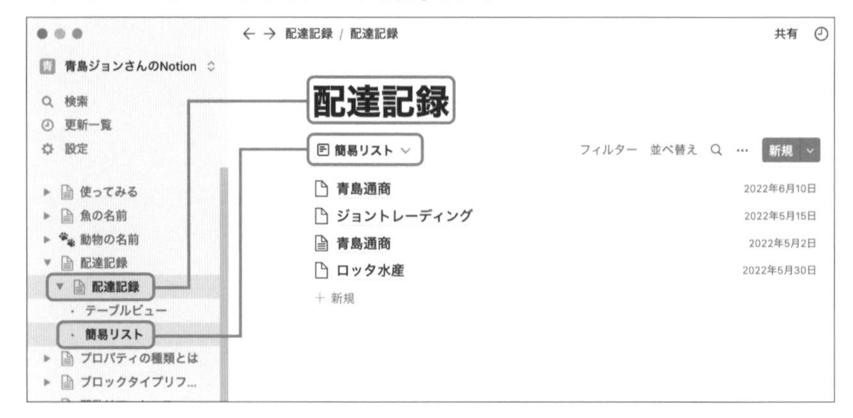

サイドバーでは、フルページデータベースは、ページと同様に表示されます。インラインデータベースは、それが収められているページの下位に、ページと同様に表示されます。

ビューは、データベースを表すページの下位に表示されます。ビューにはアイコンを付けられないので、サイドバーでは名前の先頭に「・」が表示されます。

●NOTE　ビューには本来アイコンを付けられませんが、ビューの名前の先頭に絵文字を入れれば、サイドバーでアイコンのように見えます。絵文字と名前の先頭の文字が重なってしまう場合は、間にスペースを入れます。

3-6-3 「グループ」で仕分ける

ビューのオプションを使うと、特定のプロパティを使ってアイテムを仕分ける「グループ」機能を設定できます。計算機能とも併用できます。

グループ機能は、「カレンダー」以外のすべてのレイアウトで使用できます。

グループを設定する

グループを設定するには、「ビューのオプション」ウインドウを開き、[グループ]→[(グループ分けに使いたいプロパティ)]を選びます。

次の図は、「配達先」プロパティを使ってグループ化した例です。元の表示と比べて、仕分けに使う値を登録することなく、「配達先」プロパティの値によって自動的に仕分けられていることに注目してください。また、「個数」プロパティの合計もそれぞれのグループで計算されています。

■グループを設定する

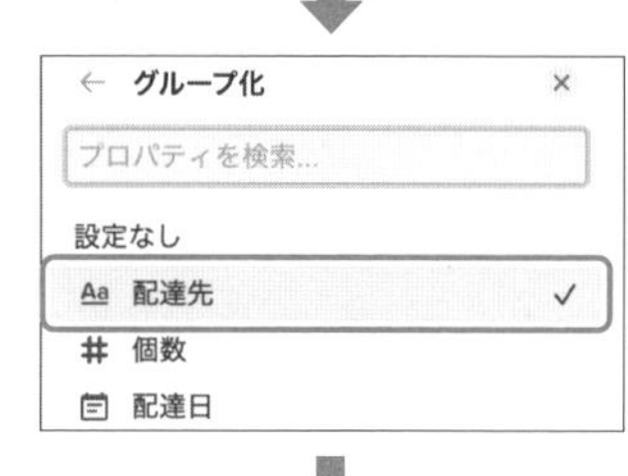

テーブルビュー　フィルター　並べ替え　新規

↑ 配達日　＋ フィルターを追加

▼ 配達先なし 0

配達先	個数	配達日
空のテーブルです。		
＋ 新規		
	カウント 0	合計 0

▼ ジョントレーディング 2

配達先	個数	配達日
ジョントレーディング	50	2022年5月15日
ジョントレーディング	40	2022年6月2日
＋ 新規		
	カウント 2	合計 90

▼ ロッタ水産 1

配達先	個数	配達日
ロッタ水産	30	2022年5月30日
	カウント 1	合計 30

グループの見出しに表示されている値の左隣にある▼アイコンは、クリックするごとに内容の表示／非表示を切り替えられます。

グループ化を解除するには、「ビューのオプション」ウインドウを開き、[グループ]→[設定なし]を選びます。

グループ化に使うプロパティの値が空のグループを非表示にする

グループを設定すると、グループ分けに使ったプロパティの値が空であるアイテムも、1つのグループとして扱われます。これが不要なときは、非表示に設定できます。これには、ビューのオプションを開き、[グループ]→[空のグループを非表示]オプションをオンにします。前図にあった「配達先なし」が表示されなくなったことを確かめてください。

■ グループ化に使うプロパティの値が空のグループを非表示にする

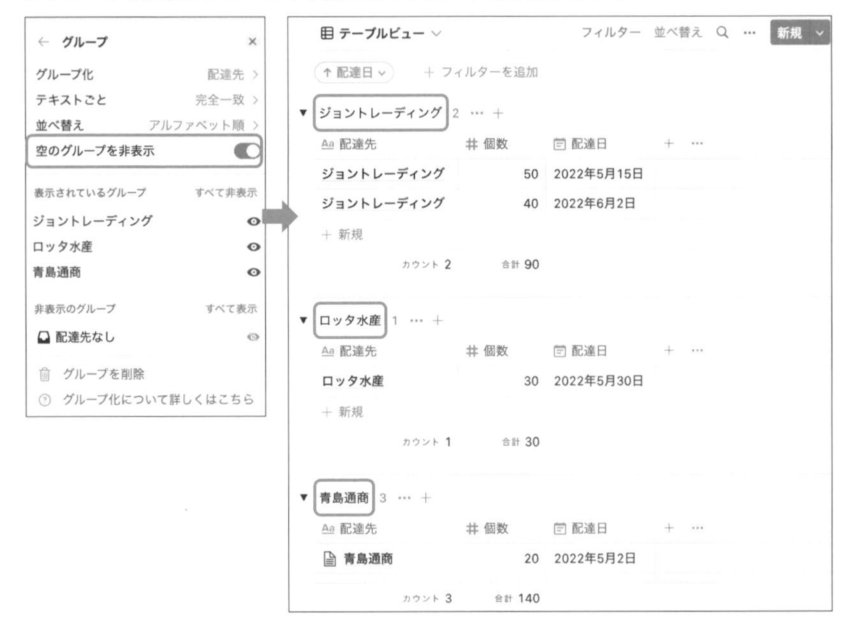

●NOTE　[空のグループを非表示]オプションをオンにしても、データベースの末尾までスクロールするとグレーの文字で表示される「非表示グループ」をクリックすると、該当するアイテムが表示されます。

プロパティタイプに応じてグループのオプションを設定する

グループ化に使うプロパティのタイプによっては、グループのオプションを設定できます。たとえば、「数値」タイプのプロパティを使ってグループ化すると、グループ化する数値の範囲を指定できます。これには、ビューのオプションを開き、[グループ]以下にある設定をデータに応じて変更します。

次の図では、「0から100」までが1つのグループとして扱われていたものを、50ごとに仕分けるように変更しています。具体的には、[グループ]→[数値ごと]→[グループ化単位]の値を「100」から「50」へ変更しています。

■「数値」タイプのプロパティに対して、グループ化する単位を変更した例

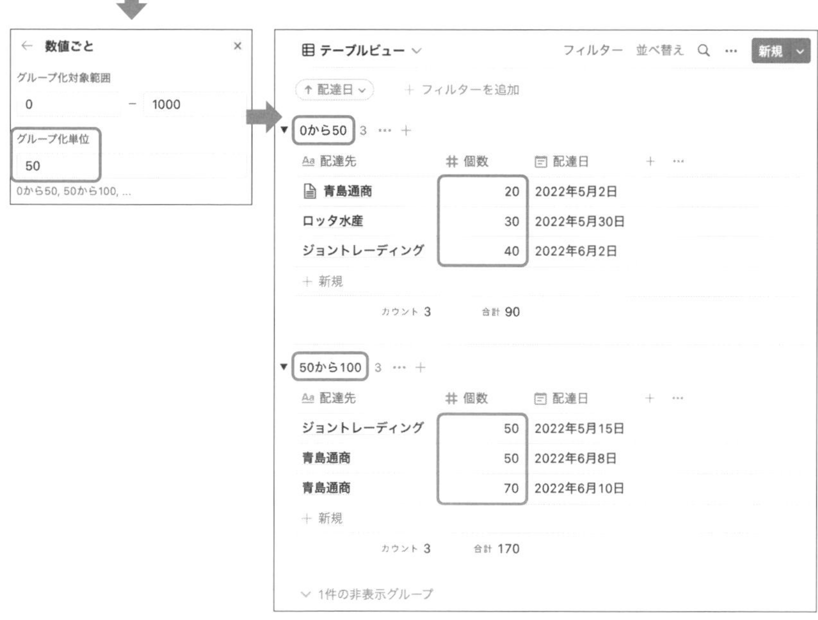

グループを移動して値を変える

グループ機能は、すでにある値を使って表示をグループ化をするだけでなく、アイテムを別のグループへ移動することで、グループ化に使っているプロパティの値を変更することもできます。移動するときは、ブロックハンドルを別のグループの中へドラッグ&ドロップします。

次の図では、「配達先」プロパティを使ってグループ化しています。アイテムを別のグループへ移動すると、そのプロパティの値が変更されます。それ以外のプロパティの値は維持されています。

■ アイテムを別のグループへ移動して値を変更する

この機能は、とくに「ボード」レイアウトで活躍します(詳細は「3-6-7「ボード」レイアウト」を参照)。ここでは、グループ間をドラッグ&ドロップすると、アイテムの特定のプロパティの値を変更できることに注目してください。

グループごとに計算する

グループごとに、指定した方法で計算を指定できます。これは「3-4-5 プロパティを計算する」で紹介したものとは別の機能です。

計算の結果は、グループの見出しになっている部分に続くグレーの文字で表示されます(次の図の矢印で示した箇所)。デフォルトは「すべてカウント」で、そのグループに該当するアイテムの数です。

計算方法を変えるには、グレーの文字をクリックします。するとメニューが開いて、計算方法と、計算対象のプロパティを選べます。

このメニューを使った計算方法をあとから確認するには、グレーの文字にポインタを重ねて、漫画の吹き出しのように表示されるガイドを調べます。

■ グループごとの計算方法を設定する

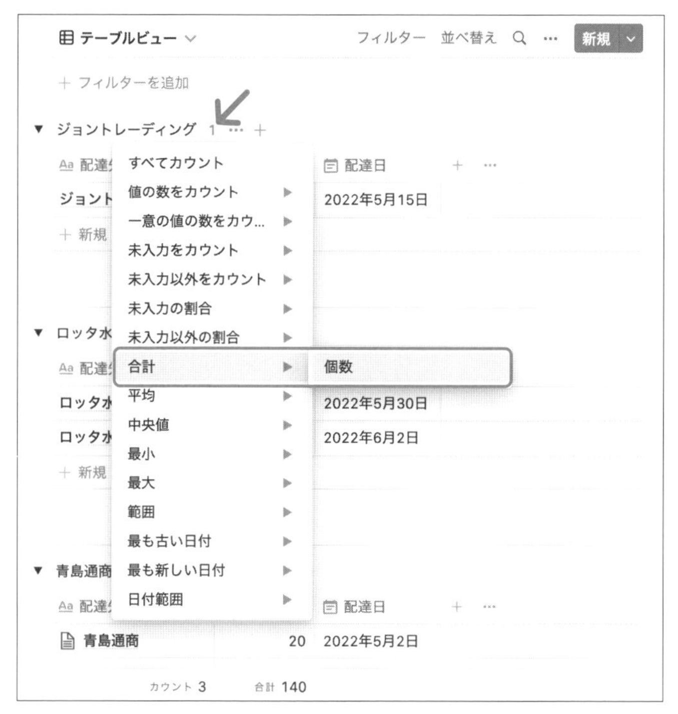

「個数」プロパティの「合計」を選択した

3-6-4 「リスト」レイアウト

ここからは、6種類あるレイアウトのうち、すでに紹介した「テーブル」以外のレイアウトの特徴を順に紹介します。

「リスト」レイアウトは、「タイトル」タイプのプロパティだけを列挙した、最もシンプルな表示形式です。また、右端にはそれ以外のプロパティを表示できます。

■「リスト」レイアウトの例

簡易リスト　フィルター　並べ替え　…　新規

青島通商　2022年6月8日
ジョントレーディング　2022年6月2日
青島通商　2022年6月10日
ジョントレーディング　2022年5月15日
青島通商　2022年5月2日
ロッタ水産　2022年5月30日
＋ 新規

各アイテムに表示するプロパティを選ぶ

左端に表示するのは「タイトル」タイプのプロパティです（詳細は「3-4-2 プロパティタイプを変更する」を参照）。これは変更できません。

一方、右端には、表示したいプロパティを任意に設定できます。これには、ビューのオプションを開き、[プロパティ]を選び、表示したいプロパティの目玉のアイコンをクリックします。複数設定した場合は、ビューの右端にまとめて表示されます。逆に、すべて非表示にしてもかまいません。

■「リスト」レイアウトの「プロパティ」では表示するプロパティを指定できる

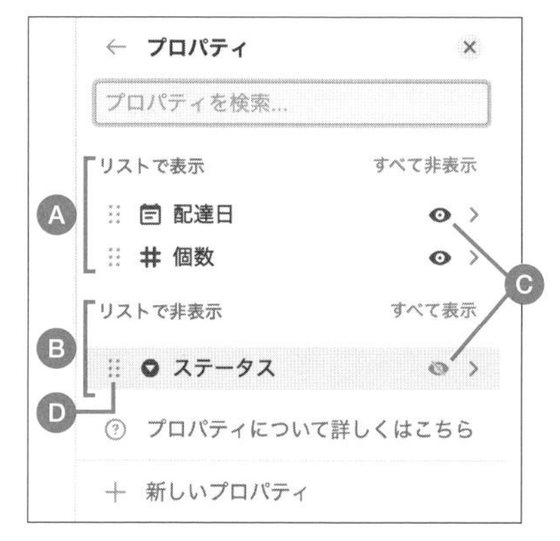

「配達日」と「個数」プロパティを「リストで表示」に設定した

簡易リスト　フィルター　並べ替え　新規

青島通商	2022年6月8日	50
ジョントレーディング	2022年6月2日	40
青島通商	2022年6月10日	70
ジョントレーディング	2022年5月15日	50
青島通商	2022年5月2日	20
ロッタ水産	2022年5月30日	30

＋ 新規

- Ⓐ「リストで表示」の見出しにあるプロパティは、このビューで表示されます。
- Ⓑ「リストで非表示」の見出しにあるプロパティは、このビューで表示されません。
- Ⓒ 目玉のアイコンをクリックすると、表示と非表示を切り替えます。グレーは非表示、ブラックは表示の設定です。
- Ⓓ 上下にドラッグして、表示する順序を入れ替えます。「リストで表示」と「リストで非表示」の境界も越えられるので、ドラッグしても表示と非表示を切り替えられます。

3-6-5 「カレンダー」レイアウト

「カレンダー」レイアウトは、月間カレンダー風の画面に、「日付」タイプのプロパティに登録された値に基づいてアイテムを配置する表示形式です。

■「カレンダー」レイアウトの例

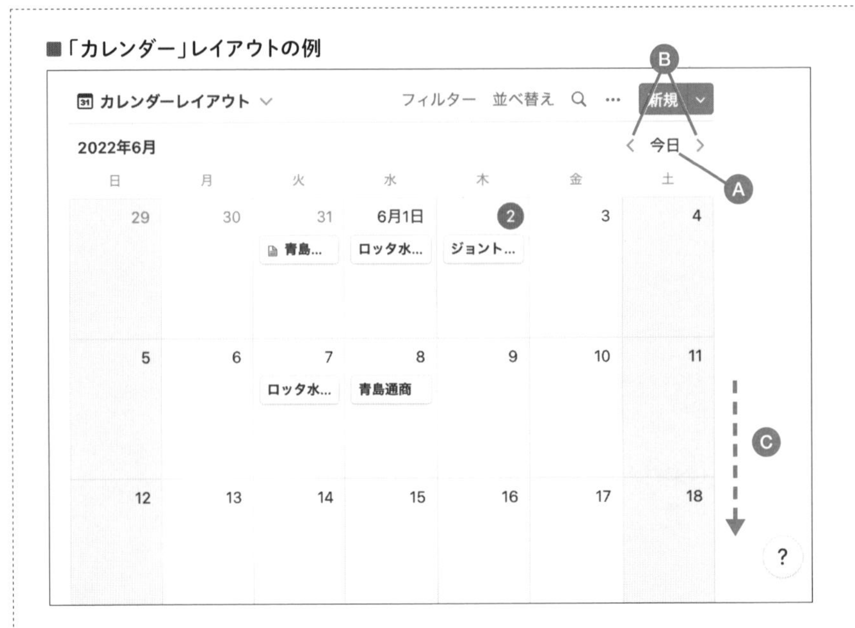

Ⓐ クリックして表示を今日へ移動します。

Ⓑ クリックして表示を前月または次月へ移動します。

Ⓒ 下へスクロールして表示を移動します。

表示に使うプロパティは任意に指定できます。これには、「ビューのオプション」を開き、[レイアウト]→[カレンダーの表示基準]を選び、表示に使うプロパティを指定します。

■ 表示基準に使うプロパティを設定

ここにはプロパティタイプが「日付」に設定されているものだけが表示されます。もしも目的のプロパティが表示されないときは、そのプロパティを「日付」タイプに設定します。

●NOTE　「カレンダー」レイアウトの表示を月曜日から始めるには、サイドバーの［設定］をクリックし、ウインドウが開いたら、［言語と地域］→［週の初めを月曜日にする］オプションをオンにします。

各アイテムに表示するプロパティを選ぶ

各アイテムに表示するプロパティを設定するには、ビューのオプションを開き、［プロパティ］を選びます。前図と見比べてください。ただし、「タイトル」タイプのプロパティは、つねに先頭に表示されます。

■ 各アイテムに表示するプロパティを選ぶ

「個数」プロパティを「カレンダーで表示」に設定

このウインドウでの設定方法は「リスト」レイアウトのものとほぼ同じですので、「3-6-4「リスト」レイアウト」を参考にしてください。

アイテムを操作して値を変更する

カレンダーに表示されているアイテムを操作して、値(日付)を変更できます。

特定の日付から別の日付へ変更するには、目的の日付へアイテムをドラッグ&ドロップします。

数日間にまたがる日付も登録できます。これには、アイテムの両端へポインタを近づけて、アイコンが変わったら、引き延ばしたり縮めたりするようにドラッグします。

次の図では、値が変わったことを確かめるため、「配達日」プロパティを表示しています。

■ アイテムの日付をカレンダー上で変更する

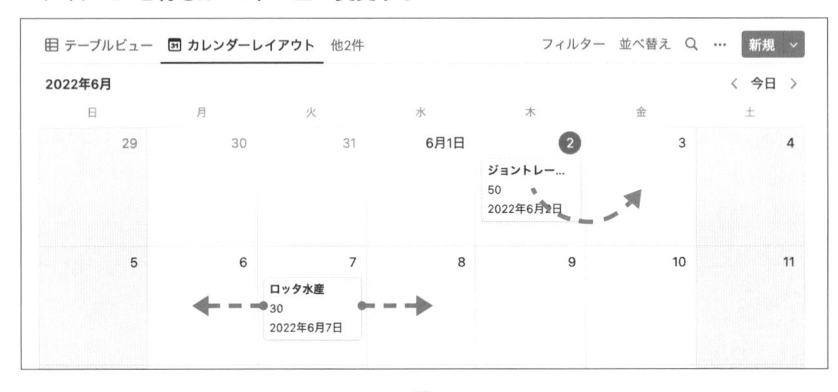

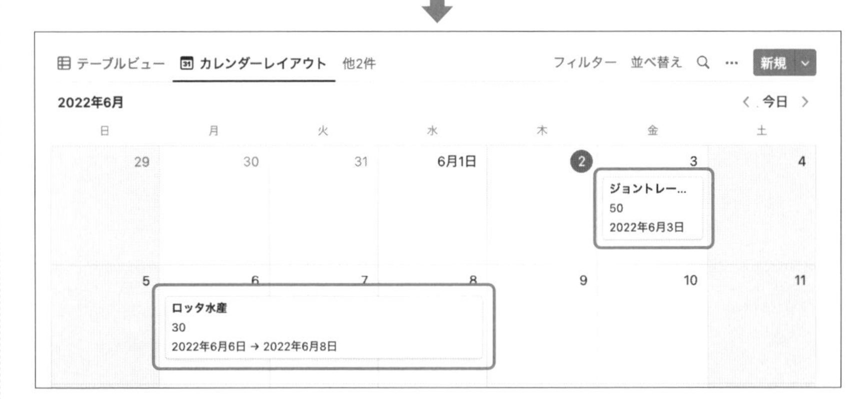

●NOTE　Notionの「日付」プロパティタイプは、特定の日付を登録するだけでなく、「終了日を含む」オプションをオンにして、開始日と終了日の両方を1つのプロパティで登録できます(詳細は「6-1-5「日付」プロパティタイプ」を参照)。このオプションは操作に応じて自動的にオンに設定されるので、手動で設定を変える必要はありません。

3-6-6 「タイムライン」レイアウト

「タイムライン」レイアウトは、横軸に時間、縦軸にアイテムを取った表に、特定のプロパティに登録された日付に基づいて帯を配置する表示形式です。ガントチャートと呼ばれるものに似ています。

■「タイムライン」レイアウトの例

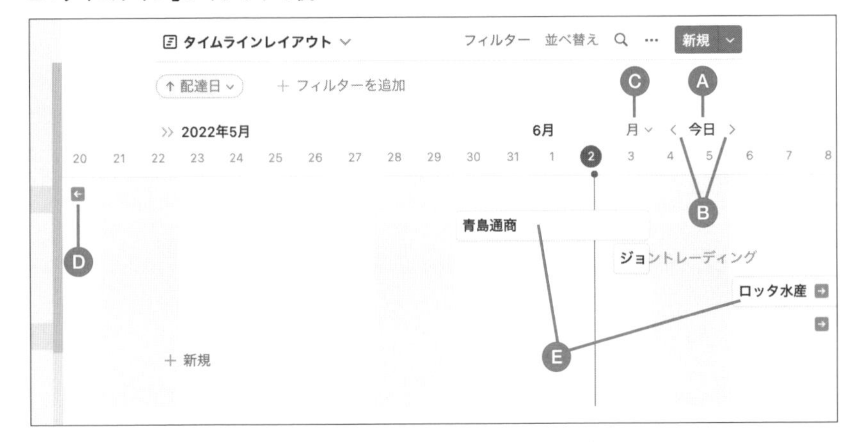

Ⓐ クリックして表示を今日へ移動します。

Ⓑ クリックして表示を前月または次月へ移動します。

Ⓒ 表示範囲の基準になる期間を「時間、日、週、隔週」などから選びます。

Ⓓ アイテムが隠れていることを示します。クリックすると、そのアイテムへ表示を移動します。

Ⓔ アイテムを移動したり、アイテムの端をドラッグしたりして、値（日付）を変更できます。手順は「カレンダー」レイアウトと同じですので、「3-6-5「カレンダー」レイアウト」を参考にしてください。

表示に使うプロパティは任意に指定できます。これには、「ビューのオプション」を開き、[レイアウト]→[タイムラインの表示基準]を選び、表示に使うプロパティを指定します。ここにはプロパティタイプが「日付」に設定されているものだけが表示されます。もしも目的のプロパティが表示されないときは、そのプロパティを「日付」タイプに設定します。

■ 表示基準に使うプロパティを設定

タイムラインにテーブルを並べて表示する

「タイムライン」レイアウトでは、左側に「テーブル」レイアウトと同じ表を並べて表示できます。手順は次の図のとおりです。

■ タイムラインにテーブルを並べて表示する

［テーブルを表示］オプションをオンに設定

「配達先」「個数」プロパティを「表示」に設定

① 「ビューのオプション」を開き、[レイアウト]→[テーブルを表示]オプションをオンにします。すると直下に[テーブルのプロパティ]が表示されるので、それを選びます。

② 表示したいプロパティを指定します。このウインドウでの設定方法は「リスト」レイアウトのものと同じですので、「3-6-4「リスト」レイアウト」を参考にしてください。

③ テーブルが並んで表示されます。

なお、「タイムライン」レイアウトに表示するテーブルでも、「テーブル」レイアウトと同様の計算機能が使えます。

3-6-7 「ボード」レイアウト

「ボード」レイアウトは、個別のアイテムをボードに貼り付けたカードのように表示した上で、グループ化して並べる表示形式です（グループ機能の詳細は「3-6-3「グループ」で仕分ける」を参照）。

次の図では、「配達日」プロパティでグループ化しています。「昨日、今日、明日」など、「配達日」プロパティの値に基づいて、自動的にグループ分けされています。

■「ボード」レイアウトの例

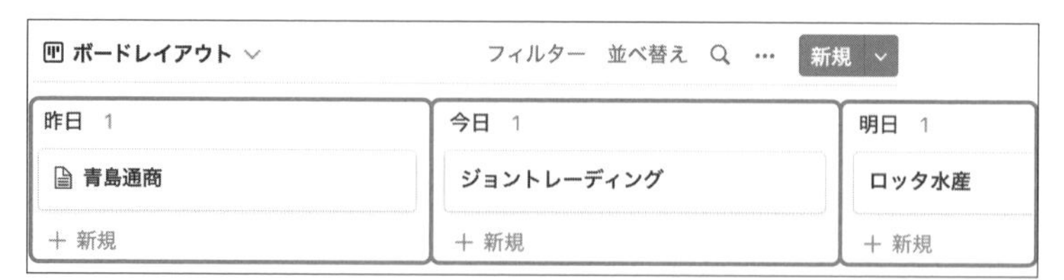

グループ化に使うプロパティを設定するには、ビューのオプションを開き、[グループ]→[グループ化]を選び、目的のプロパティを指定します。このウインドウでの設定方法は「リスト」レイアウトのものと似ているので、「3-6-4「リスト」レイアウト」を参考にしてください。

ビューのオプションの[グループ]には、表示に関する設定があります。たとえば、昨日以前のグループを表示する必要がない場合は、前図の設定から「昨日」プロパティを非表示に設定します。前図と見比べてください。

■ビューのオプションの[グループ]

●NOTE　「ボード」レイアウトでは、グループ化を使わない設定はできません。グループ化せずに、アイテムをカードのように並べたい場合は、「ギャラリー」レイアウトを検討してください（詳細は「3-6-8「ギャラリー」レイアウト」を参照）。

各アイテムに表示するプロパティを選ぶ

各アイテムに表示するプロパティを設定するには、ビューのオプションを開き、［プロパティ］を選びます。前図と見比べてください。ただし、「タイトル」タイプのプロパティは、つねに先頭に表示されます。

■ 各アイテムに表示するプロパティを選ぶ

「個数」「配達日」プロパティを「表示」に設定

このウインドウでの設定方法は「リスト」レイアウトと同じですので、「3-6-4「リスト」レイアウト」を参考にしてください。

サブグループを使う

「ボード」レイアウトでは、グループ化したものをさらにグループ化する「サブグループ」を設定できます。これを設定するには、「ビューのオプション」を開き、

［サブグループ］→［サブグループ化］以下から行います。設定方法の詳細は「グループ化」と同じです。

なお、サブグループは、必要がなければ設定しなくてもかまいません。サブグループ自体を解除するには［サブグループ］→［サブグループ化］→［設定なし］を選びます。

グループ間を移動して値を変更する

グループの間でボードをドラッグ&ドロップすると、グループ化に使っているプロパティの値を変更できます（詳細は「3-6-3「グループ」で仕分ける」を参照）。

次の図は「明日」グループにあるアイテムを「今日」グループへ移動しています。表示を確かめると、「配達日」プロパティの値が変更されていることが分かります。

■ グループ間を移動して値を変更する

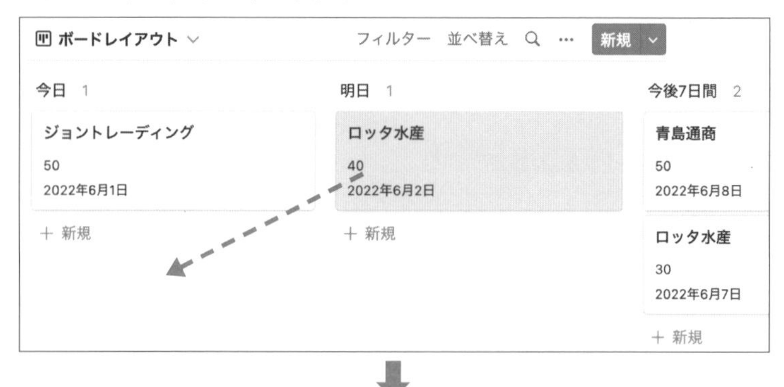

3-6-8 「ギャラリー」レイアウト

「ギャラリー」レイアウトは、アイテムを均一なサイズの長方形（カード）で表示するもので、画廊に飾られた絵のように並べる表示形式です。名前のとおり、ビジュアルを主体にしたデータベースに向いています。

各アイテムには、アイテム内でいずれのプロパティにも属さないコンテンツを表示できます。画像がない場合は、文章も表示できます。

■「ギャラリー」レイアウトの例と、各アイテムの内容

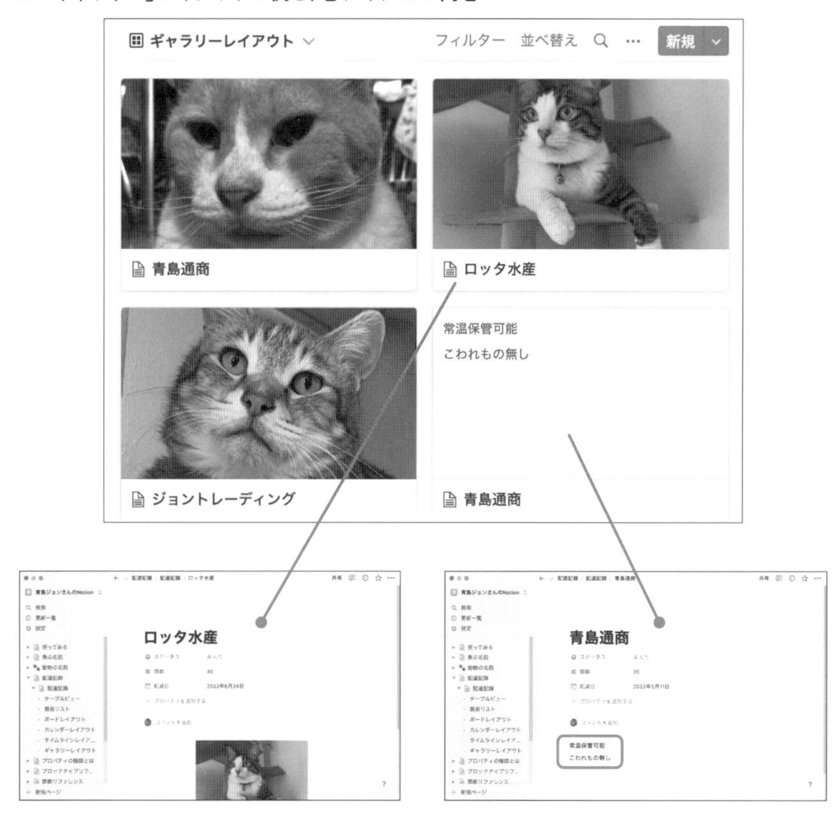

レイアウトのオプションを設定する

カードに表示する内容や、カードのサイズは、レイアウトのオプションとして設定します。これらを設定するには、ビューのオプションを開き、[レイアウト]を選びます。

■「ギャラリー」レイアウトのオプション

［カードプレビュー］の設定は、カードに表示する内容を「なし、ページカバー画像、ページコンテンツ」から選べます。［ページコンテンツ］に設定したときに、ページコンテンツに画像と文章の両方があるときは、画像が優先されます。

各アイテムに表示するプロパティを選ぶ

各アイテムに表示するプロパティを設定するには、ビューのオプションを開き、［プロパティ］を選びます。このウインドウでの設定方法は「リスト」レイアウトとほぼ同じですので、「3-6-4「リスト」レイアウト」を参考にしてください。

次の図は、「個数」と「配達日」プロパティを表示して、「配達先」プロパティを非表示にしたところです。前図と見比べてください。このように、「ギャラリー」レイアウトでは、「タイトル」タイプのプロパティも非表示にできます。

■ 各アイテムに表示するプロパティを選ぶ

3-7 リレーションの操作

「リレーション」機能は、複数のデータベースを連携させるもので、別のデータベースからデータを引き出して加工するなどの操作ができます。あわせて、集計に使う「ロールアップ」、同じデータベースを参照先にする「自己参照」も紹介します。

3-7-1 リレーションを設定する

複数のデータベースを連携させて、ほかのデータベースにある特定のプロパティのアイテムを参照できます。この機能を「リレーション」と呼びます。

ここでは、新たに「商品リスト」データベースを追加し、本章の最初から使っている「配達記録」データベースと連携させて、より便利に使う例を紹介します。

「配達記録」データベースでは、これまで「配達先」「個数」「配達日」のプロパティを作っていましたが、さらに注文された商品の情報を追加することで、「商品リスト」データベースにある価格の情報を参照し、注文ごとの金額を自動計算するように機能を追加します。

「商品リスト」データベースを用意する

ここでは例として、次の図のような「商品リスト」データベースを新しく作成しました。必要なプロパティは、「タイトル」タイプの「商品名」と、「数値」タイプの「価格」です。さらに、データベースの名前に「商品リスト」と設定してください。

■ サンプルの「商品リスト」データベース

テーブルビュー

商品リスト

商品名	価格
まぐろ缶	¥120
まぐろ缶プレミアム	¥180
かつお缶	¥100
まぐろかつおブレンド	¥150
まぐろ缶ベーシック	¥100

＋ 新規

「配達記録」データベースは、いまは次の図のようなものであるとします。

■ サンプルの「配達記録」データベース

田 テーブルビュー ∨

配達記録

Aa 配達先	# 個数	配達日
青島通商	20	2022年5月11日
ジョントレーディング	50	2022年6月20日
ロッタ水産	30	2022年6月30日
ロッタ水産	40	2022年7月28日
青島通商	50	2022年8月8日

＋ 新規

ここに商品名やその金額を記入できれば、その日に配達する商品の金額を計算できるようになります。しかし「商品リスト」データベースとは分かれているため、それらのデータを手入力する必要があります。これは手間がかかるだけでなく、入力ミスなどの原因にもなりますが、リレーション機能を使って「商品リスト」データベースを参照すれば確実なデータを利用できます。

「配達記録」データベースにリレーションのプロパティを作る

では、「配達記録」データベースから、「商品リスト」データベースにある「商品名」プロパティを参照するように設定します。

まず、「配達記録」データベースに、新しいプロパティを追加します。[プロパティの種類]には、「アドバンスト」の見出しにある[リレーション]を選びます。

■ リレーションのプロパティを作る

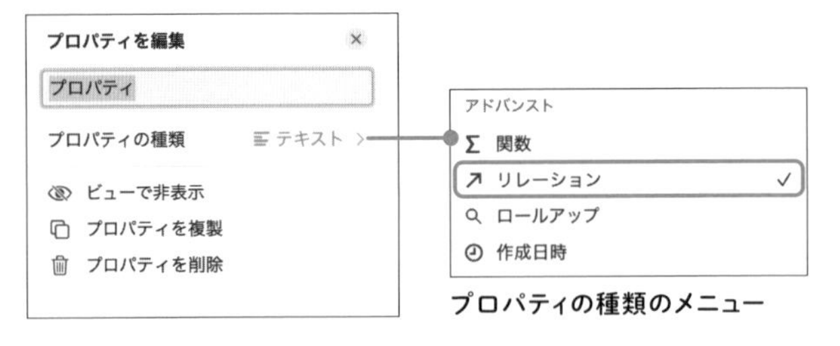

すると次の図のように画面が切り替わるので、リレーション対象のデータベースを選びます。ここでは「商品リスト」をクリックします。

■ リレーション先のデータベースを選ぶ

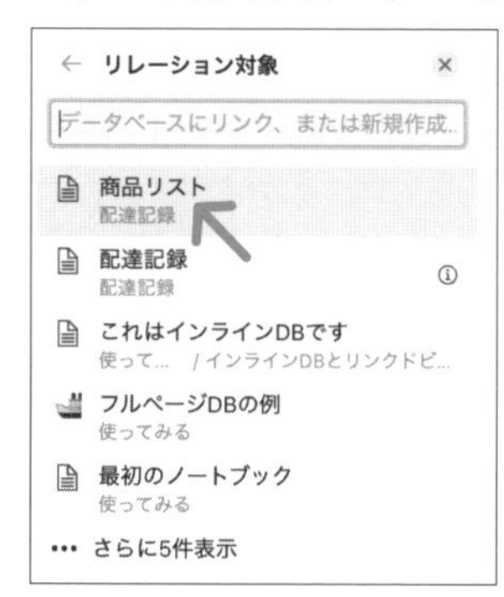

●NOTE　データベースの名前を付けておかないと、このリストでは「無題」と表示されて、ほかのデータベースと区別できなくなります。複雑なデータベースを作るときは、プロパティやデータベースの名前を1つずつきちんと付けましょう。

「新しいリレーション」画面へ移ったら、このリレーションの名前を「商品名」と書き換えます。この名前はプロパティの名前としても使われます。最後に、「リレーションを追加」ボタンをクリックします。なお、「商品リストに表示」オプションはオフのままにしてください（このオプションは「3-7-3 自己参照する」で紹介します）。

■ リレーションを設定する

これで、ページ上のビューにも「商品名」プロパティが現れます。「プロパティを編集」ウインドウの右上にある×、または、ウインドウの外側をクリックして、ウインドウを閉じます。

リレーションを使ってプロパティに入力する

いま作ったプロパティに、リレーションを使って値を入力しましょう。リレーション以外の入力が必要なプロパティは、通常通り入力します。既存のアイテムを使ってもかまいません。

リレーションで作ったプロパティも、値を入力するにはそこをクリックします。すると「Link a page」という小さなウインドウが開きます。ここにリレーション先のデータベースにあるプロパティのアイテムが一覧表示されます。この例では商品名のリストが表示されます。

■ リレーションを使ってプロパティに入力する

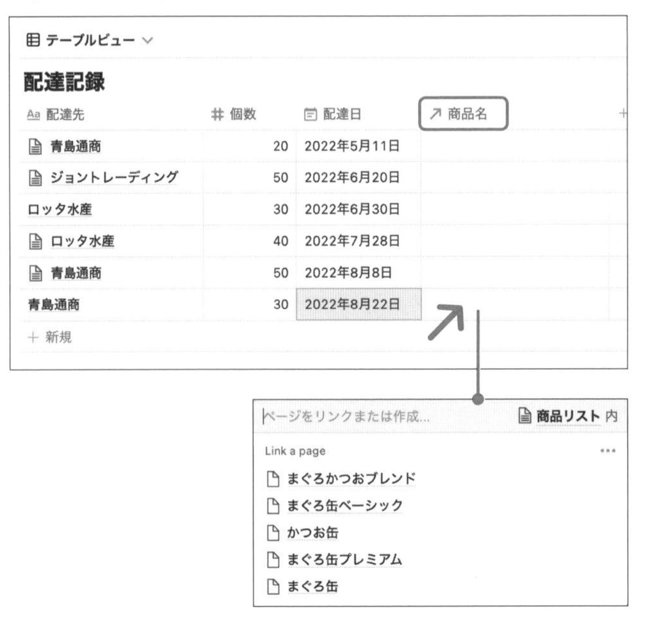

入力欄に文字を入力すると、検索もできます。リレーション先の件数が増えたときは活用してください。

■ リレーション先のデータベースを検索できる

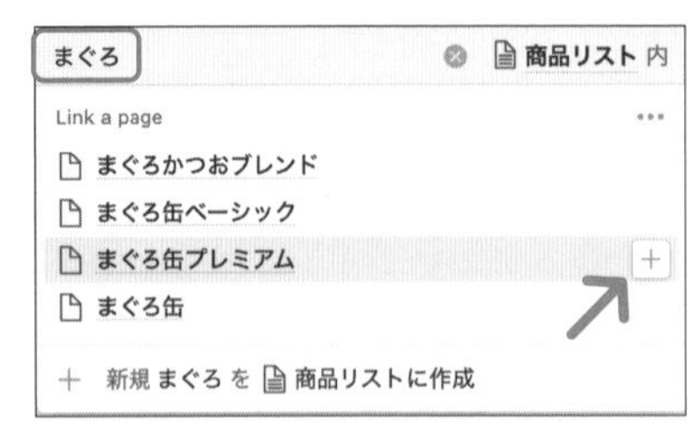

目的のアイテムを見つけたら、右端の「+」ボタンをクリックします。すると元のプロパティに入力されます。これで、手入力せずに、正確な名称をリレーションで入力できました。

■ リレーションを使って値を入力できた

テーブルビュー

配達記録

配達先	個数	配達日	商品名
青島通商	20	2022年5月11日	
ジョントレーディング	50	2022年6月20日	
ロッタ水産	30	2022年6月30日	
ロッタ水産	40	2022年7月28日	
青島通商	50	2022年8月8日	
青島通商	30	2022年8月22日	まぐろ缶プレミアム
+ 新規			

リレーション先のデータベースにある別のプロパティを表示する

リレーション先のアイテムを選ぶときに、別のプロパティの値も表示できます。これには、アイテムを選ぶウインドウの右上にある「…」をクリックして、メニューが開いたら目的のプロパティの目玉アイコンをクリックします。

■「価格」プロパティの値をあわせて表示する

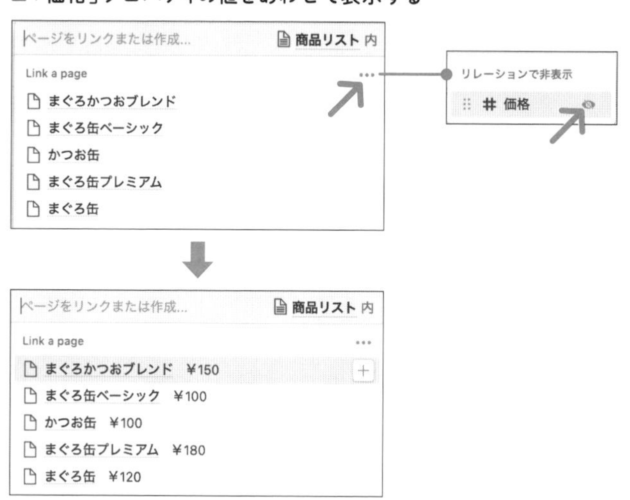

リレーション先のデータベースに新しいアイテムを作る

リレーション先のデータベースを開かずに、リレーション元のデータベースから新しいアイテムを作ったり、内容を編集したりできます。

ここでの例で言えば、「配達記録」データベースから、「商品リスト」データベースを開かずに、新しい商品を追加したり、既存の商品の情報を編集できます。

まず、リレーション先のアイテムを選ぶウインドウを開き、入力欄に新しく登録したい値を直接入力します。すると［＋新規（入力した文字列）を（データベース名）に作成］という項目が現れるので、それをクリックします。これで新しいアイテムが作られます。

入力欄にはアイテム名が入ったままですので、既存のアイテムを検索したときと同じ表示になります。

■ リレーション先のデータベースに新しいアイテムを作る

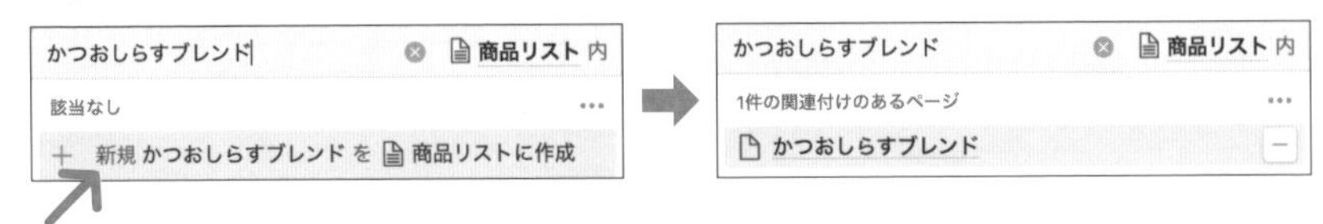

アイテムのほかのプロパティを編集する方法は、このあとへ読み進めてください。

リレーション先のアイテムの内容を編集する

すでにリレーションされているアイテムの名称をクリックすると、そのアイテムをページとして開きます。この方法では、リレーション先のデータベースを開かずに、ほかのプロパティにも値を入力できます。次の図では、商品の価格を入力しています。

既存のアイテムの情報も、このウインドウを使って編集できます。

■ リレーション先のアイテムをページとして開き編集する

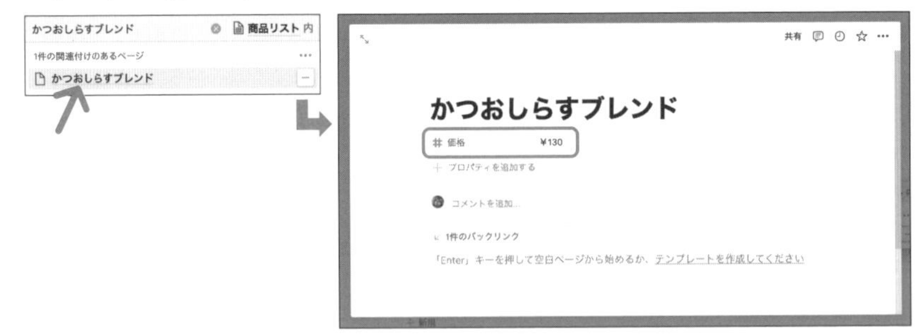

リレーションしているプロパティの値を削除する

リレーションしているプロパティから値を削除するには、目的のアイテムのプロパティをクリックし、ウインドウが開いたら、右端にある「－」アイコンをクリックします。

■ リレーションしているプロパティの値を削除する

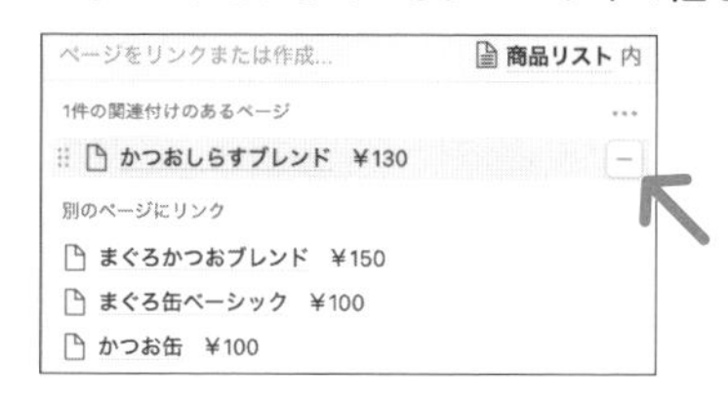

3-7-2 ロールアップを設定する

リレーションを使って別のデータベースにあるデータを引き出し、さまざまな方法で集計できます。この機能を「ロールアップ」と呼びます。

ここでは、「商品リスト」データベースから引き出した「価格」プロパティの値を使って、「配達記録」データベースにある配達ごとの金額を集計してみましょう。

リレーション先の別のプロパティの値を引き出す

まず、「配達記録」データベースに、新しいプロパティを追加します。[プロパティの種類]には、「アドバンスト」の見出しにある[ロールアップ]を選びます。

■ ロールアップのプロパティを作る

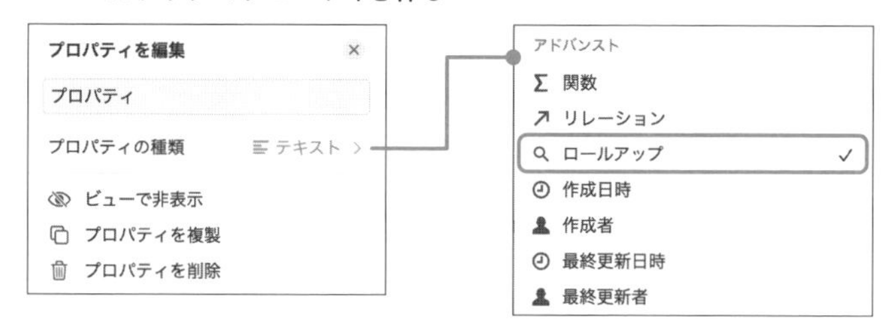

表示が変わったら、続けて次の3つの項目を設定します。

■ ロールアップのプロパティを設定する

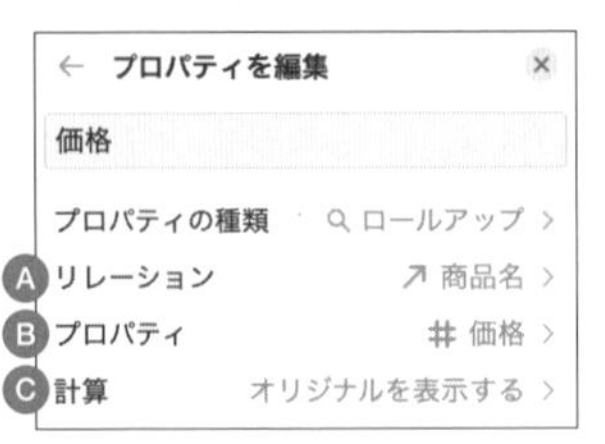

- Ⓐ [リレーション]：商品名を使ってデータベースを関連付けているので、前項で設定した「商品名」を選びます。
- Ⓑ [プロパティ]：商品の価格を引き出したいので、「商品リスト」データベースにある「価格」プロパティを選びます。
- Ⓒ [計算]：「価格」プロパティの値をそのまま使うので、「オリジナルを表示する」を選びます。

これで、「配達記録」データベースに「価格」プロパティが現れます。以後、「商品名」プロパティの値に応じて、自動的に「価格」プロパティに値が表示されます。

最後に、「商品リスト」データベースから引き出した「価格」プロパティの値と、「配達記録」データベースに入力した「個数」プロパティの値を、関数を使って掛け算します。

新しく「注文合計」プロパティを作り、「関数」タイプに設定し、価格と個数を掛け算します。式は次のとおりです（個別の関数の詳細は「関数リファレンス」を参照してください）。これで、個別の注文の金額が計算できました。

式
```
toNumber(prop("価格")) * prop("個数")
```

■ リレーションを使ってデータを引き出し、関数で集計した

テーブルビュー　フィルター　並べ替え　新規

配達記録

配達先	配達日	商品名	価格	個数	注文合計
青島通商	2022年5月11日	まぐろかつおブレンド	¥150	20	¥3,000
ジョントレーディング	2022年6月20日	まぐろ缶	¥120	50	¥6,000
ロッタ水産	2022年6月30日	まぐろ缶プレミアム	¥180	30	¥5,400
ロッタ水産	2022年7月28日	かつお缶	¥100	40	¥4,000
青島通商	2022年8月8日	かつおしらすブレンド	¥130	50	¥6,500
青島通商	2022年8月22日	まぐろ缶プレミアム	¥180	30	¥5,400

＋ 新規

計算

ロールアップを使って集計する

前の例はほかのデータベースから「価格」プロパティの値を引き出すだけでしたが、ロールアップ機能では集計もできます。

今度は、「商品リスト」データベースから「配達記録」データベースへリレーションを設定し、ロールアップ機能を使って、どの商品にどれだけの注文があったのかを集計してみましょう。

まず、「商品リスト」データベースから、「配達記録」データベースへリレーションを設定します。「配達記録」データベースでリレーションを設定した「商品名」プロパティを編集し、「プロパティを編集」ウインドウが開いたら次のように設定します。設定に応じて関連付けのプレビューが変わることを確かめてください。

■ リレーションのプロパティを編集し、バックリンクを設定する

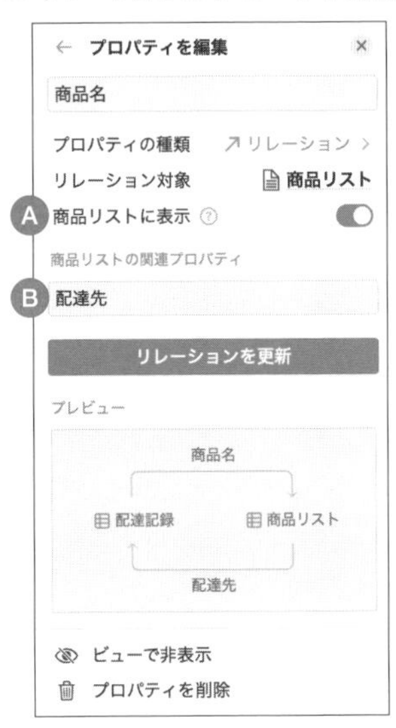

Ⓐ「商品リストに表示」：オンに設定します。リレーションを逆方向に設定するので「バックリンク」と呼ばれます。

Ⓑ「商品リストの関連プロパティ」：「商品リスト」データベースに作成するプロパティの名前です。ここでは「配達先」と入力します。

設定を終えたら「リレーションを更新」ボタンをクリックします。

「商品リスト」データベースを表示すると、「配達記録」データベースから引き出された「配達先」プロパティが表示されます。これで、「商品名」プロパティの値に基づいて、それを入力した「配達先」プロパティの値が集められます。つまり、個別の商品の配達先が分かります。

■ 逆方向のリレーションが設定された

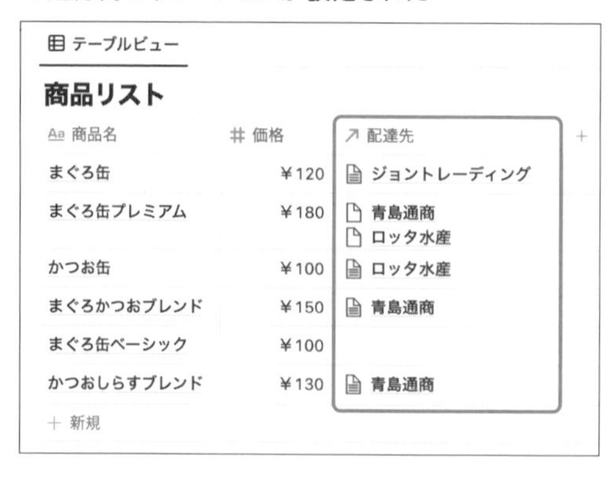

これで準備ができたので、次はロールアップを使った集計をしましょう。新しいプロパティを作り、[プロパティの種類]を[ロールアップ]に設定します。表示が変わったら、以下の項目を次のように設定します。

- Ⓐ [リレーション]：「配達先」プロパティを使ってデータベースを関連付けているので、前項で設定した「配達先」を選びます。
- Ⓑ [プロパティ]：このロールアップで引き出すプロパティを指定します。ここでは「注文合計」を選びます。
- Ⓒ [計算]：「注文合計」プロパティを計算する方法を選びます。設定を変えると、どのように計算が変わるか見比べてください。たとえば、[計算]の項目で[オリジナルを表示する]を選ぶと、元の「注文合計」プロパティどおりに表示するので、2件注文があった商品に対しては、注文ごとの金額が表示されます。また、[合計]を選ぶと、商品ごとに合計した金額が表示されます。

■ ロールアップのプロパティでの計算方法を変える

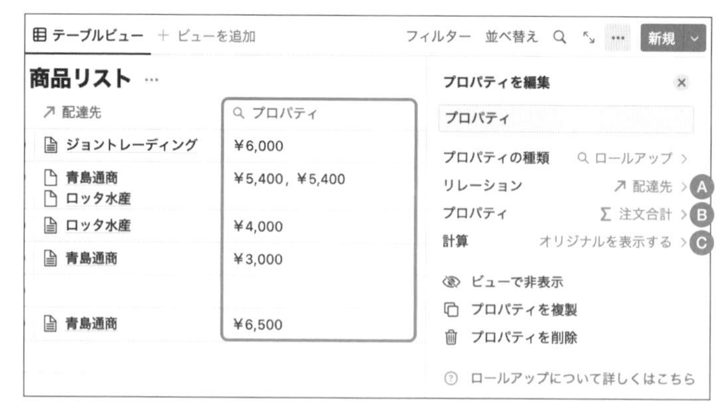

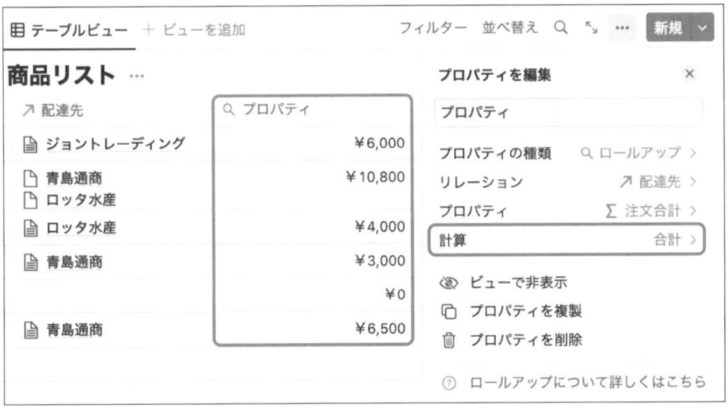

テーブルビュー ＋ ビューを追加 フィルター 並べ替え 新規
商品リスト
配達先 / プロパティ
ジョントレーディング ¥6,000
青島通商 ロッタ水産 ¥10,800
ロッタ水産 ¥4,000
青島通商 ¥3,000
¥0
青島通商 ¥6,500
プロパティを編集
プロパティ
プロパティの種類 ロールアップ
リレーション 配達先
プロパティ 注文合計
計算 合計
ビューで非表示
プロパティを複製
プロパティを削除
ロールアップについて詳しくはこちら

3-7-3 自己参照する

リレーションにはもう1つ、ほかのデータベースではなく、同じデータベースを参照することで、同じデータベースにあるアイテム同士を関連づける方法があります。これを「自己参照」と呼びます。

「購買管理」データベースを用意する

ここでは例として、新しく、次の図のような「購買管理」データベースを作成しました。必要なプロパティは、「タイトル」タイプの「タスク名」のみです。ここに物品購入のタスクを登録していきます。

■ タスク名だけを登録した「購買管理」データベース

テーブルビュー
購買管理
タスク名
青島サプライへ注文する
インクカートリッジ 4色セット
コピー用紙 500枚
＋ 新規

3つのアイテムがありますが、「業者へ注文するタスク」と、「発注する品物」に大別できます。

自己参照のリレーションを使うと、これらのアイテム同士を関連付けられます。この例で言えば業者と品物を関連付けられるので、多くの業者を使ってさまざまな品物を発注するときに、業者別に発注する品物を分けたり、品物から業者を参照したりできます。

ただし、リレーションの設定によって、1つのプロパティで両方を表示するのか、2つのプロパティで片方ずつを表示するのかが変わります。1つずつ設定例を紹介します。

自己参照のリレーションを1つのプロパティで設定する

自己参照のリレーションを設定してみましょう。まず、新しいプロパティを追加します。[プロパティの種類]には[リレーション]を選びます。「新しいリレーション」ウインドウが開いたら、次のように設定します。

■ リレーション対象に同じデータベースを選ぶ

- Ⓐ 名称(最初の入力欄):「双方向」とします。
- Ⓑ [リレーション対象]:このデータベース自身を選びます。
- Ⓒ [個別の方向]:オフにしてください。オンにしたときの動作は本項内で紹介します。

最後に「リレーションを追加」ボタンをクリックして設定を完了します。

値を入力していきましょう。リレーションを設定した「双方向」プロパティをクリックすると、ほかのアイテムの名前が表示されるので、この業者へ注文する品物を順にクリックします。ウインドウの外側をクリックして閉じると、いま選択したアイテムが登録されます。

このとき、品物のアイテムの「双方向」プロパティには、業者へ注文するタスクが自動的に入力されます。なお、操作の順序はどちらでもかまいません。品物のアイテムの「双方向」プロパティをクリックして注文する業者を選んでも、同じ結果になります。

■ 自己参照のリレーションを使って値を入力する

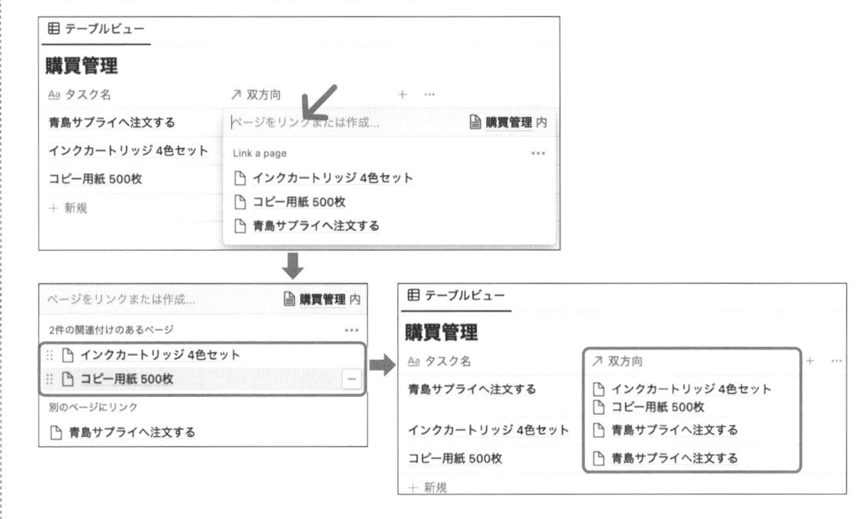

自己参照のリレーションを2つのプロパティで設定する

別の方法で自己リレーションを設定してみましょう。画面が煩雑になるので、前の例で作ったプロパティは非表示にして、新しいプロパティを追加します。[プロパティの種類]は[リレーション]、[リレーション対象]にはこのデータベース自身を選びます。この設定は前の例と同じです。

今度は、リレーションで参照する方向を決める「個別の方向」オプションは、オンにしてください。するとプレビューが切り替わり、プロパティの入力欄が2つになります。上の欄には「物品」、下の欄には「注文先」と入力します。最後に「リレーションを追加」ボタンをクリックして設定を完了します。

■「個別の方向」をオンにして自己参照のリレーションを設定する

これで「物品」と「注文先」の2つのプロパティが追加されます。もしもどちらかが表示されないときは、「ビューのオプション」を使って、非表示になっていないか確かめてください。

値を入力していきましょう。注文するタスクを書いたアイテムの「物品」プロパティをクリックします。するとウインドウが開き、ほかのアイテムの名前が表示されるので、必要なアイテム（物品名）をクリックして選びます。入力が終わったらウインドウの外側をクリックします。

すると、業者へ注文するタスクを書いたアイテムの「物品」プロパティには、物品のアイテムの名前が入力されます。同時に、個別の物品のアイテムの「注文先」プロパティにも、業者へ注文するタスクのアイテムが入力されます。

■ 自己参照のリレーションを使って値を入力するが、入力欄が分かれる

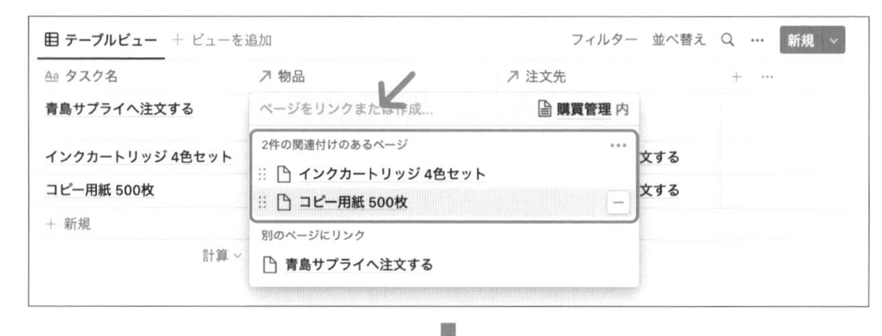

なお、操作の順序はどちらでもかまいません。物品のアイテムの「注文先」プロパティをクリックして注文する業者を選んでも、同じ結果になります。

応用

既存のデータをNotionにインポートしたり、ほかのアプリで使うなどのためにエクスポートしたりできます。目的に対して十分かどうかをよく確かめてください。また、作成したデータをどこでも扱えるようにする、モバイル端末での使い方の基本も紹介します。

4-1 データをインポートする

ほかのファイルやアプリなどから、データをインポートできます。インポート元のデータを完全に再現することは難しいものの、散在する情報をNotionに集約できれば便利ですので、要望と機能を検討したうえで使うとよいでしょう。

4-1-1 インポート時の注意

Notionは、プレーンテキストやマークダウン、HTMLをはじめ、さまざまな形式のファイルやクラウドサービスなどから、データをインポートできます。

ただし、インポート機能の利用にあたっては、とくに以下の2点に注意するとよいでしょう。

データはどこへ読み込まれるか

インポートしたデータをNotion内で保存する場所は、ファイル形式などによって異なります。具体的には、新しいノートを作成するもの、既存のデータベースへアイテムとして作成するもの、いまエディターで開いているノートの中に新しいブロックとして作成するものがあります。

既存のノートやデータベースにどのように影響するか、あらかじめ新しいノートなどを動作を作ってテストするとよいでしょう。

また、インポートされて作られたデータを見失うことがあります。ノートの数が多くなると、手作業で探すのは大変です。検索すればすぐに見つかるはずですから、インポートするデータのキーワードを覚えておきましょう。

必要なデータを維持できるか

元のアプリやサービスで作成したデータは、必ずしもすべてをNotionで再現できるとはかぎりません。必要なデータや体裁を維持してインポートできるかどうか、あらかじめテストすることを強くおすすめします。

異なるもので作成した以上、インポートすると一定程度のデータや体裁が欠落するのは仕方ありません。とはいえ、求める機能は要望次第ですから、それが問題になるかどうかもまたそれぞれです。

たとえば、Evernoteのデータ（ノートブック）をインポートすると、直接ノートに添付していたファイルはすべて失われます。もしも、添付ファイルを多用している場合は、Notionへの移行は(少なくとも現時点では)困難です。一方、文字列であるリンク付きURLは維持できるので、ファイルをGoogleドキュメントなどで作成して、リンクだけをEvernoteへ記録していた場合は問題にならないでしょう。

●NOTE　インポート時の変換性能は今後変更されることも考えられます。本書の紹介はインポート機能を検討するときの例として考えてください。

4-1-2 Evernoteをインポートする

Evernoteのデータを、直接Webからインポートできます。Evernoteアプリをインストールしたり、あらかじめデータをエクスポートしておく必要はありません。

Evernoteのデータをインポートすると、1つのEvernoteノートブックが、1つの新しいフルページデータベースとして読み込まれます。個別のEvernoteノートは、データベースアイテムになります。

インポートする手順

インポートを始めるには、以下のどちらかの操作を行います。

Ⓐ サイドバーの下端近くにある[インポート]をクリックします。
Ⓑ エディター右上にある[…]をクリックしてメニューを開き、[インポート]を選びます。

「インポート」ウインドウが開いたら目的のアプリやサービス、ここでは「Evernote」をクリックします。

■「インポート」ウインドウを開いてインポートする対象を選ぶ

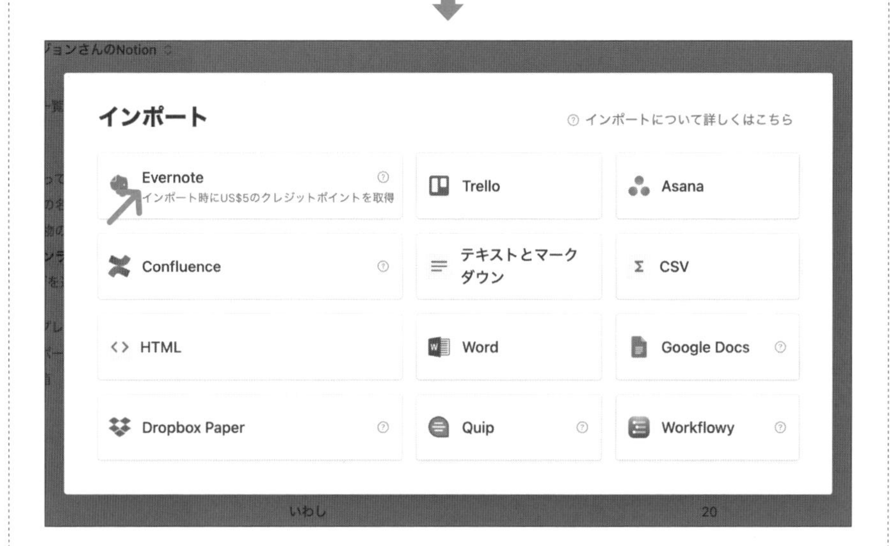

続いて、Evernoteのユーザー名とパスワードを入力して、Evernoteへログインしてください(Notionのものではありません)。認証などを求められたときは、表示に従ってください。

■ Webから直接インポートする場合は、相手先のサービスへ直接ログインする

サインインに成功すると、インポートするノートブックを選択できます。必要なノートブックにチェックを入れて「インポート」ボタンをクリックすると、すぐにインポートが始まります。

■ インポートするEvernoteノートブックを選ぶ

次の図は、インポートして作られたNotionのフルページデータベースを開いたところです。「リスト」と「ギャラリー」レイアウトを使った2つのビューが、自動的に作られています。

データベースには、Evernoteノートの題名、作成日時、タグなど、定型化されている要素が、Notionのデータベースのプロパティとしてインポートされています。この点は、インポートしたノートをフィルターで絞り込んだり、並び替えたりするときに便利です。

■ Evernoteノートブックをインポートすると、Notionデータベースへ変換される

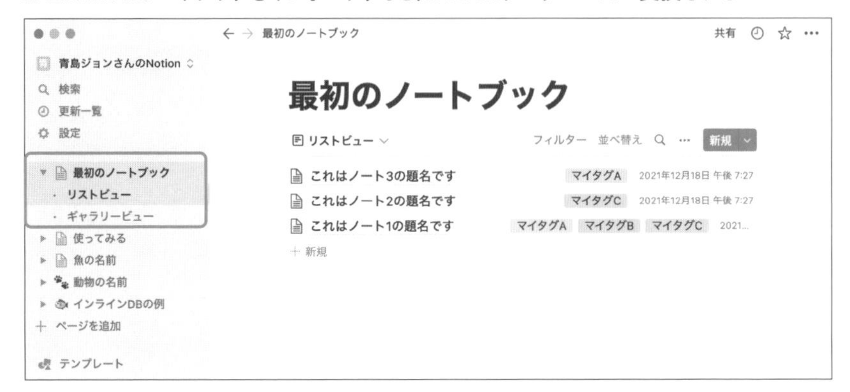

インポート時の再現性

元のEvernoteノートの内容をどのくらい再現できるのか、確かめてみましょう。

次の図は、Evernoteの個別のノートの内容です。タグは3つ設定しています。見出しには「見出し（大）」などのスタイルを適用しています。本文には、文字装飾、表、チェックボックスなども設定しています。

■ 元のEvernoteノート

次の図は、前図のノートをNotionへインポートした結果です。見出しの階層は、「見出し1」などのブロックタイプが適用されています。表はインラインデータベースとして変換されています。文字列に設定したハイパーリンクは維持されているので、URLを貼り付けたGoogleドキュメントへのリンクも引き継がれています。

■ インポートされて作られたNotionページ

一方、元のノートが再現されていない箇所もあります。フォントサイズや文字のカラー、マーカーなどは維持されていません。チェックボックスは失われ、箇条書きリストへ変換されています。

画像、音声、Excel形式の添付ファイルは失われました。Evernoteのモバイルアプリでは手書きメモも作成できますが、この画像も失われています。

4-1-3 Wordファイルをインポートする

Wordファイルを、Notionの新しいページとしてインポートできます。

インポートする手順

インポートを始めるには、まず「インポート」ウインドウを開きます（ここまでの手順は「4-1-2 Evernoteをインポートする」と共通ですので、そちらを参照してください）。続いて「Word」ボタンをクリックします。するとファイルを選ぶダイアログが開くので、目的のファイルを選びます。

■ Wordファイルをインポートする

複数のファイルを1度にインポートするときは、ファイル選択のダイアログで、⌘ / Ctrl キーを押しながら、目的のファイルを1つずつ選択します。

インポート時の再現性

どの程度、元のWordファイルの内容を再現できるのか、確かめてみましょう。次の図は、インポートするWordファイルの内容です。文字装飾や、挿入した画像、箇条書き、表などがあります。見出しには、Wordのデフォルトの書類で自動的に作られるスタイルを使って、「見出し1」などの段落スタイルを適用しています。

■ インポート元のWordファイル

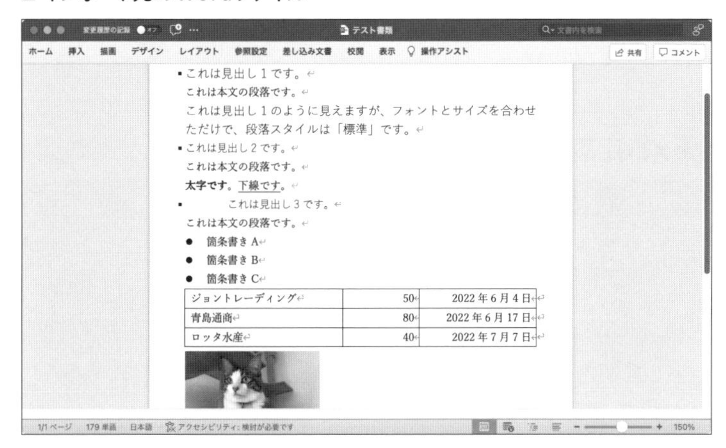

次の図は、インポートしたNotionページを開いたところです。見出しの階層は、「見出し1」などのブロックタイプが適用されています。表はインラインデータベースとして読み込まれていますが、1行目の内容は見出しとして扱われています。

■ インポートしたNotionページ

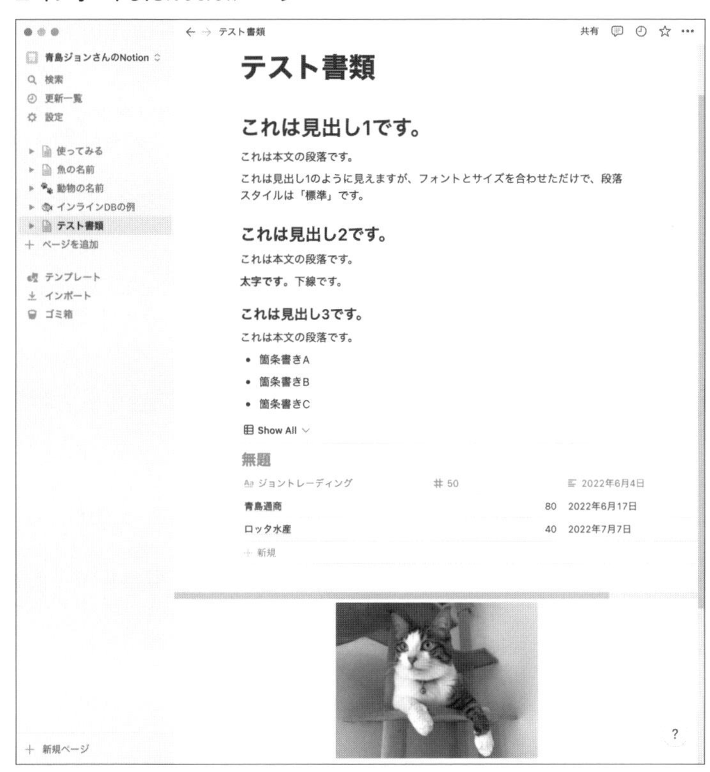

一方、下線やフォントサイズは再現されません。画像はインポートされましたが、図形ツールで描画した図形は失われます。

4-1-4 Excelファイルをインポートする

Excelファイルは、直接Notionへインポートできません。ただし、CSV形式のファイルはインポートできるので、ExcelからCSV形式でエクスポートすれば対応できます。

CSV形式とは、(Notionの用語で言えば)個々のプロパティの値をカンマで、アイテムを改行で区切るファイル形式です。テキストのみを収める形式であるため、文字装飾や計算式には対応しません。

以下の操作をする前に、あらかじめExcelの[ファイル]メニューから[名前を付けて保存...]を選び、CSV形式へエクスポートしてください。

CSVファイルは、新しいデータベースとしてインポートすることも、既存のデータベースのアイテムとしてインポートすることもできます。

CSVファイルを新しいデータベースとしてインポートする

新しいデータベースとしてインポートするには、まず「インポート」ウインドウを開きます(ここまでの手順は「4-1-2 Evernoteをインポートする」と共通ですので、そちらを参照してください)。

続いて「CSV」ボタンをクリックします。するとファイルを選ぶダイアログが開くので、目的のファイルを選びます。

CSVファイルを既存のデータベースへインポートする

既存のデータベースへインポートするには、まず目的のデータベースをエディターに表示します。データベースの種類に応じて、次の操作をしてください。

- フルページデータベースへインポートするには、エディター右上の[…]をクリックし、メニューが開いたら[CSV取り込み]を選びます。
- インラインデータベースへインポートするには、データベースのブロックハンドルをクリックし、メニューが開いたら[CSV取り込み]を選びます。

■ CSVファイルを既存のインラインデータベースへインポートする

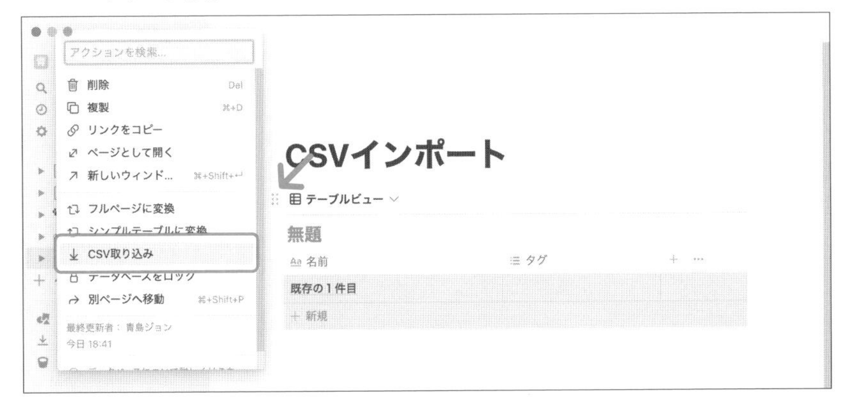

インポート時の再現性

どの程度、元のExcelファイルの内容を再現できるのか、確かめてみましょう。次の図は、元のExcelファイルと、それをエクスポートしたCSVファイルの内容です。

CSVファイルでは、元のファイルに従って1行目に見出しが、最終行に合計が書き出されています。小計や合計には関数を使っていますが、エクスポートすると計算結果だけが保存されます。

■ 元のExcelファイルと、エクスポートしたCSVファイル

	A	B	C	D
1	配達先	個数	単価	小計
2	ジョントレーディング	50	100	5,000
3	青島通商	30	100	3,000
4	青島通商	20	100	2,000
5	ロッタ水産	80	100	8,000
6	ジョントレーディング	30	100	3,000
7	ロッタ水産	40	100	4,000
8	合計	250		25,000
9				

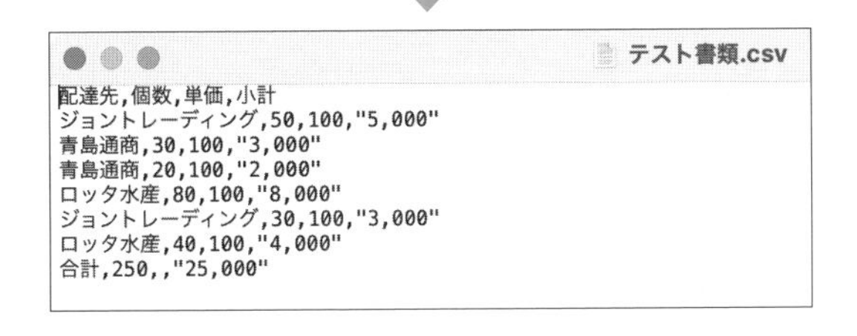

テスト書類.csv

```
配達先,個数,単価,小計
ジョントレーディング,50,100,"5,000"
青島通商,30,100,"3,000"
青島通商,20,100,"2,000"
ロッタ水産,80,100,"8,000"
ジョントレーディング,30,100,"3,000"
ロッタ水産,40,100,"4,000"
合計,250,,"25,000"
```

次の図は、インポートしたNotionページを開いたところです。CSVファイルでは1行目は見出しでしたが、これはプロパティ名として読み込まれています。見出しと同じ名前のプロパティがあれば、その列へ読み込まれます。そうでない場合は、新しいプロパティを作って読み込まれます。

■ 既存のデータベースへインポートした結果

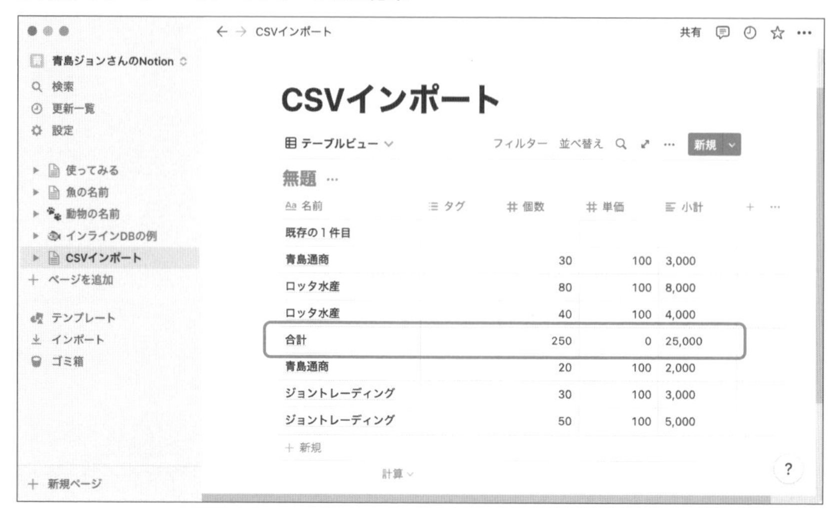

名前	タグ	個数	単価	小計
既存の１件目				
青島通商		30	100	3,000
ロッタ水産		80	100	8,000
ロッタ水産		40	100	4,000
合計		250	0	25,000
青島通商		20	100	2,000
ジョントレーディング		30	100	3,000
ジョントレーディング		50	100	5,000

ただし、いったんCSV形式へエクスポートしているため、文字装飾の設定は失われます。

Excelで設定していた数式は、計算結果がテキストとしてエクスポートされるため、Notionにも計算結果だけがインポートされます。数式を使った計算が必要な場合は、あらためて「関数」タイプのプロパティを作る必要があります。

また、CSVファイルでは最終行にあった「合計」は、通常の1アイテムとして読み込まれているので、削除する必要があります。合計を算出する必要があれば、Notionの計算機能を使って再設定する必要があります。

4-1-5 Webページをインポートする

一般のWebページのコンテンツを、Notionへインポートできます。これには、Webブラウザ用の拡張機能として配布されている「Webクリッパー」を別途インストールする必要があります。

Webクリッパーは、無償で利用できます。ただし、利用できるWebブラウザは、Chrome、Firefox、Safari（macOSのみ）です。本稿執筆時点では、Edgeには対応していません。

Webクリップ専用の保存場所を用意する

Webクリッパーの保存先には、通常のNotionページ、または、特定のデータベースのアイテムのどちらかを選べます。

保存場所はクリップのたびに選べますが、小さなウインドウで指定するのは面倒ですので、Webブラウザではつねに同じ場所へ保存し、整理はNotionアプリで行うほうが操作しやすいでしょう。

また、件数が少ないときは通常のページでもかまいませんが、件数が増えてきたらデータベースとしてまとめるほうが便利でしょう。

よってここでは、Webクリッパー専用の保存先として、「Webクリップ」という名前のフルページデータベースを作成しました。

■ Webクリップ専用のデータベースを先に作成しておく

Webクリッパーをインストールする

Webブラウザに「Webクリッパー」をインストールしましょう。これには、下記のURLへアクセスして、使用するWebブラウザのボタンをクリックします。いずれも、それぞれの拡張機能のダウンロードページへリンクしているので、表示に従ってインストールしてください。次の図はChromeの場合です。

▶「Notion Webクリッパー」
https://www.notion.so/ja-jp/web-clipper

■ ChromeにWebクリッパーをインストールする

拡張機能をインストールすると、ツールバーにNotionのアイコンが現れます。現れない場合は拡張機能のサブメニューを探したり、Webブラウザの設定を変更するなどしてください。

Webページをクリップするには、このWebブラウザからNotionのWebサイトへログインしておく必要があります。

ツールバーのNotionアイコンをクリックし、「ログイン」のボタンが現れた場合は、ログインが必要です。その場合は「ログイン」ボタンをクリックして、表示に従ってログインしてください。自分のワークスペースが表示されれば、準備は完了です。

■ Webクリッパーを使うにはNotionサイトへのログインが必要

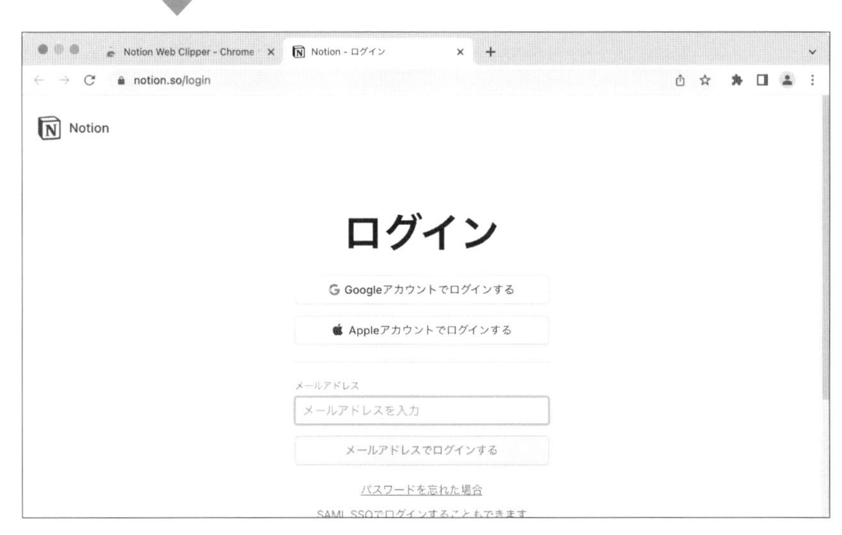

なお、状況によって自動的にログアウトされるので、「ログイン」のボタンが現れたら同じ手順でログインしてください。

Webクリッパーを使ってWebページをインポートする

Notionへ保存したいWebページがあったら、ツールバーのNotionアイコンをクリックします。すると次の図のようなウインドウが開き、保存方法を設定できます。

■ Webクリッパーを使ってWebページをインポートする

Ⓐ Notionへ保存したときのページの名前を付けます。Webページのタイトルが自動的に入力されますが、書き換えてもかまいません。

Ⓑ 保存先のワークスペースを選びます。状況によっては、この項目は表示されません。

Ⓒ 保存先のデータベース、または、ページを選びます。ここでは、Webクリップ専用として作成したデータベースを選択します。表示されないときは検索してください。なお、ページを選んだ場合は、その下位に保存されます。

Ⓓ クリックすると保存を実行します。次図のような表示に変わるまで、Webページを閉じないでください。

クリップに成功すると、次図のような表示に変わります。

■ クリップ完了後の表示

Ⓐ Notionの公式サイトへ移動し、いまクリップした内容を開きます。

Ⓑ WebブラウザからNotionアプリへ切り替えます。

すぐに内容を確認する場合は、ⒶまたはⒷをクリックします。そうでない場合は、このウインドウの外側をクリックして閉じます。

Notionアプリへ切り替えると、いまクリップしたページが保存されているはずです。表示されない場合は、再読み込みしてみてください。

■ クリップした内容をNotionで確認する

インポート時の再現性

次の2つの図は、元のWebページと、Notionにクリップしたページを並べたものです。

■ 元のWebページ(左)と、WebクリッパーでクリップしたNotionページ(右)

Notionでは、元のWebページにあったメニューや装飾がなくなり、主要コンテンツだけがクリップされています。クリップしたURLは、データベースに自動的に作られたプロパティへ保存されているので、必要があれば元のWebページへアクセスできます。

ただし、執筆時点のWebクリッパーにはクリップする内容の詳しさを調節する機能がないため、ブックマークだけをクリップしたり、Webページをそのままクリップすることはできません。

また、クリップを実行する前に内容を確認する画面がないため、必ずしも目的の要素をインポートできるとは限りません。できるかぎり、Notionでクリップした結果をすぐに確認するほうがよいでしょう。

●NOTE　ブックマークだけをNotionへ記録したい場合は、WebブラウザでURLをコピーし、Notionの「テキスト」タイプのブロックへペーストして、「Webブックマーク」タイプのブロックとして保存できます（詳細は「5-3-4「Webブックマーク」ブロックタイプ」を参照）。一方、Webページをそのまま Notionへ保存するには、何らかの方法でWebページをPDFで保存し、それをNotionへ読み込む方法が考えられます。

4-2 データをエクスポートする

Notionのページやデータベースを個別に、あるいは、ワークスペース全体をエクスポートできます。期待どおりにエクスポートできたかどうか、できるだけ速やかに確認しましょう。

4-2-1 ページやデータベースをエクスポートする

ページごとにエクスポートするには、目的のページを開き、エディターの右上にある「…」をクリックします。メニューが開いたら、[エクスポート]を選びます。

するとウインドウが開き、エクスポートするファイル形式や、ファイル形式に応じたオプションを設定できます。エクスポートを実行するには、「エクスポート」ボタンをクリックします。

■ ページをエクスポートする流れ

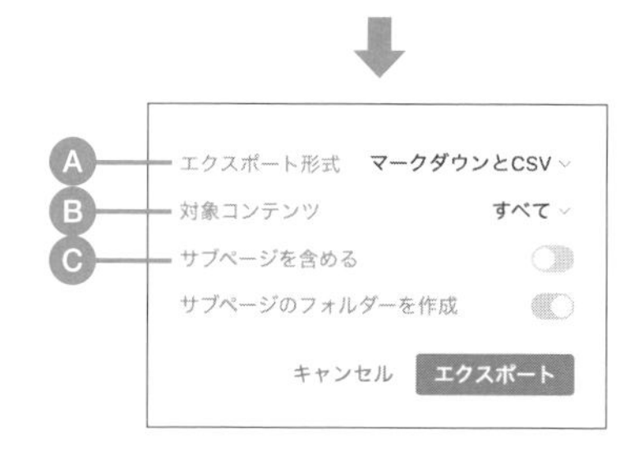

Ⓐ「エクスポート形式」：ファイル形式を、「マークダウンとCSV」「PDF」「HTML」の3種類から選びます。設定できるほかの項目が変わるため、この設定は最初に選んでください。

Ⓑ「対象コンテンツ」：「すべて」「ファイルや画像以外」から選べます。

Ⓒ「サブページを含める」：オンにすると、下位にページがあるとき、それらも合わせてエクスポートします。ただし、PDFでエクスポートするときにこのオプションをオンにするには、「エンタープライズ」プランの契約が必要です。

なお、PDFでエクスポートするときは、用紙サイズとスケール率を決められます。また、データベースを含むときは、エクスポートに使うビューを選べます。

●NOTE　PDFでは用紙サイズを決める必要があるため、意図しないページ配置になる場合があります。とくに、「テーブル」レイアウトを使ったビューは横長になりがちですので注意してください。必要に応じて、表示するプロパティをとくに限定した印刷用のビューを作るとよいでしょう。

紙へ印刷したい場合

デスクトップアプリから直接印刷することはできません。

紙へ印刷したい場合は、PDFでエクスポートしてからそれを印刷するか、Webブラウザで公式サイトへログインしてWebブラウザの機能を使って印刷する必要があります。

データベースをエクスポートする

1つのデータベースだけに限定してエクスポートできます。

フルページデータベースの場合は、そのページをエディターで開いてからエクスポートの操作をします。

インラインデータベースの場合は、全画面表示へ切り替えてから、エクスポートの操作をします。

4-2-2 ワークスペース全体をエクスポートする

ワークスペース全体を、ZIP形式で圧縮したファイルへまとめてエクスポートできます。これには、まずサイドバーの上方にある［設定］を選びます。ウインドウが開いたら、ウインドウ左側の「ワークスペース」の見出しにある［設定］を選びます。次に、ウインドウ右側をスクロールし、「ワークスペースのすべてのコンテンツをエクスポートする」ボタンをクリックします。するとウインドウが開き、エクスポートするファイル形式などを選べます。

■ ワークスペース全体をエクスポートする

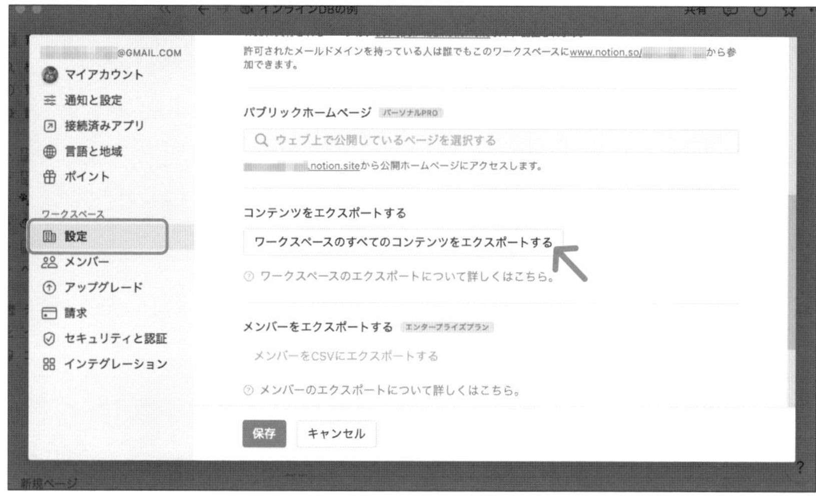

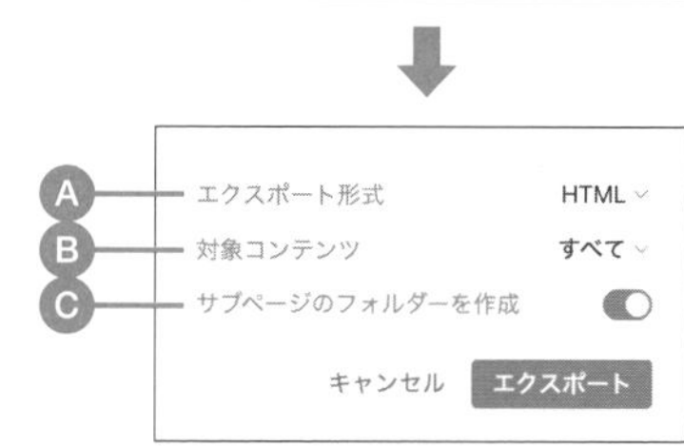

Ⓐ「エクスポート形式」:ファイル形式を、「マークダウンとCSV」「HTML」から選びます。PDFでエクスポートするには、「エンタープライズ」プランの契約が必要です。

Ⓑ「対象コンテンツ」:「すべて」「ファイルや画像以外」から選べます。

Ⓒ「サブページのフォルダーを作成」:オンにすると、サイドバーの階層に応じてサブフォルダを作成します。オフにすると、階層を無視してエクスポートします。

エクスポートを実行するには、「エクスポート」ボタンをクリックします。すると準備が始まります。

作業中を示すウインドウを表示したままにしていると、準備を終えたときにファイルを保存するダイアログが開くので、エクスポートしたファイルをすぐに保存できます。ただし、ワークスペース内のデータ量によっては、相応の時間がかかります。

時間がかかりそうな場合は、作業中を示すウインドウや、アプリ自体を閉じてもかまいません。エクスポートの準備を終えると、ファイルをダウンロードするリンクがメールで届けられます。

■ エクスポート準備中のウインドウを閉じてもメールでダウンロード先が案内される

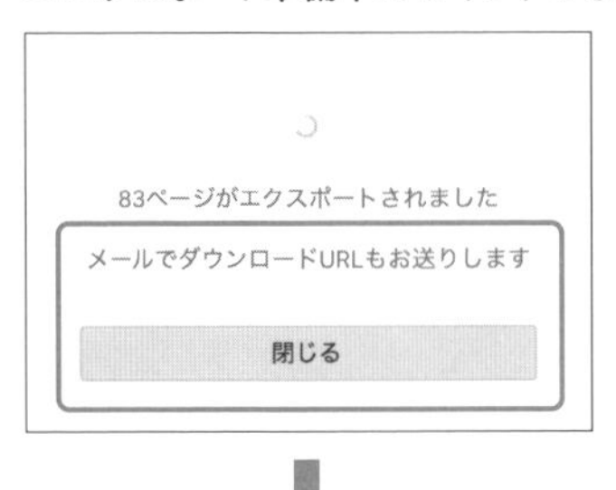

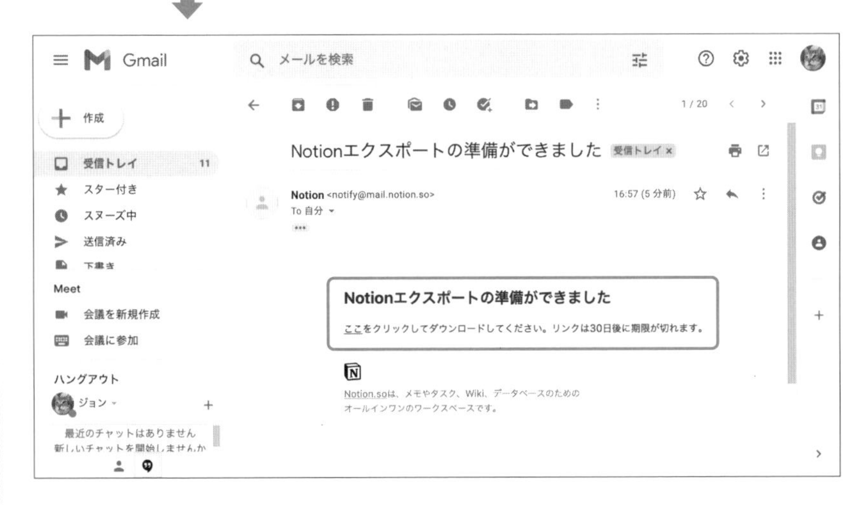

4-3 モバイルで使う

Notionは、スマートフォンやタブレットといったモバイル端末向けに専用アプリがあります。デスクトップアプリと比べるといくらかの違いはありますが、ほとんどの機能は変わりません。本書では概略と注意点のみを簡単に紹介します。

4-3-1 iPhone・iPad用アプリのインストールとログイン

iPhone用・iPad用のアプリは、「App Store」アプリからインストールします。デベロッパの名前が「Notion Labs, Incorporated」であることを確かめてください。インストール手順はストア共通ですので省略します。

■ iPhone用アプリのダウンロード

続けて、アプリを使ってログインしましょう。ホーム画面にある「Notion」のアイコンをタップして起動します。ログインの画面が開いたら、アカウントの種類に応じて、サインアップしたときと同様の手順でログインしてください。

GoogleとApple以外のアカウントを使った場合は、「メールアドレスでログイン」のリンクをタップしてから、表示に従ってサインアップ時に入力したパスワードを入力します。

■ アプリでログイン

●NOTE　この画面を使ってサインアップすることもできます。まだ使われていないアカウントでログインしようとすると、サインアップの手続きになります。

通知の送信を許可するかどうかのメッセージが表示されたら、必要に応じてどちらかをタップします。リマインダーを通知するときにも使うので、許可することをおすすめします。

■ 通知の許可を確認

アプリ紹介が表示された場合は最後まで読み進めてから、「Notionを始める」のリンクをタップします。もしもアプリのダウンロードを選ぶボタンがあっても、すでにインストールは完了しているので、選ぶ必要はありません。

Webブラウザでサインアップしたときとだいたい同じ内容が表示されたら、ログインは完了です。以後は、ログアウトしないかぎり、アプリを起動するとすぐにNotionを使えます。

■ アプリでログイン完了

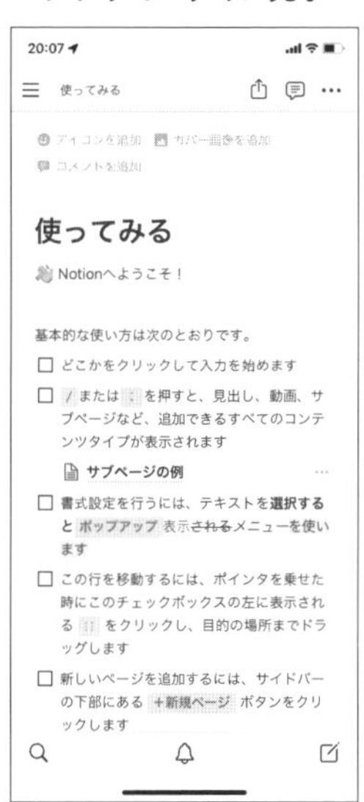

●NOTE　本書ではiPhoneを縦向きに持ったときの手順のみを紹介します。iPhone用とiPad用のアプリでは、基本的な操作方法は共通ですが、サイドバーなどの操作が異なります。これは機種ではなく、その時々の画面サイズに依存するようです。

4-3-2 Android用アプリのインストールとログイン

Android用のアプリは、「Google Playストア」アプリからインストールします。デベロッパーの名前が「Notion Labs, Inc.」であることを確かめてください。インストール手順はストア共通ですので省略します。

■ Android用アプリのダウンロード

続けて、アプリを使ってログインしましょう。ホーム画面にある「Notion」のアイコンをタップして起動します。ログインの画面が開いたら、アカウントの種類に応じて、サインアップしたときと同様の手順でログインしてください。

GoogleとApple以外のアカウントを使った場合は、「メールアドレスでログイン」のリンクをタップしてから、表示に従ってサインアップ時に入力したパスワードを入力します。

■ アプリでログイン

●NOTE　この画面を使ってサインアップすることもできます。まだ使われていないアカウントでログインしようとすると、サインアップの手続きになります。

Webブラウザでサインアップしたときとだいたい同じ内容が表示されたら、ログインは完了です。以後は、ログアウトしないかぎり、アプリを起動するとすぐにNotionを使えます。

■ アプリでログイン完了

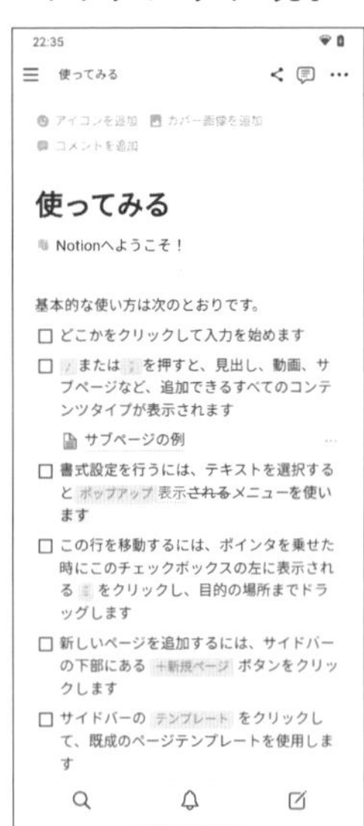

4-3-3 モバイルアプリの画面構成

iPhone用およびAndroid用アプリの画面構成は、次図のようになっています。モバイル用アプリでは、パソコンに比べるとディスプレイサイズが小さく、1度に表示できる情報が少ないため、パソコン用アプリのサイドバーにあたる部分はメニューから呼び出す構成です。

■ モバイルアプリの画面構成

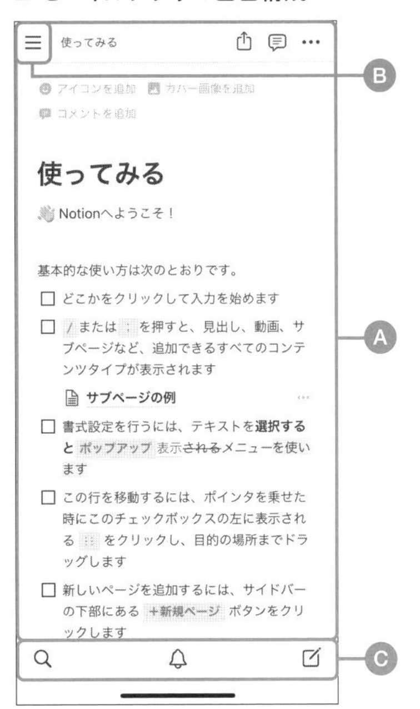

Ⓐ エディター：いまサイドバーで選択されている項目（ページ）の内容を表示・編集する領域です。右上には、表示中のページ自体を操作するボタンもあります。

Ⓑ サイドバーの呼び出し：ワークスペースで扱う情報をナビゲートする「サイドバー」を開きます。サイドバーには、ワークスペースの設定や、削除した情報を収めるゴミ箱などがあります。

Ⓒ 検索、更新一覧、新規ページ：いずれもパソコン用アプリではサイドバーにありますが、モバイル用アプリではすぐにアクセスできるように、メイン画面の下端に配置されています。

●NOTE　iPhone用とAndroid用のアプリは、共有メニューのアイコンや、フォントの種類など、OSが関係する部分のデザインが異なりますが、Notion自体の画面構成やメニュー表示などは共通です。以後本書では、大きな違いがない限り、iPhone用とAndroid用のアプリでの操作方法はまとめて紹介します。画像はiPhone用のものを使います。

サイドバーの操作

サイドバーを開くには、エディター画面の左上にある3本線のアイコンをタップします。いずれかの項目を選ぶとその内容を全画面で表示します。何もせずエディターへ戻るには、画面右上へ移動された3本線のアイコンをタップします。

■ サイドバーの開閉

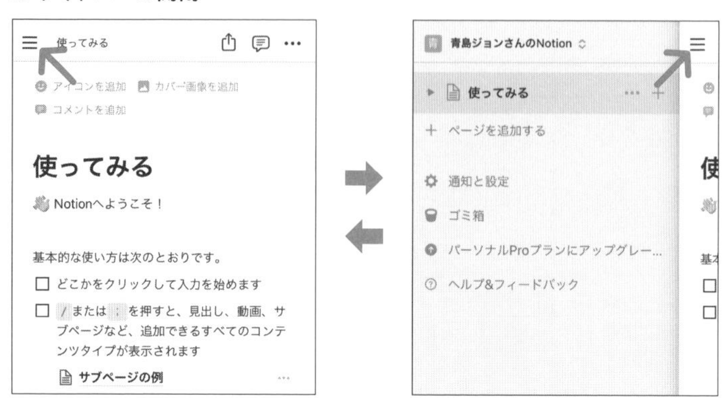

4-3-4 ほかのアプリからコンテンツを保存する

さまざまなアプリから、コンテンツをNotionへ保存（共有）できます。ただし、操作が完了しても、必ずしもNotionでそのまま扱える形式であるとは限りません。できるだけすぐに結果を確認しましょう。

コンテンツ共有を準備する

Notionへの保存にはOSの標準的な共有機能を使うため、インストールする必要があるのはNotionアプリだけです。あらかじめNotionアプリを起動して、ログインを済ませておいてください。

なお、デスクトップアプリの「Webクリッパー」のように、別のアプリや拡張機能をインストールする必要はありません。

●NOTE　Notionの公式ヘルプでは、モバイルではインポート機能に対応しないと書かれています。たしかにモバイル版のNotionアプリにインポートというコマンドはありませんが、ほかのアプリからコンテンツをNotionと共有するという仕組みで、インポートと同様の機能を実現しているとも言えます。

コンテンツを共有する

コンテンツを共有してNotionへ保存する手順の概略を紹介します(OS共通の手順は一部省略します)。ここではWebブラウザを例に取り上げますが、共有メニューが表示されるほとんどのアプリでは、同じ手順で共有できます。

●NOTE　共有メニューにNotionが現れないアプリからは、共有機能を使ってNotionへ保存することはできません。また、共有できる場合でも、必ずしもアプリ特有のコンテンツをNotionでそのまま扱えるとは限りません。

まず、Notionへ保存したいコンテンツがあったら、そのアプリに共有メニューがあるか調べます。

共有のコマンドは、iPhoneやiPadの多くのアプリでは、四角形と上へ向かう矢印が組み合わさったアイコンで表されるアクションメニューの中にあります。また、Androidの多くのアプリでは、「<」のようなアイコンが使われます(いずれも次の図を参照)。ほかにも、「…」アイコンからメニューを開いて、[共有]と書かれたコマンドを選ぶなど、アプリによってさまざまな表示があります。

■ いま開いているコンテンツを共有するメニューを開くアイコン
(図はiPhoneのSafari)

■ いま開いているコンテンツを共有するには「⋮」をタップし、［共有...］を選ぶ（図はAndroidのChrome）

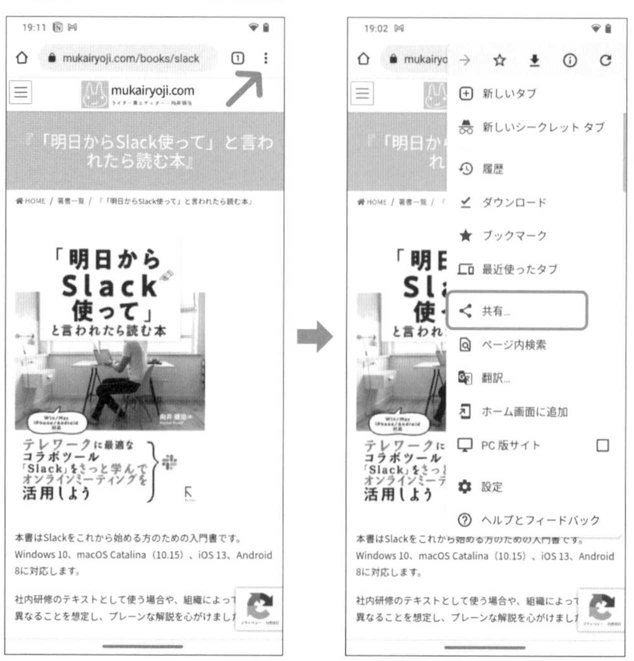

共有を選ぶと、共有先を選ぶ画面が開きます。ここで、横に並んだアイコンの中から「Notion」を探してタップします。スクロールが必要な場合もあります。

見つからない場合は、iPhoneまたはiPadでは、右端にある「その他」をタップして、Notionを表示するように設定を変更します。Androidでは、右端にある「もっと見る」をタップして、Notionを選びます。

■ 共有メニューからNotionを選ぶ（iPhoneまたはiPadの場合）

■ 共有メニューからNotionを選ぶ(Androidの場合)

すると次の図のような画面に変わります。設定項目はWebクリッパーと共通です(詳細は「4-1-5 Webページをインポートする」を参照)。必要に応じて設定を変えてから、画面右上にある「保存」(iPhoneまたはiPadの場合)、または飛行機のアイコン(Androidの場合)をタップします。操作が完了すると通知されます。

■ Notionと共有するコンテンツを設定する

共有機能で保存した場合の注意

モバイル端末の共有機能を使ってコンテンツを保存したとき、Notionアプリで表示されるまで十数秒程度の時間がかかることがあります。ページやデータベースアイテムが作られていれば共有されているようですので、しばらく待ってみてください。

4-3-5 モバイルアプリ特有の注意

モバイルアプリでは、デスクトップアプリと比べて、以下のような制限があります。

モバイルアプリで利用できない機能

以下の機能は、モバイルアプリでは利用できません。

- スラッシュコマンド：モバイルアプリで「/」(半角のスラッシュ)や「；」(全角のセミコロン)を入力しても、通常の文字として入力されます。
- ドラッグによる複数ブロックの選択
- ファイルのインポート：コンテンツの共有である程度は代用できます(詳細は「4-3-4 ほかのアプリからコンテンツを保存する」を参照)。
- アカウント情報の変更：写真、メールアドレス、表示するユーザー名などは、変更できません。ただし、パスワードの変更は可能です。
- ワークスペースの削除

モバイルアプリ特有のツールバー

デスクトップアプリではブロックにポインタを重ねるだけで「+」ボタンやブロックハンドルが表示されましたが、モバイル端末ではマウスの代わりに画面をタッチして操作するため、「ポインタを重ねる」という操作ができません。

このためモバイルアプリでは、ブロックをタップしたときに、画面下端(キーボードの上)に特有のツールバーが表示され、ここから「+」ボタンやブロックハンドルに相当する機能を操作します。このツールバーには数多くの機能がまとめられていて、左右にスクロールできます。

■ モバイルアプリ特有のツールバー

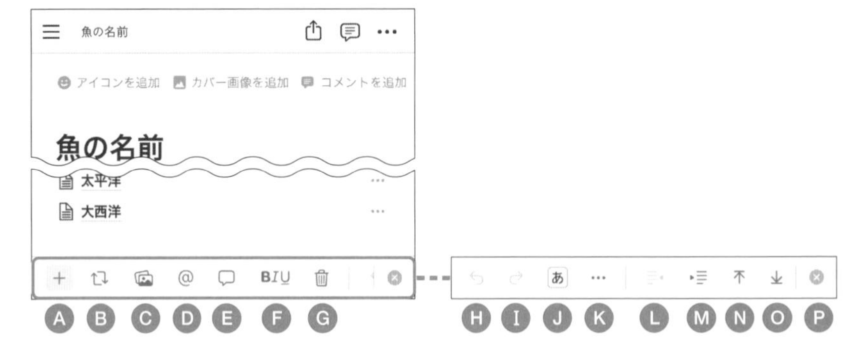

Ⓐ 直下に新しいブロックを作ります。デスクトップアプリの「＋」ボタンにあたります。

Ⓑ ブロックタイプを変換します。

Ⓒ 写真を挿入します。撮影済みのライブラリから選んだり、カメラを起動してその場で撮影したりできます。

Ⓓ メンションのメニューを開きます。

Ⓔ コメントを付けます。

Ⓕ 文字装飾のツールバーを開きます。

Ⓖ このブロックを削除します。確認のダイアログなしに削除されるので、間違えて削除したときはすぐにⒽでアンドゥしてください。

Ⓗ 直前の操作を取り消します。

Ⓘ Ⓗの操作を再実行します。

Ⓙ カラーを設定します。

Ⓚ 「アクション」メニューを開きます。デスクトップアプリの、ブロックハンドルをクリックして開くメニューにあたります。

Ⓛ インデントを1段階上げます。

Ⓜ インデントを1段階下げます。

Ⓝ このブロックを1つ上へ移動します。

Ⓞ このブロックを1つ下へ移動します。

Ⓟ キーボードを隠して、ブロックの編集を終えます。

●NOTE　横にスクロールできる点に注意してください。画面の横幅などによっては、このツールバーが横にスクロールできるように見えないことがあります。

表示幅に注意

モバイル端末ではディスプレイサイズが小さく、とくに横方向の表示が狭くなります。このため、画面幅の広いデスクトップアプリで多くの情報を表示しようと設定しても、モバイルアプリでは左右に並べたブロックが上下に並んだり、横にスクロールする必要ができたり、一部のインターフェースの表示が省略されるなど、さまざまな違いが発生します。

とくに問題になりがちなのがデータベースです。見栄えが変わるだけでなく、情報が見切れてしまったり、アクセスするために追加の操作が必要になりがちだからです。また、データが多くなるとそのぶんだけ通信が発生し、表示が遅くなります。

■ 横長になりがちな「テーブル」レイアウトのビューは横へのスクロールが発生しやすい

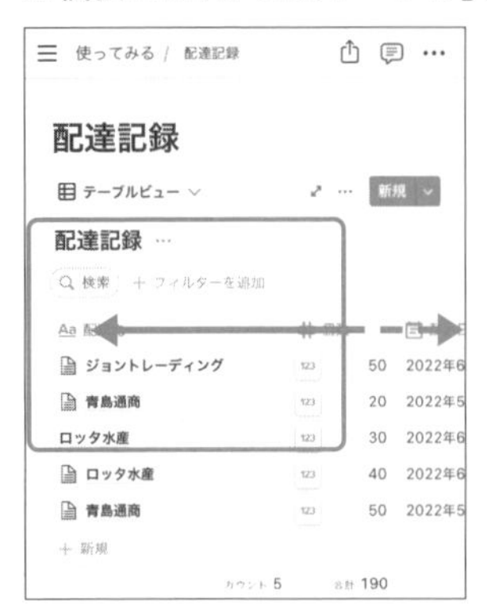

■ 「カレンダー」レイアウトのビューではアイテムがあることだけが表示される（詳細を表示するにはマークのある日をタップする）

対策としては、データベースは同じデータに対して複数のビューを作成できるので、モバイル端末向けに表示するプロパティを限定したリンクドビューを用意するとよいでしょう（リンクドビューの詳細は「3-2-3 ビューに表示するデータベースを選ぶ「データソース」」を参照）。

一般のページでできる対策としては、ブロックを左右に並べない、サイズの大きな画像をページ内に添付しない（ファイルはクラウドストレージサービスへ置き、Notionにはリンクだけを記録する）などの方法が考えられます。ページの長さは、1度にデータを読み込ませるためにまとめたほうがよい場合と、細かく分けたほうがよい場合があります。扱う内容や利用環境に応じて検討してみてください。

第5章

ブロックタイプリファレンス

ページを構成するブロックには多くの種類があり、内容に応じて最適なものを選ぶ必要があります。何度か流し読みしてどんなものがあるのか軽く把握しておき、必要に応じて見返すとよいでしょう。あわせて、インライン機能で使う要素も紹介します。

5-1 ベーシック

「+」ボタンをクリック、または、スラッシュコマンドで開くメニューのうち、「ベーシック」の見出しにあるブロックタイプを紹介します。なお、本文で詳しく紹介しているものは、ここでは概略のみとします。

5-1-1 「テキスト」ブロックタイプ

通常の本文として扱われる文章を収めます。具体的には、見出し、箇条書き、引用、数式やプログラムコードなど、特性のあるタイプを設定する必要がない文章です。

文字列を選択すると、装飾やリンクなどを設定できます（詳細は「2-2-2 ブロックの内容を編集する」を参照）。

スラッシュコマンド

text または plain

●NOTE　以下、ほとんどのブロックタイプでは、「箇条書きリスト」などのタイプを設定しなくても、tab キーでインデントできます（詳細は「2-2-2 ブロックの内容を編集する」を参照）。上位のブロックを選択すると、下位のブロックもあわせて選択できます。煩雑になるため、とくに理由がないかぎり、以下での記述を省略します。

5-1-2 「ページ」ブロックタイプ

直下の階層にページを作成し、リンクを配置します（詳細は「2-3 ページの管理」を参照）。

スラッシュコマンド

page

5-1-3 「ToDoリスト」ブロックタイプ

クリックするごとにチェックマークをオン／オフできるチェックボックスを、ブロックの先頭に配置します。チェックすると文字の色が薄くなり、打ち消し線が付けられます。

マークダウン

[] （半角の大括弧。スペースは不要です）

スラッシュコマンド

todo

■ インデントを付けた「ToDoリスト」ブロックタイプの例

- [x] ~~5日の議事録チェック~~
- [ ] 工場視察
  - [ ] スタッフ集合写真撮影
    - [x] ~~カメラマン手配~~
  - [ ] 工場長インタビュー

5-1-4 「見出し」ブロックタイプ

ほかのブロックに対する見出しとして扱われる文章を収めます。見出し自体にも階層関係があり、上位から「見出し1」「見出し2」「見出し3」の3段階があります。それよりも下位はありません。

マークダウン

h1 h2 h3
（半角シャープ）

■「見出し」ブロックタイプの例

このブロックは「見出し1」タイプ

このブロックは「テキスト」タイプです。

このブロックは2つめの「見出し1」タイプ

このブロックは「テキスト」タイプです。

このブロックは「見出し2」タイプ

このブロックは「テキスト」タイプです。

このブロックは「見出し3」タイプ

このブロックは「テキスト」タイプです。

「見出し」ブロックタイプを設定しても、後続のブロックや、それよりも下段の見出しが、見出しの下位に収められるわけではありません。このため、「見出し」タイプのブロックを移動しても、後続のブロックは移動しません。

後続のブロックとまとめて扱いたいときは、「トグル見出し」ブロックタイプを検討してください(詳細は「5-2-2「トグル見出し」ブロックタイプ」を参照)。

なお、「見出し」ブロックタイプは、「目次」タイプのブロックでデータ元として使われます(詳細は「5-2-1「目次」ブロックタイプ」を参照)。

5-1-5 「テーブル」ブロックタイプ

単純な一覧表です。行または列の先頭にポインタを重ねると、ブロックハンドルに似た6つの点のアイコンが表示されます。これをドラッグすると、行または列を手作業で入れ替えられます。ただし、条件を指定して並べ替えたり、表示する項目を絞り込んだり、計算することはできません。

また、ブロックハンドル風のアイコンをクリックすると、メニューが開きます。この中にある[オプション]をクリックすると、1行目または1列目を見出しに設定できます。このとき、既存の内容を見出しにするので、あとから見出しを追加するときは、あらかじめ見出し用の行や列を追加してください。

■ 見出しの行や列を設定できる

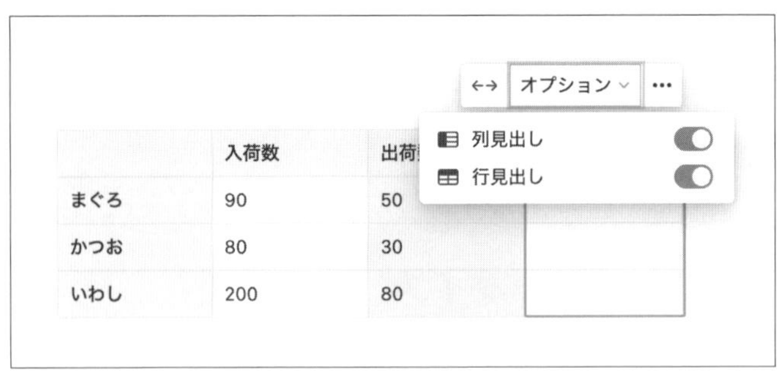

ブロックハンドルのメニューから、「テーブル」レイアウトのビューを持ったデータベースへ変換できます(詳細は「3-1-2 表からデータベースを作る」を参照)。

5-1-6 「箇条書きリスト」ブロックタイプ

順不同の箇条書きのリストです。各項目の先頭に同じ記号が付けられます。tab キーでインデントできます。リストを終わりにするには、ブロックに内容を入力せずに改行します。

マークダウン

- (半角ハイフン、半角スペース)

* (半角アスタリスク、半角スペース)

+ (半角プラス、半角スペース)

スラッシュコマンド

bullet

■「箇条書きリスト」ブロックタイプの例

- 消耗品
  - コピー用紙A4　500枚
  - クリアーファイル
    - 透明
    - 色付き
- 要検討
  - ラベルプリンター

先頭の記号は「ディスク」「サークル」「スクエア」の3種類から選べます。デフォルトは「ディスク」です。形式を変えるには、まず「箇条書きリスト」タイプを設定してから、ブロックハンドルをクリックします。メニューが開いたら、[リスト形式]以下から選びます。

すでに記述した「箇条書きリスト」タイプのブロックをまとめて変更するときは、1つめのブロックのブロックメニューを使って変更すると、以降のブロックもあわせて変更されます。複数のブロックを選ぶと[リスト形式]のメニューが現れなくなるので注意してください。

■ 先頭の記号を変えるときは1つめのブロックを変更する

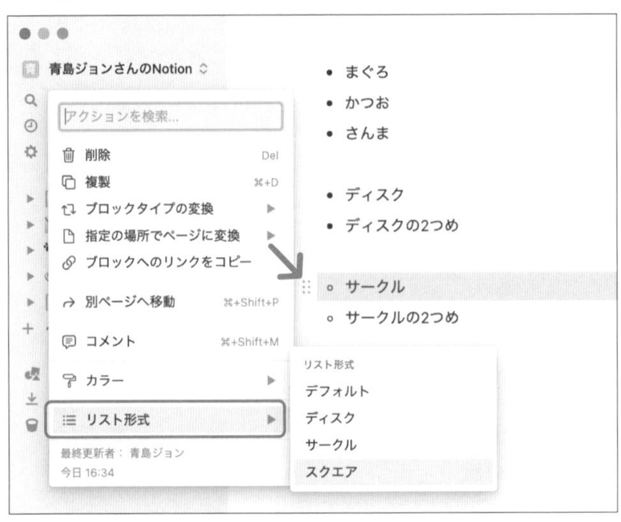

5-1-7 「番号付きリスト」ブロックタイプ

各項目の先頭に連続した番号を自動的に付けるリストです。tab キーでインデントできます。ブロックを入れ替えると、自動的に番号が振り直されます。リストを終わりにするには、ブロックに内容を入力せずに改行します。

マークダウン

1. （半角数字、半角ピリオド、半角スペース）

スラッシュコマンド

num

■ ブロックを入れ替えると階層や順序に応じて自動的に振り直される

1. まぐろ
   a. くろまぐろ
   b. めばち
   c. きはだ
   d. びんなが
   e. こしなが
2. かつお
3. さんま

番号は途中からでも始められます。たとえば、「28(半角ピリオド)(半角スペース)」と入力すると、最初の番号が28になります。

先頭に付ける文字は「数字」「アルファベット」「ローマ数字」の3種類から選べます。デフォルトは「数字」です。形式を変えるには、まず「番号付きリスト」タイプを設定してから、ブロックハンドルをクリックします。メニューが開いたら、[リスト形式]以下から選びます。

すでに記述した「番号付きリスト」タイプのブロックをまとめて変更するときは、1つめのブロックのブロックメニューを使って変更すると、以降のブロックもあわせて変更されます。複数のブロックを選ぶと[リスト形式]のメニューが現れなくなるので注意してください。手順は「5-1-6「箇条書きリスト」ブロックタイプ」の図を参考にしてください。

なお、マークダウンを使うと、先頭に付ける文字を直接指定できます。

マークダウン

`a.` (半角小文字アルファベット、半角ピリオド、半角スペース)

`i.` (半角小文字アルファベット、半角ピリオド、半角スペース)

5-1-8 「トグルリスト」ブロックタイプ

ほかのブロックを下位に収め、ブロックの左隣にある三角のアイコンをクリックするたびに、下位に収めた内容の表示／非表示を切り替えます。tab キーでインデントできます。

表示を切り替えられるのは、「トグルリスト」ブロックタイプの直下に現れるグレーの「空のトグルブロックです……」のガイド部分です。既存のブロックを移動して下位に収めたいときは、移動先に注意してください。

マークダウン

`>` (半角の「>」、半角スペース)

スラッシュコマンド

`toggle`

■「トグルリスト」ブロックタイプの中に「箇条書きリスト」ブロックタイプを収めた例

▼ まぐろ
1. くろまぐろ
2. めばち
3. きはだ
4. びんなが
5. こしなが

▼ かつお
空のトグルブロックです。中のブロックをクリックして編集するか、ブロックをドロップします。

▶ さんま

▶ まぐろ

▼ かつお
空のトグルブロックです。中のブロックをクリックして編集するか、ブロックをドロップします。

▶ さんま

●NOTE　「トグル」とは、同じ動作をするたびに、2つの状態を切り替える仕組みのことです。たとえば、キーボードの caps lock キーは、押すたびに大文字と小文字を切り替えますが、これもトグルの1つです。

5-1-9 「引用」ブロックタイプ

引用したことを示します。ブロックの左辺に縦線が引かれ、文字がインデントされます。

マークダウン

"　（半角ダブルクオーテーションマーク、半角スペース）

スラッシュコマンド

quote

「引用」タイプのブロックを続けても、ブロック自体の間隔があるため、左辺の縦線は途切れます。1つのブロックの途中で改行しながら縦線をつなげたい場合は、shift + return キーを押して強制改行します。

■「引用」ブロックタイプを連続しても左辺の縦線は途切れる

夏目漱石『吾輩は猫である』の書き出しはこうです。

| 吾輩は猫である。名前はまだ無い。

| どこで生れたかとんと見当がつかぬ。

強制改行すれば、線がつながって見えます。

| 吾輩は猫である。名前はまだ無い。
| どこで生れたかとんと見当がつかぬ。

5-1-10 「区切り線」ブロックタイプ

ページを視覚的に区切るためのものです。

「区切り線」タイプの左右にも、ほかのボックスを配置できます。つねにページ全体を横切るわけではない点に注意してください。

マークダウン

--- （半角ハイフン3個）

スラッシュコマンド

div

■「区切り線」ブロックタイプの左右にもブロックを配置できる

「区切り」タイプのブロックの前です

「区切り」タイプのブロックの後です

「区切り」タイプのブロックの左です

「区切り」タイプのブロックの右です

●NOTE 「区切り線」ブロックタイプの視覚的なアクセントは控えめなので、より目立たせたい場合は、細長い画像や、飾り罫線の画像を使って代用する方法があります。

5-1-11 「ページリンク」ブロックタイプ

同じワークスペース内にある、ほかのページへのリンクです。クリックすると、そのページをエディターで表示します。「ページリンク」タイプであることは、矢印付きのアイコンと、下線で分かります。

スラッシュコマンド

pagelink

■ 上のリンクは「ページリンク」ブロックタイプ、下のリンクは文字列の一部に設定したもの

▼「ページリンク」ブロックタイプを使った例です
箇条書きについては次のページを参照してください。
「箇条書きリスト」ブロックタイプ ...

▼ブロックの中の一部のテキストにリンクを設定しています
箇条書きについては 「箇条書きリスト」ブロックタイプ を参照してください。

ブロック自体がリンクなので、表示されているアイコンや文字列だけでなく、ブロックの領域のどこをクリックしてもリンクとして機能します。ブロックの中の一部のテキストにリンクを設定したときとは動作が異なります。

なお、ブロック右端の「…」をクリックすると、メニューを開きます。

5-1-12 「コールアウト」ブロックタイプ

注意を引きたいテキストのためのものです。ブロック自体に背景色が付き、内容の先頭に絵文字が付きます。

ブロックのカラーまたは背景色は、通常のブロックと同じ手順で変更できます。絵文字は、クリックして変更できます。

■「コールアウト」ブロックタイプのカラーや絵文字は、標準的な方法で変更できる

ここは通常のテキストです。
このブロックは「コールアウト」タイプです。
このブロックは「コールアウト」タイプです。
ここは通常のテキストです。

「コールアウト」タイプのブロックを続けても、ブロック自体の間隔があるため、間隔があきます。1つのブロックの途中で改行したいときは、shift + return キーを押して強制改行します。

5-2 アドバンスト

「+」ボタンをクリック、または、スラッシュコマンドで開くメニューのうち、「アドバンスト」の見出しにあるブロックタイプを紹介します。

5-2-1 「目次」ブロックタイプ

ページ内にある、「見出し」および「トグル見出し」タイプのブロックのリストを自動的に生成して表示します。配置したあとにそれらのブロックの内容を書き換えると、すぐに反映されます。

スラッシュコマンド

toc (table of contentsの略) または 目次

リストは、見出しの階層に応じてインデントされます。それぞれの見出しはリンクになっているので、ページが長くなったときに使うと、その位置までジャンプします。

このタイプのブロックは1つのページ内に複数配置できるので、ページの先頭と末尾の両方などにも配置できます。

■ ページ先頭に「目次」ブロックタイプを置いて、後続の内容の目次を生成した例

これは「見出し1」タイプのブロック
これは「見出し2」タイプのブロック
これは「見出し3」タイプのブロック
これも「見出し1」タイプのブロック

これは「見出し1」タイプのブロック
これは「テキスト」タイプのブロックです。

これは「見出し2」タイプのブロック
これは「テキスト」タイプのブロックです。

これは「見出し3」タイプのブロック
これは「テキスト」タイプのブロックです。

これも「見出し1」タイプのブロック
これは「テキスト」タイプのブロックです。

5-2-2 「トグル見出し」ブロックタイプ

本文の見出しを設定するという機能の点では「見出し」ブロックタイプと同じですが、ブロックの左端に表示される三角のアイコンをクリックするたびに、下位に収めた内容の表示／非表示を切り替えます。同じ階層にあるブロックの表示は変わりません。

■ 見出しを設定するとともに、下位にあるブロックの表示を切り替える

これは「トグル見出し1」タイプのブロック

空のトグルブロックです。中のブロックをクリックして編集するか、ブロックをドロップします。

これは「テキスト」タイプのブロックです。最上位の階層にあります。

これは「トグル見出し2」タイプのブロック

これは「見出し2」タイプのブロックの下位にあります。

これは「トグル見出し3」タイプのブロック

これは「見出し3」タイプのブロックの下位にあります。

これは「トグル見出し1」タイプのブロック

これは「テキスト」タイプのブロックです。最上位の階層にあります。

これは「トグル見出し2」タイプのブロック

これは「トグル見出し3」タイプのブロック

このタイプのブロックを作ると、グレーの文字で「空のトグルブロックです。……」とガイドが表示されます。表示／非表示を切り替えられるようにするには、ガイドをクリックしてそこへ記入するか、既存のブロックをこの領域へドラッグ&ドロップします。ブロックの範囲を調べるには、ブロックハンドルをクリックするのが簡単です。

■ 非表示にするにはブロックの下位へ収める（図はブロックを選択して強調した）

▾ これは「トグル見出し1」タイプのブロック

空のトグルブロックです。中のブロックをクリックして編集するか、ブロックをドロップします。

これは「テキスト」タイプのブロックです。最上位の階層にあります。

▸ これは「トグル見出し2」タイプのブロック

▸ これは「トグル見出し3」タイプのブロック

単に、別のブロックを直下に配置したり、下位の「トグル見出し」タイプのブロックを配置するだけでは、表示／非表示を切り替えられるようにはなりません。

5-2-3 「数式ブロック」ブロックタイプ

数式を記述すると、ブロック全体を使って数式らしく表示します。表示は自動的に中央寄せになります。

このタイプを設定すると入力欄が開きます。数式を記述したら「完了」ボタンをクリックします。

マークダウン

`math` または `latex`

■「数式ブロック」ブロックタイプに数式を記入した例（ブロックの領域が分かるよう、ブロックにカラーを設定した）

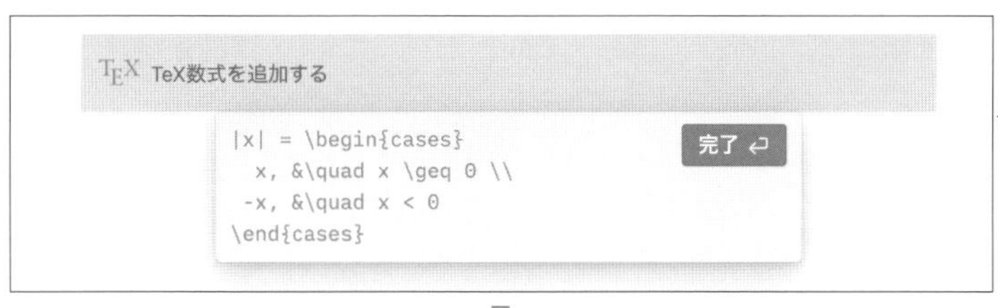

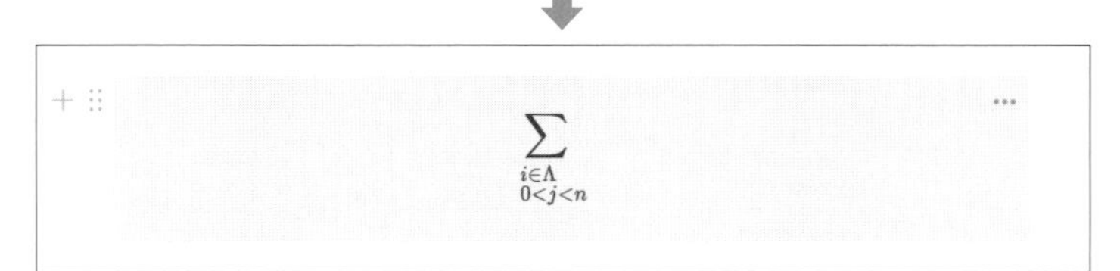

記述には「KaTeX」というライブラリが使われています。記法など、詳細は「https://katex.org」を参照してください。

なお、（段落全体ではなく）本文の中で数式を記述するには、「テキスト」タイプのブロックの中で、「インライン数式」として設定します（詳細は「2-2-2 ブロックの内容を編集する」の「ツールバーを使う」を参照）。ただし、表示結果は「数式ブロック」タイプと異なることがあります。

■「インライン数式」を使って前図と同じ式を記述した（ブロックの領域を比較するため、ブロックを選択した）

本文中に数式を $\sum_{\substack{i\in\Lambda \\ 0<j<n}}$ 書いています。

5-2-4 「テンプレートボタン」ブロックタイプ

「ブロックのテンプレート」となるブロック、つまり、クリックしたときに「あらかじめ設定したとおりのブロック」を新しく作るためのブロックです。

スラッシュコマンド

`button` または `template` または `テンプレート`

テンプレート内容を設定する

このタイプを指定すると、最初に「テンプレートボタンの設定」欄が表示されます。入力すべき箇所は、背景色がある2つの領域です。

■「テンプレートボタンの設定」

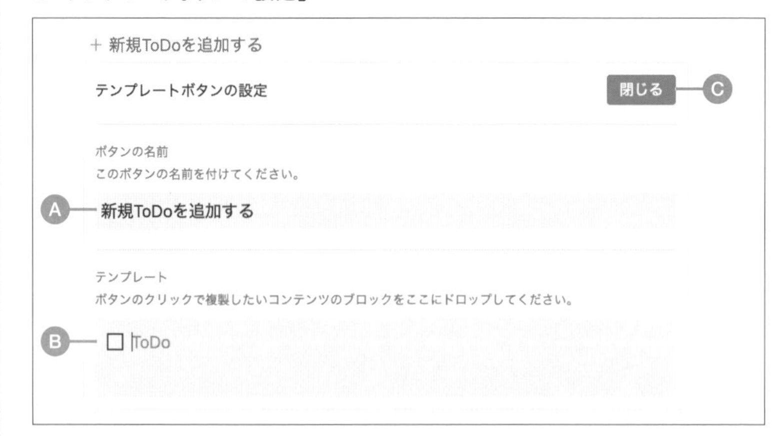

Ⓐ「ボタンの名前」：このブロックをページ上に配置したときに表示する名前です。

Ⓑ「テンプレート」：テンプレートの内容を作ります。デフォルトで「ToDoリスト」タイプのブロックが入っていますが、これはサンプルですので削除してもかまいません。

Ⓒ「閉じる」：設定を終えたらクリックして表示を閉じます。

次の図は設定例です。Ⓑの内容もまたブロックですので、複数配置したり、テキスト以外のブロックを配置したりできます。ほかの場所で作成して、Ⓑの領域へ移動してもかまいません。

■「テンプレートボタンの設定」の設定例

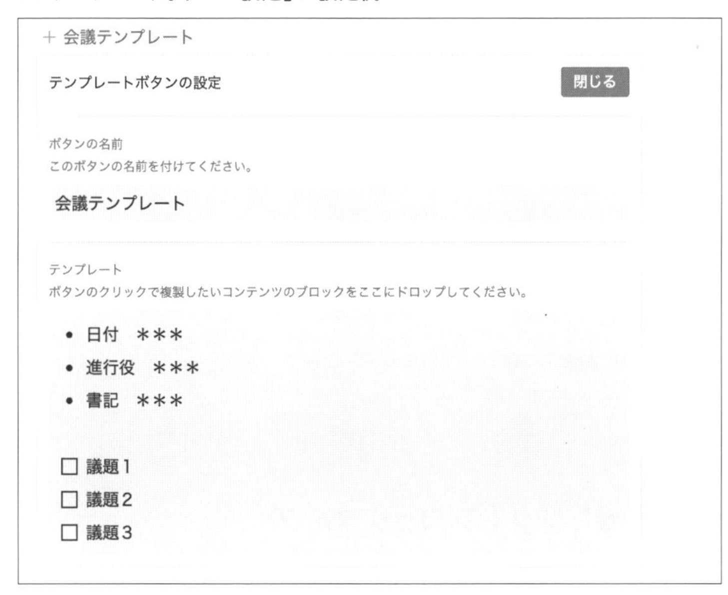

テンプレートボタンを使う

閉じた「テンプレートボタン」タイプのブロックにポインタを重ねると、次の図のような表示になります。

■通常の「テンプレートボタン」ブロックタイプ（ポインタを重ねてブロック全体が反応している状態）

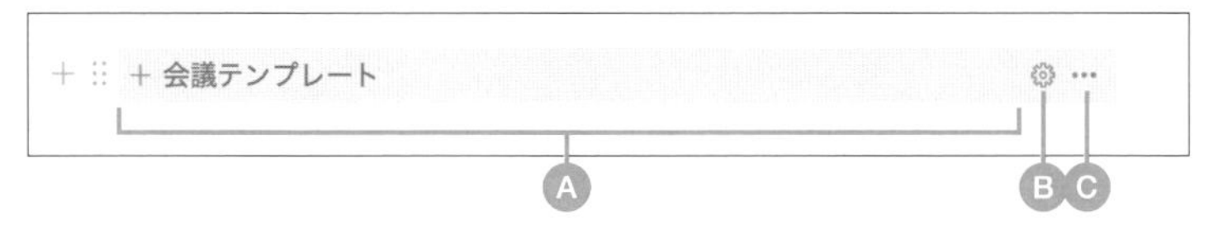

- Ⓐ 設定に従って新しいブロックを作ります。ⒷⒸ以外の領域であればブロック内のどこをクリックしてもよいので、「+」アイコンを正確にクリックする必要はありません。
- Ⓑ テンプレートの内容を再編集します。なお、ブロックハンドルをクリックして、メニューが開いたら［設定］を選んでも同じです。
- Ⓒ 削除や移動などを行うメニューを開きます。ブロックハンドルをクリックして開くメニューと同じです。

Ⓐをクリックすると、設定に従って実際のブロックが作られます。作られたブロックは手作業で1つずつ作ったものと同じなので、内容を自由に書き換えたり、ブロックを追加・削除できます。「テンプレートボタン」タイプのブロックは残るので、次回以降も使えます。

■ テンプレートから作成したブロックを編集した例

+ 会議テンプレート

- 日付　2022/06/16
- 進行役　青島ジョン
- 書記　向井領治

- [ ] 議題1　工場見学記事の構成について
- [ ] 議題2　新商品の企画について
- [ ] 議題3　既存商品のテコ入れについて

5-2-5 「階層リンク」ブロックタイプ

現在のページのパス（ワークスペース内での場所）を表示します。見栄えは同一ではありませんが、クリックしてその階層へ移動できるなど、機能としてはエディター左上にあるものと同じです。

スラッシュコマンド

`bread`　または　階層

■「階層リンク」ブロックタイプの例。サイドバーの階層が反映されている

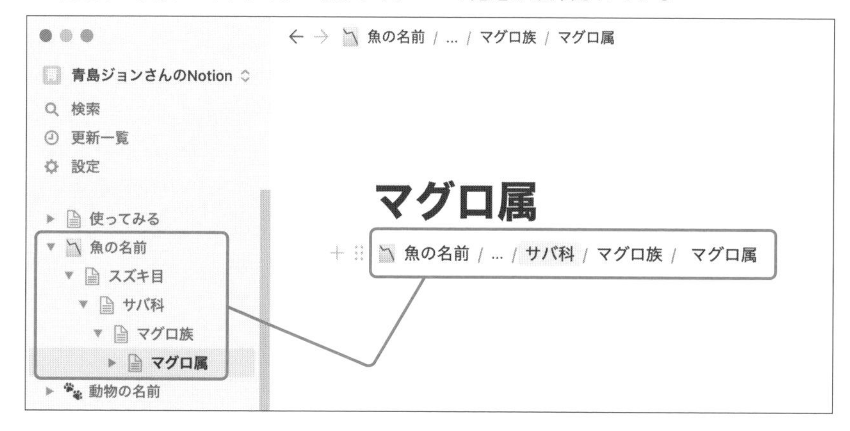

●NOTE　「パス」という用語については「2-3-7 表示するページを移動する」の「エディター左上のパスを使う」を参照してください。なお、⌘/Ctrl + shift + U キーで、エディターに表示している階層を1段階上位へ移動します。

5-2-6 「同期ブロック」ブロックタイプ

同じ内容を異なる場所で表示します。複数の場所で共通の内容を配置したいときに使うと、後から内容を更新したくなったときに、いずれかを更新するだけで済みます。同じ内容のブロックを修正して回る必要がありません。

スラッシュコマンド

sync　または　同期

内容を作成する

このタイプのブロックを作成すると、最初にレッドの枠が表示されます。この枠内の内容が「同期ブロック」タイプのブロックの内容になります。

デフォルトで「テキスト」タイプのブロックが1つ作られます。このまま使ってもかまいませんし、必要に応じて別のタイプのブロックへ変換したり、追加したりできます。

枠内で内容を操作するのが難しいときは、ほかの場所で内容を作成してから枠内へ移動するとよいでしょう。

■「同期ブロック」タイプの内容を作成する

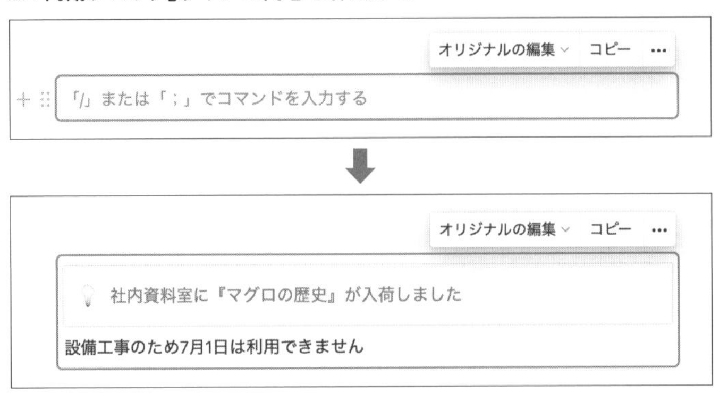

内容の変更は、いつでも、一般のブロックと同様に行えます。よって、編集を完了する操作はありません。

また、「同期ブロック」タイプのブロックにポインタを重ねるとレッドの枠が現れて「同期ブロック」タイプであることを示し、枠内をクリックすると右上にメニューが表示されます。

同期ブロックとしてコピーする

作成した「同期ブロック」タイプのブロックをほかの場所へ配置するには、作成済みのブロックをコピー&ペーストします。

コピーするときは、ブロックの内容ではなく、「同期ブロック」タイプのブロック全体をコピーする必要があります。これには、「同期ブロック」タイプのブロックの内容を編集するとき(つまり、レッドの枠が表示されているとき)に、右上に表示されるメニューから「コピー」をクリックすると確実です。

ブロックハンドルを使っても同じですが、その場合は枠が表示されていること、つまり、「同期ブロック」タイプのブロック全体を選択していることを確かめてください。

正しく「同期ブロック」をコピーできると、「コピーしました！任意のページに貼り付けてコンテンツを同期します。」とメッセージが表示されます。

■「同期ブロック」タイプのブロックをコピーするにはブロック右上のメニューが確実

続けて、「同期ブロック」を配置したい場所へ表示を移動してから、通常のテキストと同様に ⌘/Ctrl + V キーを押してペーストします。すると、枠の付いた状態でブロックがペーストされます。

●NOTE　「同期ブロック」の右上に表示されるメニューにある「他×ページの編集」をクリックすると、同じオリジナルから作られた「同期ブロック」が使われているページの一覧を表示します。クリックすると、そのページへ表示を移動します。

同期ブロックとしてペーストする

「同期ブロック」タイプではないブロックをコピー&ペーストするときに、コピー元と異なるページでペーストすると、[同期ブロックとして貼り付け]というコマンドが表示されることがあります。

■ ブロックをペーストするときに現れるメニューから「同期ブロック」ブロックタイプへ変換できる

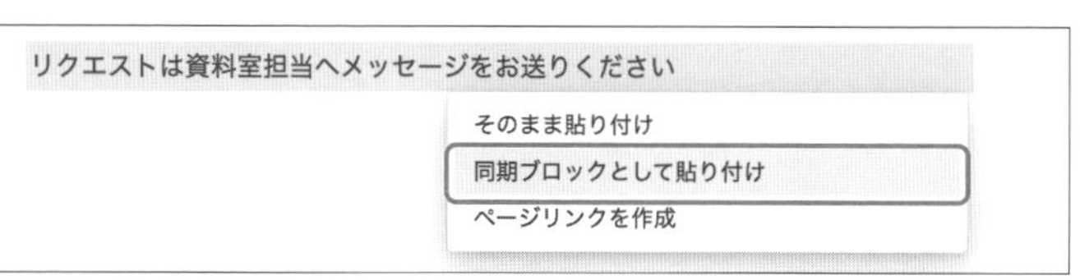

これを選ぶと、コピー元のブロックと、いまペーストするブロックの両方を、同じ内容の「同期ブロック」ブロックタイプとして扱います。

同期ブロックを再編集する

「同期ブロック」ブロックタイプであっても、内容を編集する方法は変わりません。通常のブロックと同様に内容を書き換えると、同じオリジナルから作られた「同期ブロック」の内容も自動的に更新されます。もしも更新されない場合は、再読み込みしてみてください。

これで、同期しているいずれかのブロックで内容を編集すると、同じオリジナルから作られた「同期ブロック」タイプのブロックは、一斉に内容を更新します。オリジナルを探して編集する必要はありません。ただし、オリジナルを削除すると、ほかの「同期ブロック」タイプのブロックは同期が解除されます。

同期をやめる

同期をやめるには、「同期ブロック」タイプのブロックにポインタを重ね、メニューが表示されたら[…]→[同期を解除する]を選びます。

同期を解除しても、すでに作られているブロックは削除されずに残ります。

5-3 メディア

「+」ボタンをクリック、または、スラッシュコマンドで開くメニューのうち、「メディア」の見出しにあるブロックタイプの要点を紹介します。

5-3-1 「画像」ブロックタイプ

JPEGやPNG形式などの、画像コンテンツを収めるブロックです。手元の端末内にあるファイルをアップロードするだけでなく、インターネット上にある画像ファイルや、ライセンスフリーの写真サイト「Unsplash」(https://unsplash.com)のライブラリも利用できます。Unsplashのアカウントを取得する必要はありません。

スラッシュコマンド

image　または　画像

「画像」ブロックタイプは、先にブロックを作ってからソースを指定するほかにも、ブロックを作らずに直接ソースを指定して自動的に「画像」タイプのブロックを作ることもできます。

●NOTE　ここでの「ソース」とは情報源という意味です。「ソースを指定する」とは、より細かく言えば「ソースの場所を指定する」という意味で、ファイルがある場所(パス)や、インターネット上の場所(URL)を指定することです。

先にブロックを作ってからソースを指定する場合

先に「画像」タイプのブロックを作ると、次の図のようなウインドウが開きます。必要に応じてタブを切り替え、表示に従ってソースを指定します。

■ 先にブロックを作ってからソースを指定する場合

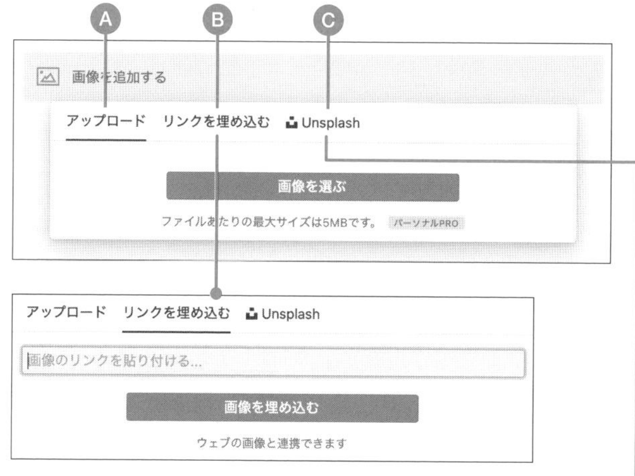

- Ⓐ「アップロード」：端末内にあるファイルをアップロードします。アップロードしたファイルは、Notionが利用しているクラウドストレージサービスへ保存されます。
- Ⓑ「リンクを埋め込む」：インターネット上にある画像ファイルのURLを入力します。
- Ⓒ「Unsplash」：ライセンスフリーの写真サイト「Unsplash」のライブラリから検索して選びます。

端末内のファイルをソースに使い、自動的にブロックを作る場合

端末内にある画像ファイルを使うときは、デスクトップなどからファイルのアイコンを、Notionのページ上へ直接ドラッグ&ドロップすると、自動的に「画像」タイプのブロックを作成してアップロードできます。

■ 画像ファイルを直接ページ上へ配置してもよい

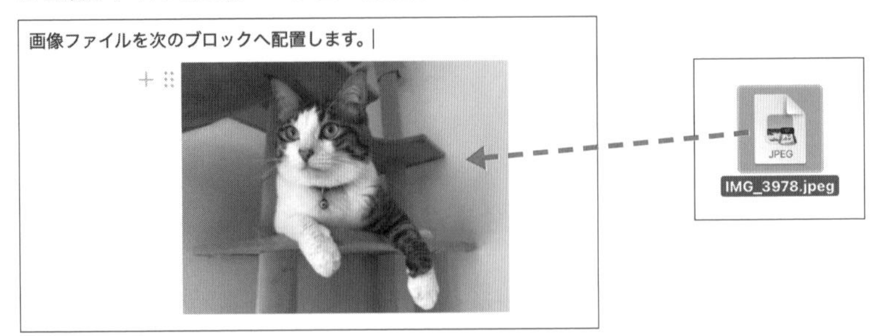

インターネット上の画像をソースに使い、自動的にブロックを作る場合

すでにインターネット上にある画像ファイルを使うときは、「テキスト」タイプのブロックへURLをペーストすると、自動的に「画像」タイプのブロックを作成して画像を埋め込むこともできます。

画像のURLは、一般的にはWebブラウザを使って調べられます。画像が組み込まれたWebページではなく、画像自体のURLを調べる必要があるので注意してください。多くのWebブラウザでは、画像をマウスで右クリックしてメニューを開くと、[画像のアドレスをコピー]などの名前のコマンドがあります。

画像のURLをコピーできたら、Notionへ切り替え、画像を埋め込みたいページをエディターで開きます。「テキスト」タイプのブロックでペーストするとメニューが開くので、[画像を埋め込む]を選びます。

■ ソースのURLをペーストすると画像を埋め込める

●NOTE　一般に公開されているWebサイトや、画像の素材集サイトであっても、画像へ直接リンクを設定することは禁じられている場合があります。

埋め込んだ画像の操作

配置したブロックにポインタを重ねるとボタンなどが表示され、さまざまな操作ができます。

■ 配置したブロックの操作

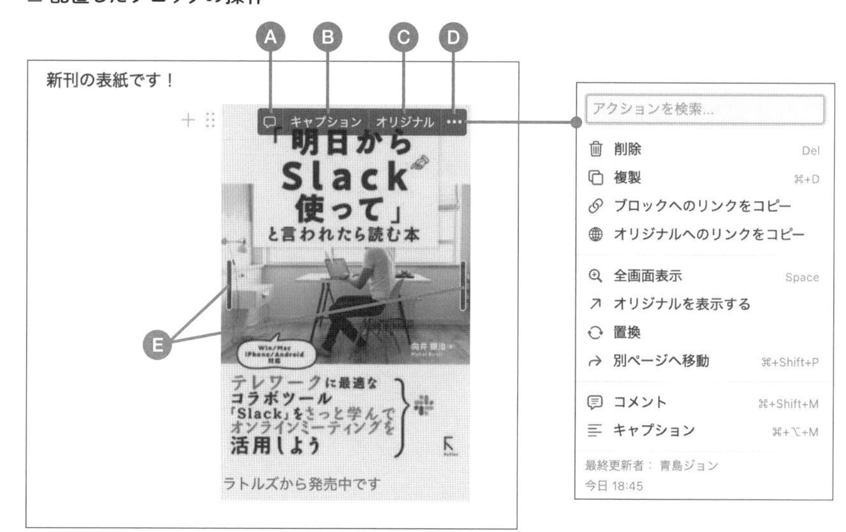

Ⓐ コメントを付けます。

Ⓑ キャプション（説明文）を付けます。キャプションはブロックの左下にグレーの文字で表示されます。

Ⓒ Webブラウザへ切り替えて、オリジナルを表示します。

Ⓓ ブロックハンドルをクリックしたときと同じメニューを開きます。なお、［置換］は、ブロックの設定を変えずにソースだけを差し替える操作です。

Ⓔ ドラッグしてページ上に表示するサイズを調節します。

5-3-2 「動画」ブロックタイプ

MOV形式などの、動画コンテンツを収めるブロックです。手元の端末内にあるファイルをアップロードするだけでなく、YouTubeやVimeoなどの動画コンテンツ配信サービスで公開されているものも利用できます。

スラッシュコマンド

video または 動画

「動画」ブロックタイプは、先にブロックを作ってからソースを指定することも、ブロックを作らずにソースを指定して自動的に「動画」タイプのブロックを作ることもできます。

先に「画像」タイプのブロックを作ると、次の図のようなウインドウが開きます。必要に応じてタブを切り替え、表示に従ってソースを指定します。操作の手順は「画像」ブロックタイプのものと共通しているので、そちらを参考にしてください（詳細は「5-3-1「画像」ブロックタイプ」を参照）。

■ 先にブロックを作ってからソースを指定する場合

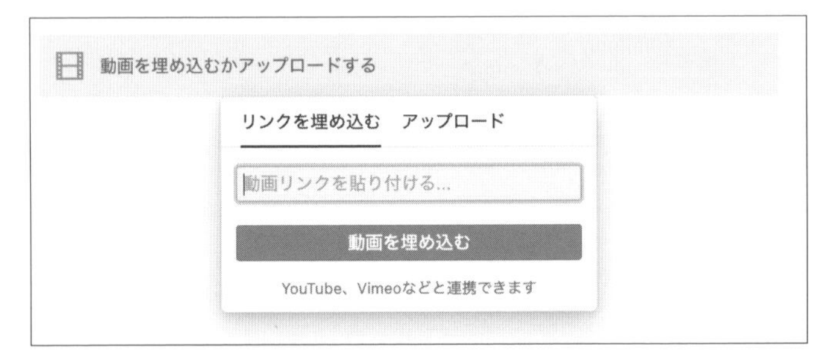

YouTubeなどの配信サービスで公開されている動画を使うときは、サービス側が用意している、埋め込み用の共有URLをコピーして使います。

■ YouTubeの動画を埋め込む場合

共有

埋め込む WhatsApp Facebook Twitter Email KakaoTalk

https://youtu.be/tQOXtx21jtA コピー

開始位置 0:07

先に「動画」タイプのブロックを作らない場合や、埋め込んだ動画を操作したりする手順は、「画像」ブロックタイプのものと共通ですので、そちらを参考にしてください（詳細は「5-3-1「画像」ブロックタイプ」を参照）。

●NOTE　無料の「パーソナル」プランでは、アップロードできるファイル1点の上限サイズは、5MBです。とくに動画のファイルはサイズも大きくなりがちですので、YouTubeやOneDriveなどへアップロードして、ページ内にはそのリンクを埋め込むほうがよいでしょう。メディアの種類やファイルサイズに関係なく、ファイルの添付は外部サービスを使うと決めてしまうのも一案です。

5-3-3 「オーディオ」ブロックタイプ

MP3、WAV、OGG、M4A形式などの、オーディオ（音声）コンテンツを収めるブロックです。手元の端末内にあるファイルをアップロードするだけでなく、SoundCloud、Spotifyなどのオーディオコンテンツ配信サービスで公開されているものも利用できます。

スラッシュコマンド

audio　または　オーディオ

「オーディオ」ブロックタイプは、先にブロックを作ってからソースを指定することも、ブロックを作らずにソースを指定して自動的に「オーディオ」タイプのブロックを作ることもできます。

先に「オーディオ」タイプのブロックを作ると、次の図のようなウインドウが開きます。必要に応じてタブを切り替え、表示に従ってソースを指定します。操作の手順は「画像」ブロックタイプのものと共通しているので、そちらを参考にしてください（詳細は「5-3-1「画像」ブロックタイプ」を参照）。

■ 先にブロックを作ってからソースを指定する場合

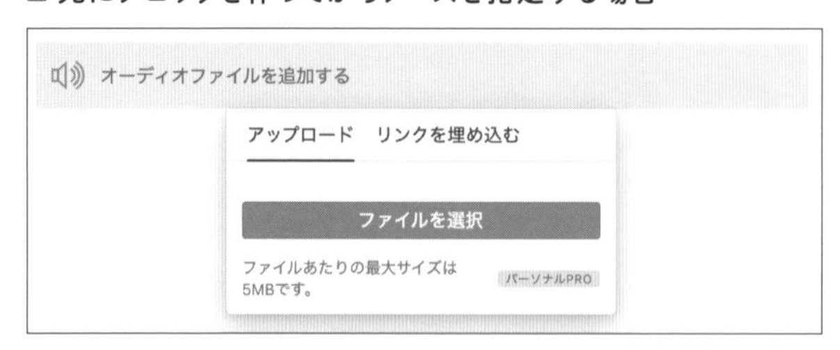

SoundCloudなどの配信サービスで公開されている音声を使うときは、サービス側が用意している、埋め込み用の共有URLをコピーして使います。

■ SoundCloudのオーディオを埋め込む場合

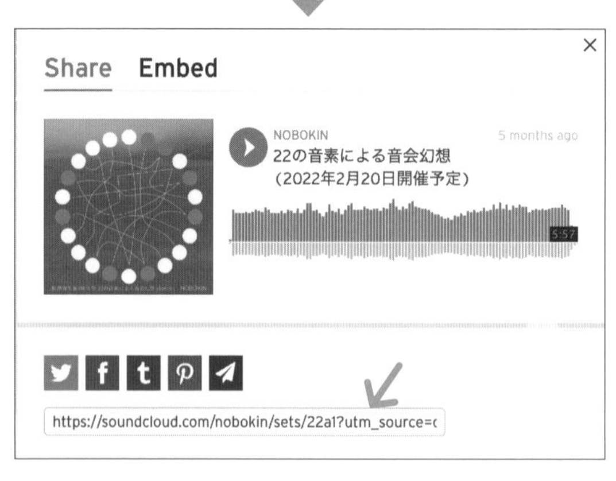

先に「オーディオ」タイプのブロックを作らない場合や、埋め込んだ動画を操作したりする手順は、「画像」ブロックタイプのものと共通ですので、そちらを参考にしてください（詳細は「5-3-1「画像」ブロックタイプ」を参照）。

5-3-4 「Webブックマーク」ブロックタイプ

URLを指定して、ビジュアルなWebブックマークを作るか、Webページを読み込みます。指定先のコンテンツを読み込むため、内容が表示されるまで時間がかかります。

スラッシュコマンド

`web` または `bookmark`

先にブロックを作ってからソースを指定する場合

先に「Webブックマーク」タイプのブロックを作ると、次の図のようなウインドウが開きます。表示に従ってURLを指定します。

■ 先にブロックを作ってからソースを指定する場合

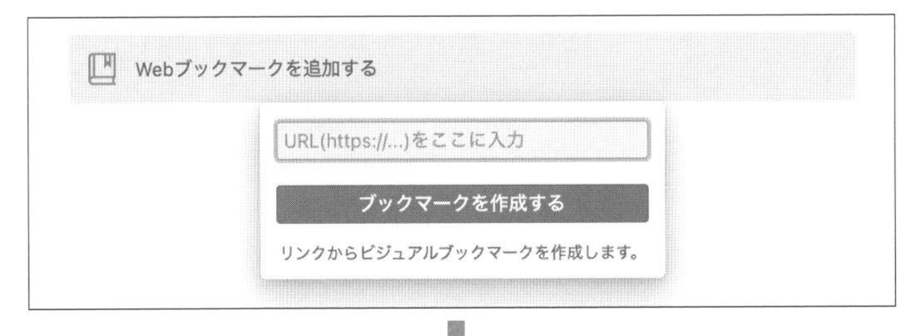

ソースをペーストして、自動的にブロックを作る場合

「テキスト」タイプのブロックへURLをペーストすると、次の図のようにメニューが開きます。

■ WebページのURLをペーストするとメニューが開く

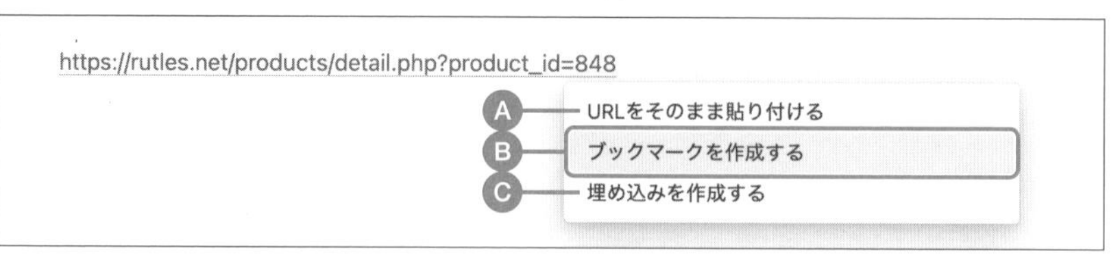

- Ⓐ［URLをそのまま貼り付ける］：リンクを設定した文字列としてペーストします。
- Ⓑ［ブックマークを作成する］：「Webブックマーク」タイプのブロックを作ります。先にブロックを作る場合と同じです。
- Ⓒ［埋め込みを作成する］：ページのコンテンツ全体をNotionのページへ埋め込みます。

Ⓒを選ぶと、次の図のようになります。ポインタを重ねたときに右上に表示されるメニューは「画像」ブロックタイプのものと共通ですので、そちらを参考にしてください（詳細は「5-3-1「画像」ブロックタイプ」を参照）。

■ Webページを埋め込んだ場合

●NOTE　「ブックマーク」は共通のデザインが使われますが、「埋め込み」では指定先のコンテンツをNotionのページに直接埋め込むため、見た目はまちまちになります。

5-3-5 「コード」ブロックタイプ

プログラムコードを配置します。フォントと色づかいが変わり、コードが読みやすくなります。また、コードを記述すると(あるいは、ターミナルなどからペーストすると)、自動的に言語が認識され、言語に応じた色づかいが設定されます。言語の種類は手作業でも指定できます。

配置したブロックにポインタを重ねるとボタンなどが表示され、さまざまな操作ができます。

■ 配置したブロックを再編集する

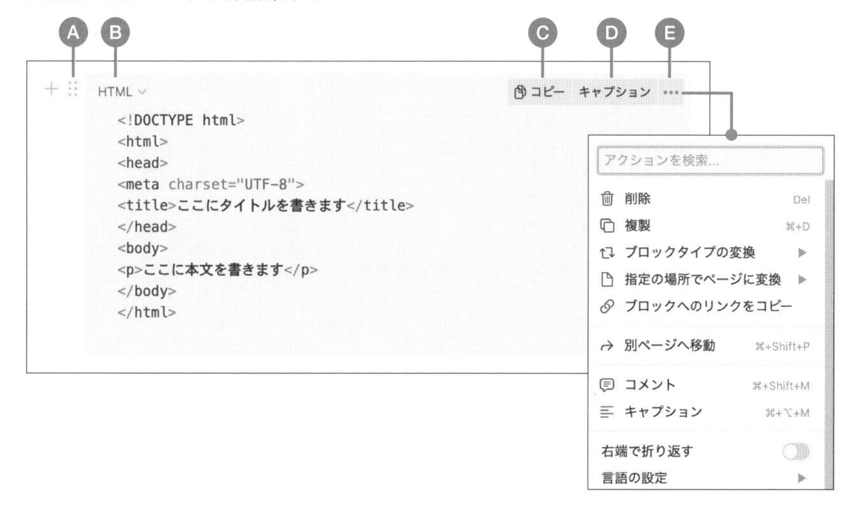

- Ⓐ メニューを開きます。「コード」タイプのブロック特有のコマンドとして、[右端で折り返す][言語の設定]などがあります。
- Ⓑ メニューを開いてコードの言語を指定します。
- Ⓒ コード全体をコピーします。範囲指定する必要がありません。
- Ⓓ キャプション(説明文)を付けます。
- Ⓔ メニューを開きます。Ⓐと同じです。

なお、「コード」ブロックタイプのコマンドは「メディア」の見出しにありますが、実際には文字列のブロックです。手元の端末内にあるソースコードのファイルをアップロードしたり、インターネット上のサービスからコードを読み込むものではありません。

●NOTE　本文中でプログラムコードを記述するときは、インラインの装飾として設定できます(詳細は「2-2-2 ブロックの内容を編集する」を参照)。

5-3-6 「ファイル」ブロックタイプ

ファイル形式を問わず、ファイルをアップロードできるブロックです。リンク付きのテキストが設定され、プレビューは表示されません。

スラッシュコマンド

`file` または ファイル

このブロックタイプを使うと、一般に、クラウドへファイルをアップロードしたのち、リンクが設定されます。この場合に内容を参照するには、ファイルをいったん端末内へダウンロードして、その形式のファイルを扱えるアプリを使う必要があります。

「ファイル」ブロックタイプは、先にブロックを作ってからソースを指定することも、ブロックを作らずにソースを指定して自動的に「ファイル」タイプのブロックを作ることもできます。

なお、このブロックタイプではファイル名やURLがページ上に表示されますが、これはソースを指定したあとに変更できます（手順は本項内で紹介します）。

●NOTE　GoogleマップやGoogleドライブなど、インターネットで広く使われているサービスには、メニューの「埋め込み」見出しに専用の項目が用意されています。URLをペーストして埋め込んだ場合、「ファイル」タイプのような汎用性の高いブロックから選ぶ場合、サービス専用のコマンドを選ぶ場合で、表示が異なることがあります。おおむね、できるだけ専用のコマンドを使うほうがよいようです。

先にブロックを作ってからソースを指定する場合

先に「ファイル」タイプのブロックを作ると、次の図のようなウインドウが開きます。必要に応じてタブを切り替え、表示に従ってソースを指定します。

■ 先にブロックを作ったときはウインドウからソースを指定する

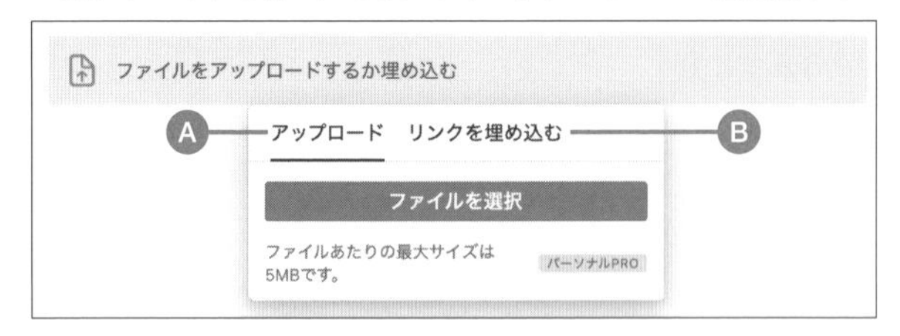

Ⓐ「アップロード」：端末内にあるファイルをアップロードします。アップロードしたファイルは、Notionが利用するクラウドストレージサービスへ保存されます。

Ⓑ「リンクを埋め込む」：インターネット上にあるソースのURLを指定します。

端末内のファイルをソースに使い、自動的にブロックを作る場合

端末内にあるファイルを使うときは、デスクトップなどからファイルのアイコンを、Notionのページ上へ直接ドラッグ&ドロップすると、自動的にブロックを作成してアップロードできます。

ただし、ファイル形式によっては、自動的に最適なブロックタイプが使われる場合があります。

■ 手元の端末内にあるExcelのファイルをアップロードした

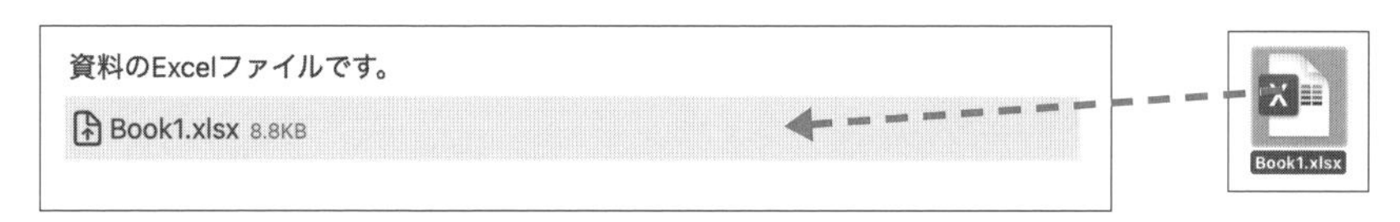

埋め込んだファイルの操作

「ファイル」タイプのブロックでは、ファイル名やURLの一部などがブロックに表示されます。ブロックにポインタを重ねると、次の図のような表示になります。

■「ファイル」ブロックタイプで埋め込んだファイルを操作する

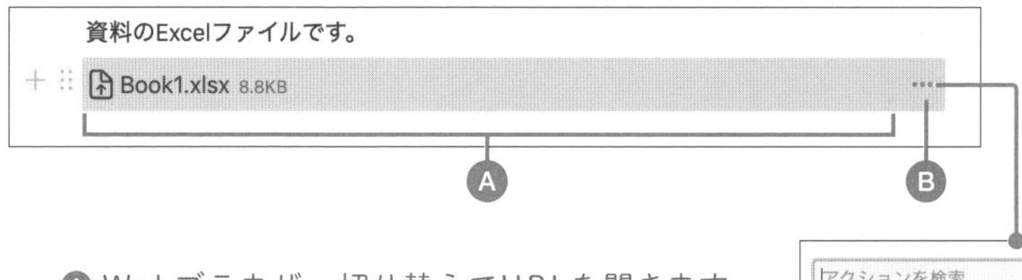

Ⓐ Webブラウザへ切り替えてURLを開きます。ファイル形式によってはファイルをダウンロードします。

Ⓑ メニューを開きます。元のソースを差し替えて上書きする場合は[置換]、ブロック状の表記を変更するには[名前の変更]を選びます。

●NOTE　手元にあるファイルをアップロードして、そのあとに内容を何度も更新するときは、更新のたびに前図Ⓑのメニューから[置換]を選ぶ以外にも、Notion内にはファイルをアップロードせずに、Googleドライブなどへアップロードしてリンクする方法があります。環境によって、使いやすいほうを選ぶとよいでしょう。

5-4 埋め込み

「+」ボタンをクリック、または、スラッシュコマンドで開くメニューのうち、「メディア」の見出しにあるブロックタイプの要点を紹介します。手順はほとんど共通しているので、ここでは操作や機能に特徴があるもののみを扱います。

5-4-1 埋め込み

「埋め込み」の見出しにあるブロックタイプは、そのほとんどがインターネット上のコンテンツを読み込んで、Notionのページ上に表示したり、コンテンツを操作できるものです。さらに、アカウントを接続できるものもあります。

数多くのものが用意されていますが、「埋め込み」の見出しにあるブロックタイプのすべてをあげるのは煩雑ですし、将来的には種類や機能が変更または拡張される可能性もあるので、本書では特徴的なものに限って紹介します。

まず、「埋め込み」の見出しにある「埋め込み」ブロックタイプは、汎用的に利用できるものです。

スラッシュコマンド

embed または 埋め込み

このタイプのブロックを作ると、次の図のように表示されます。必要に応じてタブを切り替え、表示に従ってソースを指定します。

■「埋め込み」ブロックタイプ

A「リンクを埋め込む」：URLを指定して、インターネット上のコンテンツをソースとしてブロック内へ埋め込みます。

Ⓑ「アップロード」：手元の端末内にあるファイルをソースとしてブロック内へ埋め込みます。

埋め込みの手順や、埋め込んだコンテンツを操作する手順は「画像」ブロックタイプのものと共通しているので、そちらを参考にしてください（詳細は「5-3-1「画像」ブロックタイプ」を参照）。

「埋め込み」の見出しにあるブロックタイプ

このメニューの「埋め込み」の見出しには、インターネット上の数多くのサービスがあげられていて、比較的広く使われているものだけでも以下の項目があります。

- Googleマップ
- Googleドライブ
- Dropbox
- OneDrive
- Zoom
- ツイート（Twitter）
- Slack
- GitHub
- GitHub Gist
- Jira
- Trello
- Sketch

ここであげられているサービスのコンテンツを使いたいときは、「埋め込み」ブロックタイプではなく、それぞれのサービス用に用意されているものを使うことをおすすめします。

●NOTE　「埋め込み」ブロックタイプを使っても、サービスの提供元やファイル形式などによっては、埋め込みができない場合や、プレビューを表示できない場合があります。

5-4-2 Googleマップ

Notionからほかのサービスのコンテンツを操作できる例として、「Googleマップ」ブロックタイプを紹介します。

まず、Googleマップで目的の場所の共有リンクを取得します。目的の場所を開き、「共有」ボタンをクリックし、「リンクを送信する」タブにある「リンクをコピー」ボタンをクリックします。

■ Googleマップで目的の場所の共有リンクを取得する

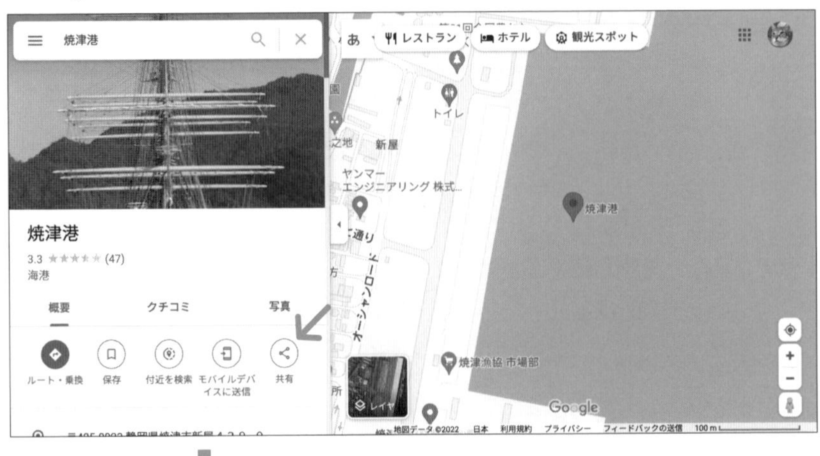

次にNotionへ移り、「Googleマップ」タイプのブロックを作成し、URLをペーストしてから、「マップを埋め込む」ボタンをクリックします。すると、共有リンクを取得した場所のGoogleマップが読み込まれます。

マップもまたNotionのブロックとして扱われているので、左上にはブロックハンドルが、コンテンツの右上にNotionのメニューが表示されています。しかしコンテンツはGoogleマップのものですから、このままNotionから離れずに、地図をスクロールしたり、表示倍率を変えたりできます。

■ NotionのページへGoogleマップを埋め込む

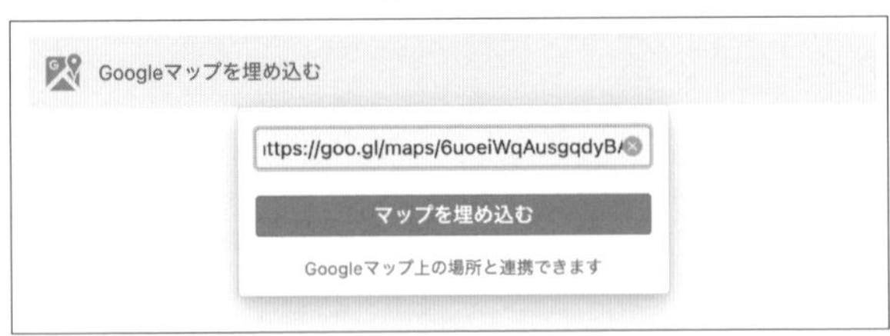

5-4-3 Googleドライブ

Notionからほかのサービスへログインして、それらの機能を利用できる例として、「Googleドライブ」ブロックタイプを紹介します。このブロックタイプでは、自分が作成した非公開のファイルや、ユーザー認証が必要なファイルにもアクセスできます。

まず、Notionアプリで「Googleドライブ」タイプのブロックを作ります。すると次の図のようなウインドウが開くので、「Googleドライブを閲覧する」タブへ切り替え、「Googleアカウントを接続」をクリックします。

■「Googleドライブ」ブロックタイプからGoogleアカウントへ接続する

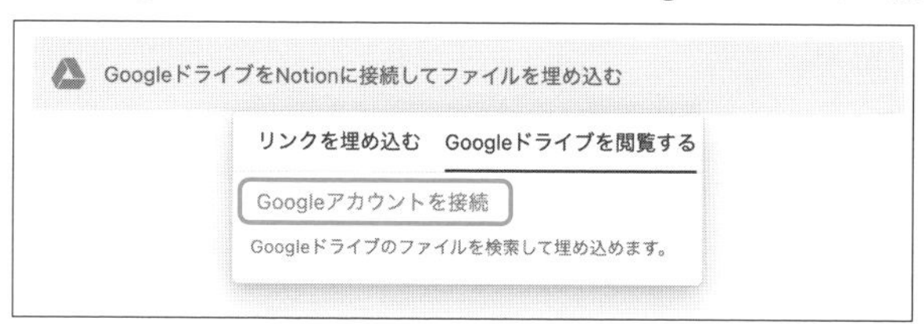

Webブラウザへ切り替わったら、表示に従ってGoogleへログインしてください。Notionとの接続が完了すると「Notionを開きますか？」というメッセージが現れるので、「Notionを開く」ボタンをクリックします。これでNotionアプリへ戻ります。

■ NotionとGoogleアカウントを接続する

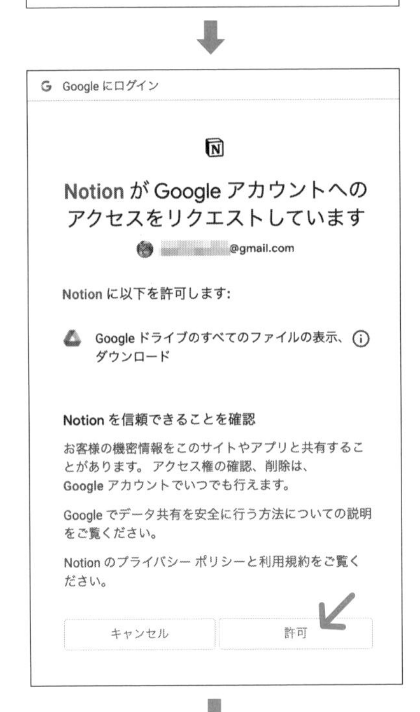

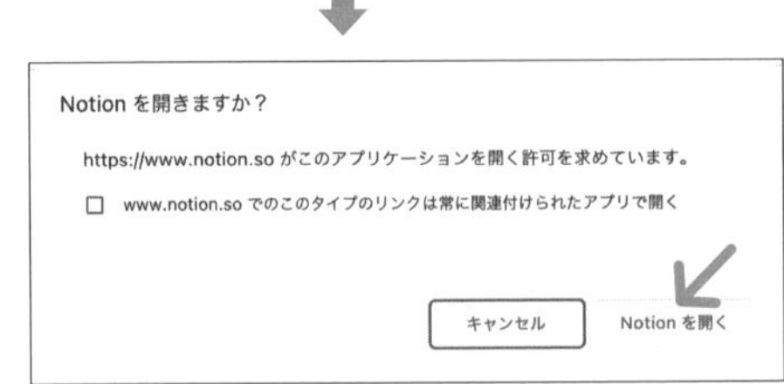

最初の表示へ戻ったら、再び「Googleドライブ」タイプのブロックをクリックします。現れたウインドウから「Googleドライブを閲覧する」→「(Googleアカウント)から選ぶ」をクリックします。

■ Notionの「Googleドライブ」ブロックタイプからGoogleドライブへアクセスする

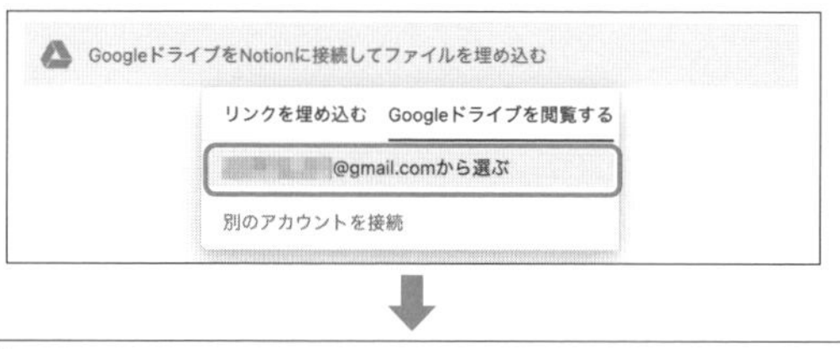

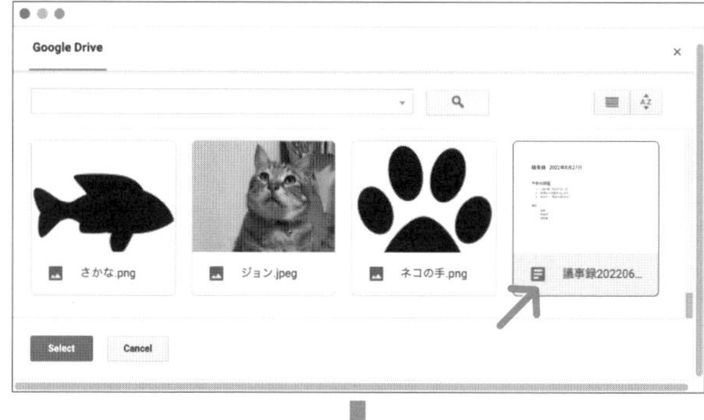

ほかのサービスとの接続を一括管理する

Googleへのログインは、1度済ませておけば記憶されるので、次に「Googleドライブ」タイプのブロックを作ったときは、Googleドライブへアクセスするところから始められます。

ほかのサービスへのログイン情報(接続設定)は、サイドバーの「設定」をクリックし、ウインドウが開いたら左側の列の「接続済みアプリ」を選んで開く画面で一括管理できます。この画面では、ブロックを配置せずにほかのサービスへ接続したり、いまログインしたGoogleアカウントへの接続を解除することもできます。

■「接続済みアプリ」

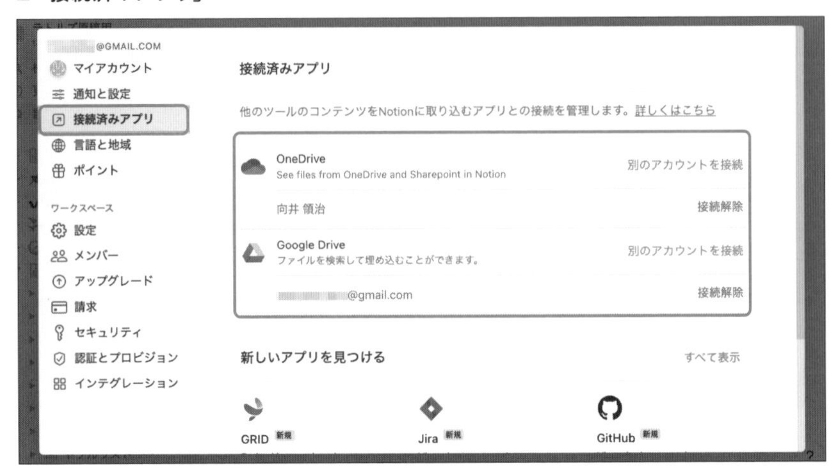

5-4-4 PDF

PDFファイルを埋め込むブロックです。基本的な使い方は「埋め込み」ブロックタイプなどと共通ですが、「埋め込み」ではない「ファイル」ブロックタイプとの違いに注目してください。

スラッシュコマンド

```
pdf
```

このタイプのブロックを作ると、次の図のように表示されます。必要に応じてタブを切り替え、表示に従ってソースを指定します。

■「PDF」ブロックタイプ

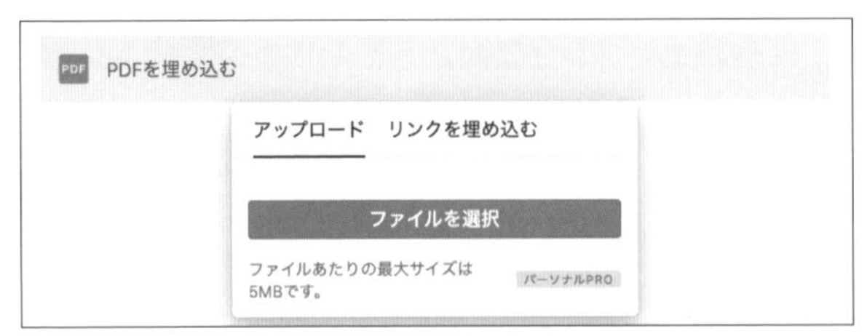

埋め込みの手順や、埋め込んだコンテンツを操作する手順は「画像」ブロックタイプのものと共通しているので、そちらを参考にしてください（詳細は「5-3-1「画像」ブロックタイプ」を参照）。

「ファイル」ブロックタイプとの違い

次の図は、デスクトップなどからファイルのアイコンをドラッグ&ドロップしてページへ配置したときとの比較です。

PDFファイルをドラッグ&ドロップで配置したとき（上）と、「埋め込み」または「PDF」ブロックタイプを配置してからPDFファイルを指定したとき（下）

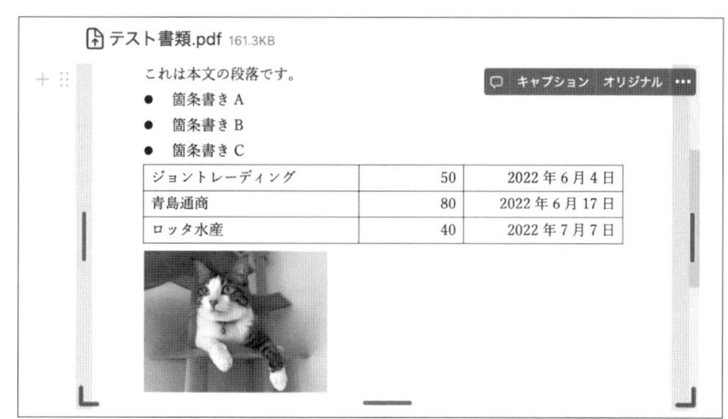

ドラッグ&ドロップで配置すると図の上のように「ファイル」ブロックタイプになります。ページではファイル名のみの表示となり、内容を参照するにはダウンロードして別のアプリを使う必要があります（表示する文言の変更は可能です。詳細は「5-3-6「ファイル」ブロックタイプ」を参照）。

一方、「PDF」ブロックタイプを使うと図の下のようにページへ埋め込まれるので、Notionから離れずに内容を参照できます。なお、PDFファイルの場合は、「埋め込み」ブロックタイプを使っても同じ結果になります。

PDFファイルをNotionで管理するという点ではどちらも同じですが、操作性が異なるので、必要に応じて使い分けてください。

たとえば、テンプレートファイルをNotionへ保管しておき、ダウンロードして使うような場合は、「ファイル」ブロックタイプを使うほうが便利でしょう。あるいは、同じドキュメントをいつでも確認したいような場合は、すぐに内容を参照できる「埋め込み」ブロックタイプが便利です。

なお、「埋め込み」ブロックタイプを使っても、ポインタを重ねたときに右上に表示されるメニューから[…]→[ダウンロード]を選ぶと、ファイルとしてダウンロードできます。

5-5 インライン

「+」ボタンをクリック、または、スラッシュコマンドで開くメニューのうち、「インライン」の見出しにある要素を紹介します。これらはブロックタイプではありませんが、同じメニューの中にあるのであわせて扱います。また、@コマンドと[[コマンドも紹介します。

5-5-1 「ユーザーをメンション」

ユーザーの名前を指定して、相手に通知を送ります。複数のユーザーでワークスペースを共有して、通知を送りたいときに使います。

メニューから[ユーザーをメンション]を選ぶと、ユーザーの候補が現れます。候補にない場合は、そのまま文字をグレーの領域へ入力して絞り込みできます。

■「ユーザーをメンション」

なお、メニューからこのコマンドを選ぶと新しいブロックを作成しますが、「@コマンド」を使うとブロックの文章の途中でも入力できます（詳細は「5-5-4 @コマンド」を参照）。

5-5-2 「ページをメンション」

ページの名前を指定して、そのページへのリンクを設定します。リンク先のページの名前が変更されると、自動的に更新されます。

メニューから［ページをメンション］を選ぶと候補が現れます。候補にない場合は、そのまま文字をグレーの領域へ入力して絞り込みできます。

■「ページをメンション」

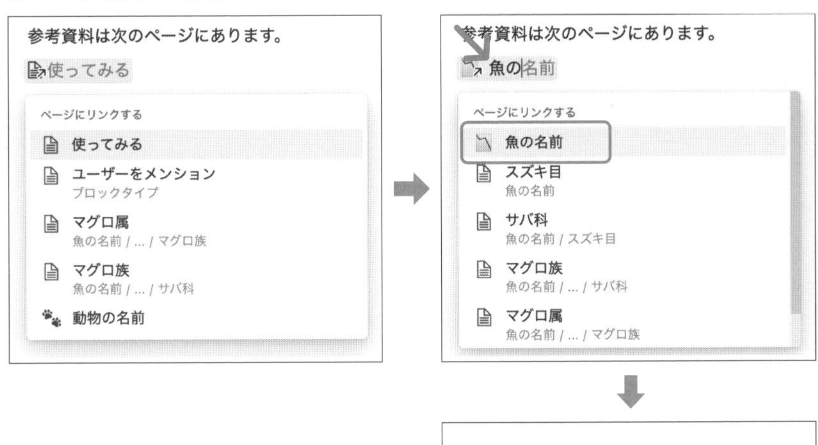

なお、メニューからこのコマンドを選ぶと新しいブロックを作成しますが、「@コマンド」を使うとブロックの途中でも入力できます（詳細は「5-5-4 @コマンド」を参照）。

また、「[[コマンド」を使っても入力できます（詳細は「5-5-5 [[コマンド」参照）。

5-5-3 「日付またはリマインダー」

日付や、リマインダー付きの日付を入力します。月間カレンダー風のウインドウから日付を指定できます。メニューから［日付またはリマインダー］を選ぶと候補が現れます。

スラッシュコマンド

date または remind

■「日付またはリマインダー」

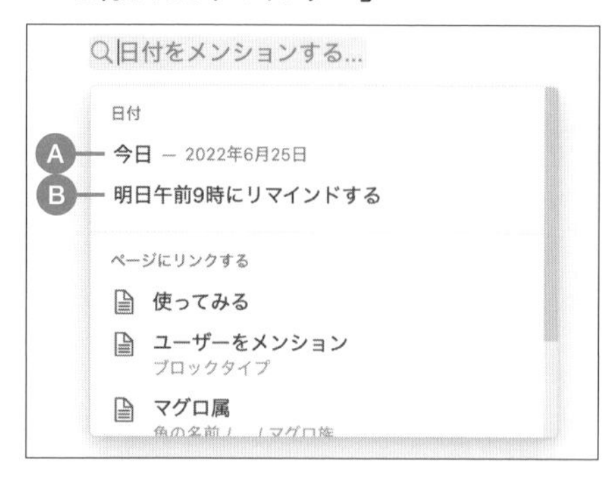

Ⓐ 日付を入力します。あとで時刻付きにも変更できます。

Ⓑ リマインダー付きの日付を入力します。

まず、日付か、リマインダーのどちらかを選びます。希望の日時でなくても無視してください。

日付や日時が入力されたら、その文字をクリックします。すると次の図のようなウインドウが開くので、ここで日付を変更したり、時刻付きのデータへ変更したり、リマインダーのタイミングを設定します。これらはいつでも変更できます。

日時の設定やリマインダーの詳細については、「6-1-5「日付」プロパティタイプ」を参照してください。

■ 日付や日時の文字をクリックするとカレンダーのウインドウが開く

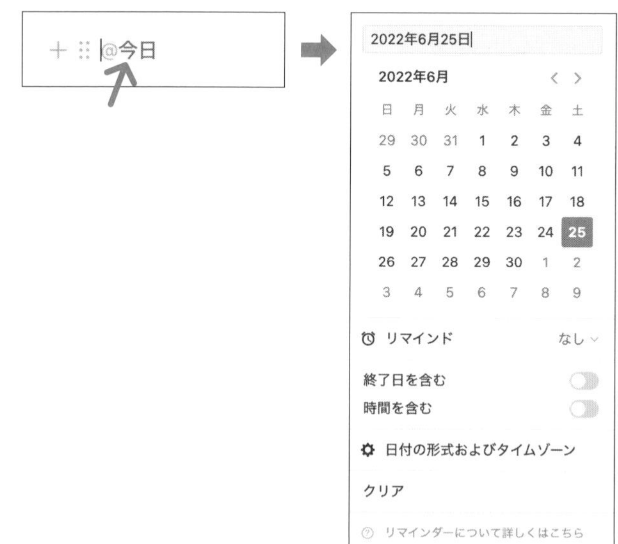

なお、メニューからこのコマンドを選ぶと新しいブロックを作成しますが、「@コマンド」を使うとブロックの文章の途中でも入力できます（詳細は「5-5-4 @コマンド」を参照）。

●NOTE　日付は直接入力することもできます。グレーの入力欄が表示されているときに「today」「tomorrow」「次の月曜日」「7/15」のように入力します。

5-5-4 @コマンド

「ユーザーをメンション」「ページをメンション」「日付またはリマインダー」の機能は、いずれも「メンション」と呼ばれる機能のバリエーションです。別のコマンドの内容がメニューに現れるのは、このためです。

これらの機能は、半角のアットマーク「@」を手入力して、メニューとして開くこともできます。この方法を「@コマンド」と呼びます。

メニューから選ぶと新しいブロックを作ってからメンションの要素を入力しますが、@コマンドを使うと、文章の途中でも入力できます。ただし、その場合はスペースを入れてから「@」を入力してください。スペースは、全角と半角のどちらでもかまいません。

■ @コマンドを使うと文中に入力できる

●NOTE　単なる文字としてアットマークを入力したい場合は、「@」に続けて、「esc」キーを押してメニューを閉じます。

5-5-5 [[コマンド

「ページをメンション」の機能は、半角の大括弧2個「[[」を手入力して、メニューとして開くこともできます。この機能を「[[コマンド」と呼びます。

なお、文章の途中で入力するときは、スペースを入れてから「[[」を入力してください。全角と半角のどちらでもかまいません。

■ [[コマンドを使うと文中に入力できる

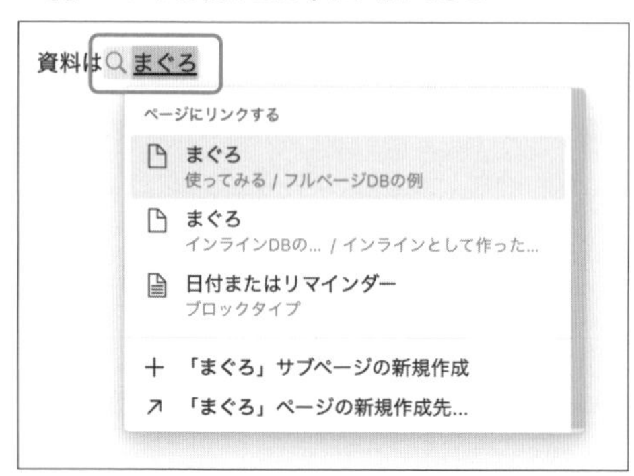

[[コマンドは、既存ページへのリンクを作成するほか、下位または別の場所にページを作成するときにも使えます。ページの作成については、「2-3-1 ページを作成する」を参照してください。

5-5-6 ブロックのURL

メニューの内容からは外れますが、ここでブロックのURLを使ったリンクを紹介します。

すべてのブロックにはURL（アドレス）が設定されていて、それを指定することでジャンプできます。Webページのジャンプと同じ機能です。

ブロックのURLをコピーする

ブロックのURLをコピーするには、ブロックハンドルをクリックして、メニューが開いたら[ブロックへのリンクをコピー]を選びます。

■ ブロックのURLをコピーする

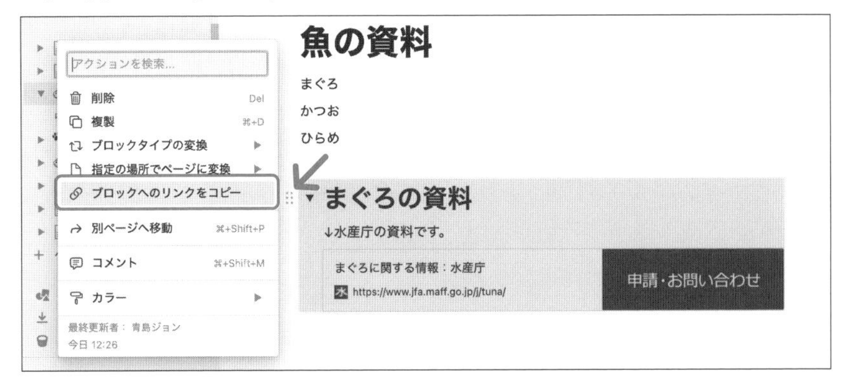

ブロックのURLを貼り付ける

　コピーしたブロックへのリンクを貼り付けるには、通常の文字列と同様に ⌘ / Ctrl + V キーを押します。このときに［ブロックをメンション］を選ぶと、ブロックへリンクを設定できます。

■ ブロックのURLを貼り付ける

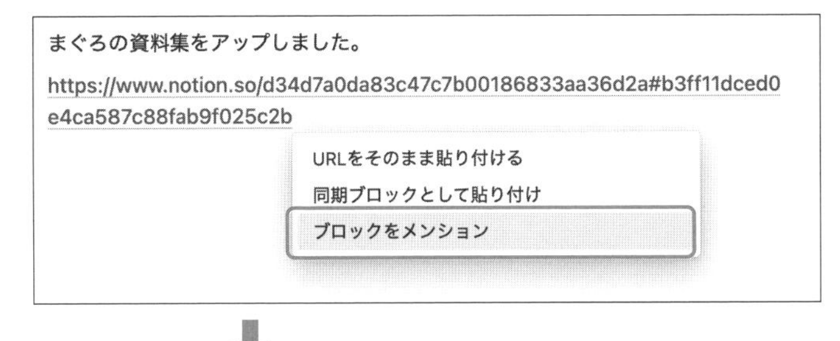

まぐろの資料集をアップしました。
魚の資料 ページにあります。

　リンクにはページの名前が使われ、仕組みとしては「ページをメンション」と同じですが、リンクをクリックすると該当のページへジャンプするとともに、コピー元のブロックまで移動し、強調表示されます。ページの中から該当箇所を探す手間がかかりません。

■ ブロックのURLを使ってほかの箇所からジャンプした

5-5-7 「絵文字」

「テキスト」タイプなどのブロックの中で、絵文字を入力します。キーワードを入力すると、選択するウインドウを開きます。

マークダウン

:（キーワード） （半角コロン、キーワード）

■ 文中で「:fish」と入力すると候補の絵文字が現れる

@2022年7月5日 新商品の試食会を行います。
奮ってご参加ください:fish

5-5-8 「インライン数式」

「テキスト」タイプなどのブロックの中で数式を表現します。これを選ぶと数式を入力するウインドウが開きます。

数式の見栄えは一部異なりますが、ウインドウの使い方や数式の記法は、「数式ブロック」ブロックタイプのものと同じです。詳細は「5-2-3「数式ブロック」ブロックタイプ」を参照してください。

第6章

プロパティタイプリファレンス

データベースのプロパティにも多くの種類があり、値に応じて適切なものを選ぶ必要があります。それぞれのものがどのような動作をするのか、特徴を把握してください。

6-1 ベーシック

データベースのプロパティタイプとして設定できるもののうち、「ベーシック」の見出しにあるものの要点を紹介します。

6-1-1 「テキスト」プロパティタイプ

文字列を収める基本的なタイプです。名称や文章など、一般的な文字列に使います。

6-1-2 「数値」プロパティタイプ

数値を収めるタイプです。個数、価格などに使います。

「数値の形式」として、「コンマ付きの数値」「パーセント」、「円」を含む各国の貨幣が選べます。設定は「ビューのオプション」ウインドウの［プロパティ］→［（プロパティ名）］から行います。または、このタイプを設定したプロパティにポインタを重ね、左端に表示されるグレーの文字の「123」ボタンをクリックしても同じです。

■ 値を登録してポインタを重ねた状態

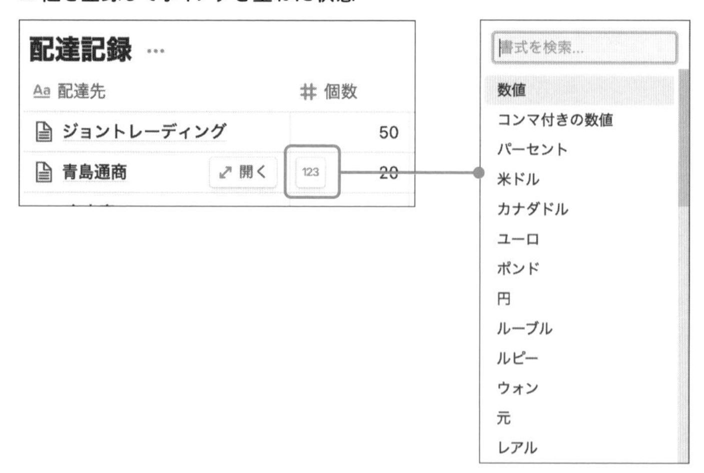

●NOTE　グレーの文字の「123」ボタンは、ビューのオプションから［データベースをロック］を選ぶと、表示されなくなります。

6-1-3 「セレクト」プロパティタイプ

値の候補を登録しておき、そのうちから1つを選んで値に登録できるタイプです。複数の値は同時に登録できません。ほかの値を選ぶと、新しく選ばれたものが登録され、以前に登録されていた値は削除されます。

このプロパティタイプは、複数の値を切り替えて設定するときに適しています。たとえば、ToDoの状態を管理するときに、「未着手」「実行中」「完了」の値をプロパティに設定しておきます。アイテムを作成したときは「未着手」を設定し、状況に応じて変更します。

■「実行中」から「完了」へ変更した

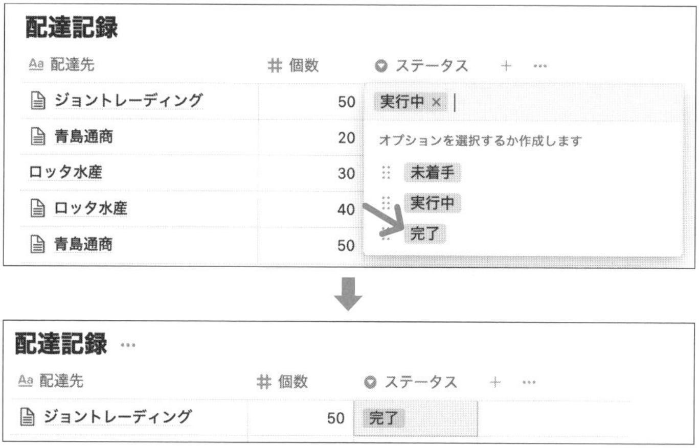

配達記録

配達先	個数	ステータス
ジョントレーディング	50	実行中 ×
青島通商	20	
ロッタ水産	30	
ロッタ水産	40	
青島通商	50	

オプションを選択するか作成します
未着手
実行中
完了

配達記録

配達先	個数	ステータス
ジョントレーディング	50	完了

●NOTE　デフォルトに使いたい値、たとえば「未着手」をデータベースアイテムのテンプレートに入れておくと、最初の登録の手間を省けます（データベースアイテムのテンプレートについては「3-3-3 アイテムを追加する」を参照）。

候補の値を登録する

候補の値を登録するには、ほかのプロパティと同様に入力します。まだ登録されたことがない値（候補に登録されていない値）を登録すると、自動的に候補としても登録されます。特別な操作は必要ありません。

■ 新しい値を登録すると、同時に候補としても登録される

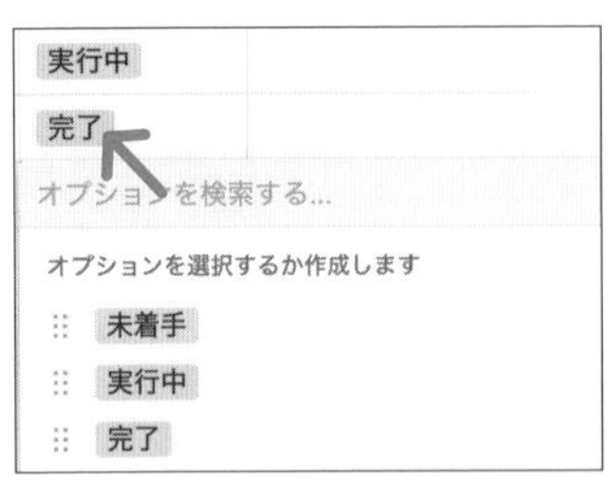

候補にない値を入力する

候補の色は自動的に設定されますが、候補一覧のウインドウから変更できます。特定の値を候補から削除するコマンドも、このメニューにあります。

■ 候補の値のメニュー

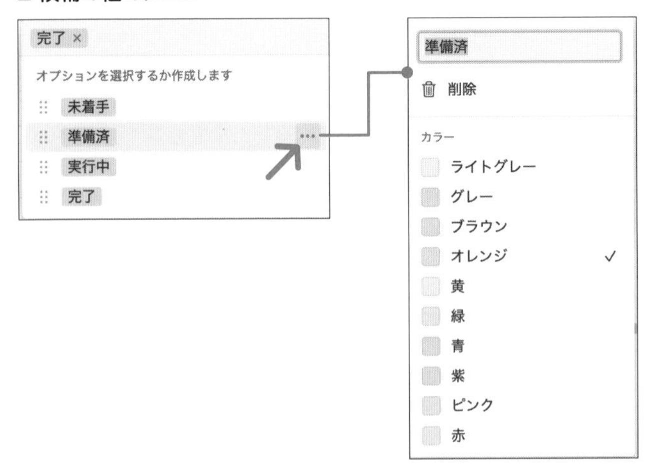

なお、値の候補やカラーの設定は、「ビューのオプション」ウインドウの［プロパティ］→［（プロパティ名）］でも、プロパティのオプションとして一括管理できます。

●NOTE　新しい候補の値の登録を防ぐには、データベースのメニューの右側にある「…」→［データベースをロック］を選びます。意図しない候補を登録しないよう、普段はこれを設定することをおすすめします。

6-1-4 「マルチセレクト」プロパティタイプ

機能としては「セレクト」プロパティタイプと同じですが、複数の値を設定できる点が異なります。候補から値を選ぶか、新しい値を登録すると、以前に設定されていた値と重複して登録されます。

このプロパティタイプは、複数の属性を持つプロパティに適しています。たとえば、定型の注意点があればそれらを複数設定できます。

■ ほかの値を設定すると、以前の値とともに保持される

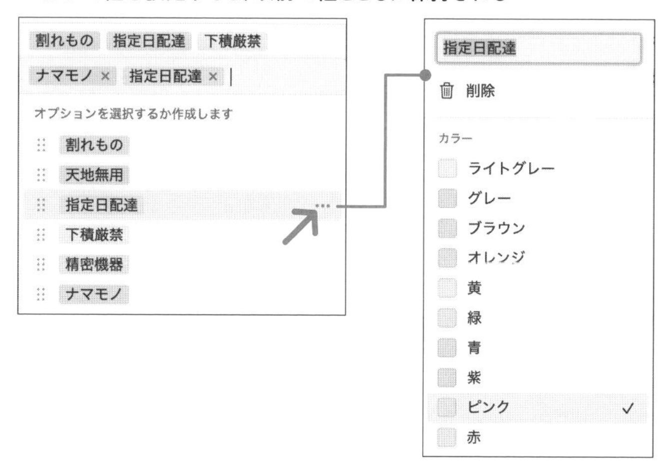

●NOTE　異なる文言で同じ意味の候補を重複登録しやすいので、注意してください。必要に応じて、「ビューのオプション」から候補一覧を定期的に確認したり、「データベースのロック」機能を使うとよいでしょう。

6-1-5 「日付」プロパティタイプ

日付を扱うタイプです。単一の日付だけでなく、終了日や時刻を同じプロパティに含めるように設定することもできます。開始日と終了日があるデータでも、1つのプロパティで管理できる点が特徴です。

このプロパティタイプを指定すると、入力欄をクリックしたときに次の図のようなウインドウが開き、カレンダーの日付をクリックして値を登録できます。「終了日を含む」「時間を含む」オプションをそれぞれオンにすると、日時の入力欄が変わります。

■ **オプション設定によって日時の入力欄も変わる**

日付を直接入力するときは、「2022.8.1」のように、半角のピリオド「.」で年月日を区切ります（半角のスラッシュ「/」でも同じです）。今年を指定するときは、年を省略できます。

時刻を入力するときは、区切りの記号は不要です。「1420」のように、24時間表記の数字のみで入力できます。

なお、「日付の形式」として、一般的な「完全な日付」のほかにも「相対」「日/月/年」などが選べます。また、「時刻の形式」として、「12時間」「24時間」が選べます。設定は「ビューのオプション」ウインドウの［プロパティ］→［（プロパティ名）］から行います。

リマインダーを設定する

このタイプでは、リマインダーを設定できます。これには、入力欄をクリックして、［リマインド］欄のメニューから選びます。「時刻を含む」オプションの設定によって、メニューの内容が変わります。

■「時間を含む」オプションがオフのとき

■「時間を含む」オプションがオンのとき

リマインダーが有効になると、日時設定の語句がブルーになります。設定時刻を過ぎるとレッドになります。

リマインダーはどのように通知されるか

リマインダーを設定した時刻になると、レッドのバッジを、デスクトップアプリではサイドバーの上方にある[更新一覧]に、モバイルアプリではメイン画面下端の中央にあるベルのアイコンに、それぞれ表示します。詳細を見るには、それぞれをクリックします。

また、指定時刻にデスクトップアプリが起動している場合は、すぐにプッシュ通知されます。起動していない場合は、モバイルアプリへ指定時刻から5分以内にプッシュ通知されます。通知できない場合は、メールを送信します。

自分が使っている環境で期待通りに動作するか、あらかじめ確かめておくとよいでしょう。

■ デスクトップアプリでのリマインダー通知

●NOTE　通知の方法は、サイドバー上方にある[設定]をクリックし、ウインドウが開いたら[通知と設定]を選ぶと、個別に設定できます。

6-1-6 「ユーザー」プロパティタイプ

ワークスペースに参加しているユーザーが自動的に候補として表示され、複数選んで登録できます。

ワークスペースを複数のユーザーで共有していて、担当者を入力したいようなときに使います。

6-1-7 「ファイル&メディア」プロパティタイプ

任意のファイルを手元の端末からアップロードしたり、インターネット上のURLを登録できるタイプです。両者の区別なく、複数登録できます。

■ 複数のファイルとURLを登録できる

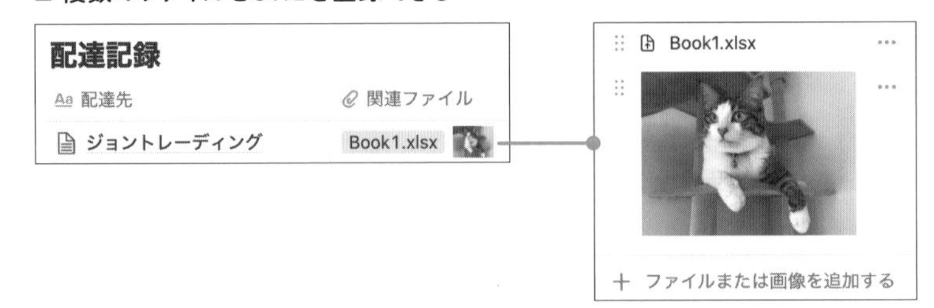

6-1-8 「チェックボックス」プロパティタイプ

クリックするたびにオン／オフを切り替えられるチェックボックスを設定するタイプです。

1つのプロパティに設定できるチェックボックスは1個だけです。複数個必要な場合は、そのぶんだけプロパティを追加します。

■ クリックするたびにオン／オフを切り替える

テーブルビュー

配達記録

配達先	個数	配送準備	配送完了
ジョントレーディング	50	☐	☐
青島通商	20	☑	☑
ロッタ水産	30	☑	☐
ロッタ水産	40	☐	☐
青島通商	50	☑	☑

6-1-9 「URL」プロパティタイプ

URLを1つ登録できるタイプです。値を入力すると自動的にリンクが設定され、クリックするとWebブラウザへ切り替えてそのURLへアクセスします。

値を編集するときは、ポインタを重ねたときにプロパティの右端に表示される鉛筆アイコンをクリックします。

■ 値を登録してポインタを重ねた状態

テーブルビュー　フィルター　並べ替え

配達記録

配達先	個数	URL
ジョントレーディング	50	https://john.example.com
青島通商	20	
ロッタ水産　開く	30	https://lotta.example.jp
ロッタ水産	40	

自動的にリンクが設定されるスキーム（プロトコル）は、http、httpsだけでなく、files、news、comgooglemapsなども認識します。ただし、入力したすべての値がURLスキームとして強制的に認識されるわけではありません。

6-1-10 「メール」プロパティタイプ

メールアドレスを1つ登録できるタイプです。値を登録すると、ポインタを重ねたときに、プロパティの右端に「@」と鉛筆のアイコンが表示されます。

「@」アイコンをクリックすると、メールアプリへ切り替えて新規メールを作成し、そのアドレスを宛先に入力します。値を編集するときは、鉛筆アイコンをクリックします。

■ 値を登録してポインタを重ねた状態

配達記録 …

Aa 配達先	# 個数	@ 担当者メール
ジョントレーディング	50	john@example.com
青島通商	20	
ロッタ水産 開く	30	lotta@example.jp
ロッタ水産	40	

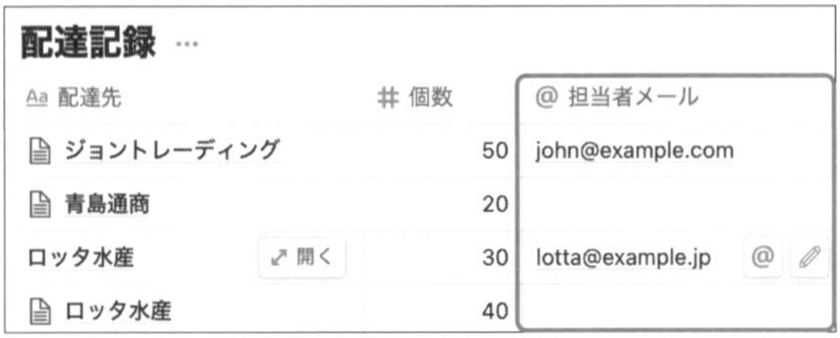

なお、入力した値がメールアドレスの書式として正しいかどうかは確認されません。たとえば、@がない文字列を登録しても、「@」アイコンをクリックすると、その文字列を使って新規メールを作成します。

6-1-11 「電話」プロパティタイプ

電話番号を1つ設定できるタイプです。値を登録すると、ポインタを重ねたときにプロパティの右端に電話の受話器と、鉛筆のアイコンが表示されます。

受話器のアイコンをクリックすると、電話を発信できるアプリへ切り替えて電話をかけます。デスクトップアプリの場合はSkypeが起動することがあります。モバイルアプリでは電話の発信を確認するメッセージが現れます。

値を編集するときは、鉛筆アイコンをクリックします。

■ 値を登録してポインタを重ねた状態

配達記録 …

Aa 配達先	# 個数	担当者電話
ジョントレーディン 開く	50	03-AAAA-AAAA
青島通商	20	
ロッタ水産	30	045-BBB-BBBB

6-2 アドバンスト

データベースのプロパティタイプとして設定できるもののうち、「アドバンスト」の見出しにあるものの要点を紹介します。

6-2-1 「関数」プロパティタイプ

関数を使った数式を登録し、所定の計算結果を得るタイプです。

関数の概略や設定方法の基本は「3-5 関数の操作」を、個々の関数などのさらに詳細な内容は「7章 関数リファレンス」を参照してください。

6-2-2 「リレーション」プロパティタイプ

別のデータベースを参照して処理を行うタイプです。詳細は「3-7 リレーションの操作」を参照してください。

6-2-3 「ロールアップ」プロパティタイプ

リレーションの機能を使って集計を行うタイプです。詳細は「3-7 リレーションの操作」を参照してください。

6-2-4 「作成日時」プロパティタイプ

アイテムを作成した日時を自動的に登録するタイプです。変更はできません。

●NOTE　「作成日時」「作成者」「最終更新日時」「最終更新者」タイプのプロパティは、アイテムを作成するとすぐに値が登録されます。

6-2-5 「作成者」プロパティタイプ

アイテムを作成したユーザーを自動的に登録するタイプです。変更はできません。

6-2-6 「最終更新日時」プロパティタイプ

アイテムのいずれかのプロパティを最後に更新した日時を自動的に登録するタイプです。変更はできません。

6-2-7 「最終更新者」プロパティタイプ

アイテムのいずれかのプロパティを最後に更新したユーザーを自動的に登録するタイプです。変更はできません。

「タイトル」プロパティタイプ

［プロパティの種類］に表示はされますが、変更できないものに「タイトル」タイプがあります。これは個々のデータベースアイテムの名前です。値は文字列のみで構成され、データベースの作成時に、1つめのプロパティに設定されます。このプロパティタイプは、アイテムをページとして開いたときの名前になります。

非表示にしたり、レイアウトでの表示順を変更したりできますが、プロパティタイプは変更できません。

第7章

関数リファレンス

データベースの「関数」プロパティタイプで式を書くときに使う関数や定数などをまとめて紹介します。関数を活用したソリューションを作るには、個々の関数の動作に通じておく必要があります。すべての項目に実行例を付けましたので参考にしてください。

7-1 数式で使う用語

個別の関数を紹介する前に、関数を使って数式を書くときに理解しておく必要がある用語を紹介します。

7-1-1 引数

関数に引き渡す値を「引数」(ひきすう)と呼びます。関数の種類によって、引数が0個、1個、2個などの場合があります。一般に引数は丸括弧で囲み、複数あるときは半角のカンマ「,」で区切ります。

たとえば、now関数は現在の日時を返す関数です。現在の日時はコンピューターが自分で調べられるので、ほかから値を受け取る必要はありません。よって、必要な引数は0個です。具体的には、「now()」と書きます。

また、prop関数は、あるプロパティの値を返す関数です。そのためにはプロパティを指定する必要があるので、引数としてプロパティの名前を渡します。よって、引数が1つ必要です。具体的には「prop("myNum1")」のように書きます。

詳細は個別の関数の紹介を参照してください。

7-1-2 データの「型」と「ブーリアン型」

Notionのデータベースで扱うデータには、その種類を表す「型」があります。データの型には、「まぐろ」のような文字列型、「25」のような数値型、「2022年7月5日」のような日付型などがあります。

値に対して行える処理は、型によって異なります。たとえば「a + b」という式がある場合、aとbという2つの値の型が数値型であれば足し算を行いますが、文字列型であれば文字の連結を行います。期待通りの値を得るには、適切な型を設定する必要があります。

そのほかの重要な型として、値を「true」と「false」の2種類だけに限定する「ブーリアン型(論理型)」があります(日本語ではそれぞれ「真(しん)」「偽(ぎ)」とも呼びます)。

ブーリアン型は一般的に、何らかの条件を設定して、それに当てはまるかどうかを判定するときに使います。「半分だけ当てはまる」といったことはありません。当てはまるか、当てはまらないか、必ずそのどちらかになります。

なお、条件を設定するにも式を書きますから、条件に当てはまることを「式が成立する」あるいは「式が真(しん)である」、当てはまらないことを「式が成立しない(不成立である)」あるいは「式が偽(ぎ)である」とも言います。

たとえば、「prop("myNum1") > 20」という式は、「myNum1」プロパティの値が20よりも大きいかどうかを判定する式です。目的の値に対して、この式が成立するかどうかを調べることによって、値が20よりも大きいかどうか(trueかfalseか)を判定できます。

もしも、あるデータベースアイテムの「myNum1」プロパティの値が「30」であれば、この式は成立する(真である)ので、「true」という値を返します。あるいは、値が「10」であれば、この式は成立しない(偽である)ので、「false」という値を返します。具体的な例は、if関数の紹介「7-4-1「if」関数」を参照してください。

なお、ブーリアン型のデータをそのまま表示すると、Notionでは「チェックボックス」タイプのプロパティとして表示されます。具体的な例は、「7-3-3 定数「true」」を参照してください。

●NOTE　ブーリアン型は、「ブール型」「真偽値型」「論理型」とも呼びます。

7-1-3 構文

Notionで使用する関数は、引数の書き方や、その引数に置くべきデータの型などが厳しく決められています。もしも書き方を間違えると、結果が期待と異なったり、実行できなかったりします。この書き方の決まりを「構文」と呼びます。

たとえば、ブーリアン型の値を返す条件に応じて、「true」の場合と「false」の場合で返す値を振り分けるときは、if関数を使った構文を使います。これは次のようなものです。

```
if(条件, 条件が真の場合, 条件が偽の場合)
```

if関数を使った式を書くときは、必ずこの構文を守る必要があります。具体的な例は「7-4-1「if」関数」を参照してください。

Notionの数式入力ウインドウでは、構文に反しているとエラーメッセージが表示されます(詳細は「3-5-2 関数を設定する」を参照)。

7-2 プロパティの値を扱う関数

数式入力ウインドウの「プロパティ」の見出しにあるものの要点を紹介します。これは、いずれかのプロパティに収められた値を取得するためのものです。

7-2-1 「prop」関数

構文 prop("プロパティ名")

引数に指定したプロパティの値を返します。プロパティの名前は、半角のダブルクオーテーションマーク「"」で囲みます。アルファベットの大文字・小文字も含め、正確に書いてください。

prop関数は、数式入力ウインドウでは「prop」ではなく、実在するプロパティの名前で表示されます。クリックすると、そのプロパティの名前を含めたprop関数の式が入力されます。

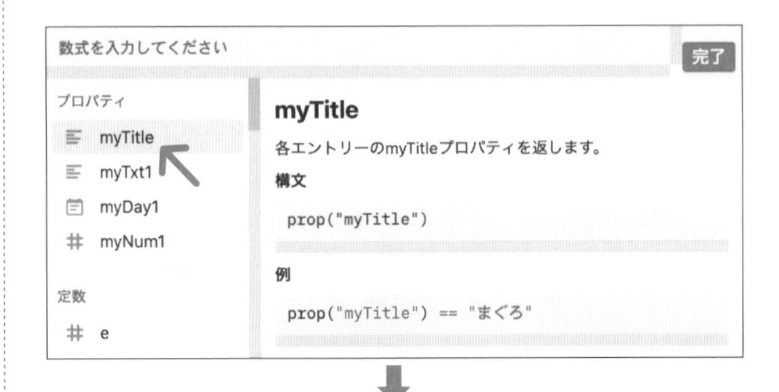

例 「テキスト」タイプのプロパティの値を返す

```
prop("myTitle")
```

myTitle	property
まぐろ	まぐろ
かつお	かつお
ひらめ	ひらめ

prop関数を使ってほかのプロパティの値を返すだけですので、同じ値がコピーされます。ただし、関数として自動処理されているので、値を手作業で書き換えることはできません。

例 「数値」タイプのプロパティの値を返す

```
prop("myNum1")
```

myNum1	property
30	30
20	20
10	10

引数で指定するプロパティが「数値」タイプであっても、構文は同じです。

例 「日付」タイプのプロパティの値を返す

```
prop("myDay1")
```

myDay1	property
2022年7月1日	2022年7月1日
2022年7月2日 午後 7:00	2022年7月2日 午後 7:00
2022年7月4日 → 2022年7月8日	2022年7月4日 → 2022年7月8日

引数で指定するプロパティが「日付」タイプであっても、構文は同じです。

7-3 定数

数式入力ウインドウの「定数」の見出しにあるものの要点を紹介します。定数とは、つねに決まった値を表すものです。

7-3-1 定数「e」

定数名 e

自然対数の底を返します。

例 自然対数の底を返す

```
e
```

Aa myTitle	Σ e
まぐろ	2.718281828459
かつお	2.718281828459
ひらめ	2.718281828459

式には「e」とだけ書いているので、すべてのデータベースアイテムで同じ値を返します。

7-3-2 定数「pi」

定数名 pi

円の円周とその直径の比率、すなわち、円周率（π）を返します。

例 円周率を返す

```
pi
```

Aa myTitle	Σ pi
まぐろ	3.14159265359
かつお	3.14159265359
ひらめ	3.14159265359

式には「pi」とだけ書いているので、すべてのデータベースアイテムで同じ値を返します。

7-3-3 定数「true」

定数名 true

ブーリアン型に用意されている、「真」の状態を表す定数です。if関数では、条件が成立するときに、この値を返します。数値で表現すると「1」になります。ブーリアン型については「7-1-2 データの「型」と「ブーリアン型」」を参照してください。

例 条件に対して真であるか返す

```
if(prop("myTitle") == "まぐろ", true, false)
```

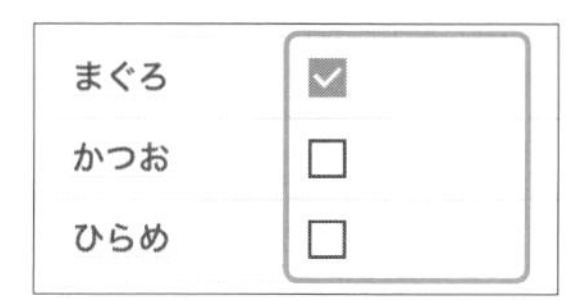

if関数を使って、「myTitle」プロパティの値が文字列「まぐろ」と同一であるかどうかを調べています。この条件式が真であるときは定数「true」を、偽であるときは定数「false」を返します。

なお、もしも「true」や「false」をダブルクオーテーションマークでくくると、定数ではなく文字列として扱われます。そのため、チェックボックスではなく文字列として表示されます。

7-3-4 定数「false」

定数名 false

ブーリアン型に用意されている、「偽」の状態を表す定数です。if関数では、条件が成立しないときに、この値を返します。数値で表現すると「0」になります。ブーリアン型については「7-1-2 データの「型」と「ブーリアン型」」を参照してください。例は「7-3-3 定数「true」」を参照してください。

7-4 関数機能(1)

数式入力ウインドウの「演算子」の見出しにあるものの要点を紹介します。Notionの表示では「演算子」に分類されていますが、本書ではExcelや一般的なプログラミングでの用語にならった呼び方を採用しています。

7-4-1 「if」関数

構文 `if(条件, 条件が真の場合, 条件が偽の場合)`

構文 `条件 ? 条件が真の場合 : 条件が偽の場合`

ブーリアン型を返す条件に応じて、返す値を指定します。

ifの代わりに「?」を使って書くこともできますが、構文が異なります。

●NOTE 「if」は、Notionではメニューの「演算子」の見出しに分類されているため、本書でもこれに従い本節で扱います。ただし、一般的にプログラミング言語などでは「関数」や「文」として扱われるため、個別に呼ぶときは「if関数」と呼ぶことにします。

例 条件に応じて返すメッセージを変える

```
if(prop("myNum1") < 100, "少ない", "多い")
```

# myNum1	Σ if
20	少ない
100	多い
200	多い

「myNum1」プロパティの値が数値「100」よりも小さい(100は含まない)かどうかを条件として、真であれば「少ない」、偽であれば「多い」という文字列を返します。

なお、記号「<」は引数の大小を判定するもので、smaller関数と同じです(詳細は「7-4-17「smaller」関数」を参照)。

2つめのアイテムの値「100」は、100と等しいので、小さくはありません。よって、この式では偽と判定されます。

例 複数の条件を設定する

```
if(prop("myNum1") < 100, "少ない", if(prop("myNum1") >
100,"多い", "等しい"))
```

# myNum1	Σ if
20	少ない
100	等しい
200	多い

前の例と同じく、「myNum1」プロパティの値と数値「100」を比べています。前の例と異なるのは、3つめの引数があるべきところに、再びif関数の式があるところです。式全体を単純化すると、次のようになります。このように、ある構文の中に同じ構文を入れ込むことを「入れ子構造」と呼びます。

```
if(条件1, 条件1が真の場合, if(条件2, 条件2が真の場合, 条件2が偽の場合))
                  ⬇
if(……, ……, if(……, ……, ……))
```

これにより、まず「myNum1」プロパティの値を数値「100」と比較して小さいかどうかを判定します。真であれば「少ない」という文字列を返します。偽のときは入れ子のif関数の式へ移り、今度は数値「100」と比較して大きいかどうかを判定します。真であれば「多い」という文字列を返します。偽のときは、数値「100」よりも大きくもなく小さくもないので、「等しい」という文字列を返します。

このような構文を作るときは、どのような値になっても期待どおりに判定が進むか、よく検討してください。

例 条件に応じて返すメッセージを変える

```
if(prop("myTitle") == "まぐろ", "まぐろ含有", "")
```

Aa myTitle	Σ if
まぐろ	まぐろ含有
かつお	
まぐろかつおブレンド	

「myTitle」プロパティの値が文字列「まぐろ」と完全に一致することを条件にしています。「==」は、完全に一致することを示すので、「まぐろ」以外の文字

が含まれていると条件式は偽になり、空白を返します。

なお、3つめのアイテムのように、もしも文字列「まぐろ」を含んでいれば真とするには、contains関数を使います（詳細は「7-5-7「contains」関数」を参照）。

7-4-2 「add」関数

構文 add(引数1, 引数2)

構文 値1 + 値2

2つの引数を加えます。引数が文字列型であれば連結し、数値型であれば加算します。

addの代わりに「+」を使って書くこともできますが、構文が異なります。

例 2つの文字列を連結する

```
add(prop("myTitle"), prop("mySelect1"))
```

myTitle	mySelect1	add
まぐろ	準備中	まぐろ準備中
かつお	配送中	かつお配送中
まぐろかつおブレンド	配達完了	まぐろかつおブレンド配達完了

「myTitle」プロパティの値に、「mySelect1」プロパティの値を加えています。2つのプロパティの値は文字列型なので、文字列を連結した値を返します。

例 3つ以上の文字列を連結する

```
prop("myTitle") + "は" + prop("mySelect1") + "です"
```

myTitle	mySelect1	add
まぐろ	準備中	まぐろは準備中です
かつお	配送中	かつおは配送中です
まぐろかつおブレンド	配達完了	まぐろかつおブレンドは配達完了です

引数が3つ以上になるとadd関数の構文では扱えませんが、「+」を使った構文では扱えます。なお、concat関数を使う方法もあります（詳細は「7-5-1「concat」関数」を参照）。

例 2つの数値を計算する

```
add(10, prop("myNum1"))
```

# myNum1	Σ add
15	25
25.5	35.5
-15	-5

数値「10」に、「myNum1」プロパティの値を加えています。数値はダブルクオーテーションマーク「"」で囲みません。

7-4-3 「subtract」関数

構文 `subtract(引数1, 引数2)`

構文 `値1 - 値2`

1つめの引数から2つめの引数を引きます。引数は数値型である必要があります。

subtractの代わりに「-」を使って書くこともできますが、構文が異なります。

例 2つの数値を計算する

```
subtract(100, prop("myNum1"))
```

# myNum1	Σ subtract
15	85
25.5	74.5
-15	115

数値「100」から、「myNum1」プロパティの値を引いています。

例 3つ以上の数値を計算する

```
100 - prop("myNum1") - prop("myNum2")
```

# myNum1	# myNum2	Σ subtract
15	-15	100
10.5	-10.5	100
-15	15	100

数値「100」から、「myNum1」プロパティの値を引いて、さらに「myNum2」プロパティの値を引いています。

引数が3つ以上になるとsubtract関数の構文では扱えませんが、「-」を使った構文では扱えます。

7-4-4 「multiply」関数

構文 `multiply(引数1, 引数2)`

構文 `値1 * 値2`

2つの引数を掛けます。引数は数値型である必要があります。

multiplyの代わりに「*」を使って書くこともできますが、構文が異なります。

例 2つの数値を計算する

```
multiply(10, prop("myNum1"))
```

# myNum1	Σ multiply
15	150
10.05	100.5
-15	-150

数値「10」に、「myNum1」プロパティの値を掛けています。

例 3つ以上の数値を計算する

```
10 * prop("myNum1") * prop("myNum2")
```

# myNum1	# myNum2	Σ multiply
15	-2	-300
10.5	-10.5	-1102.5
-15	2	-300

引数が3つ以上になるとmultiply関数の構文では扱えませんが、「*」を使った構文では扱えます。

7-4-5 「divide」関数

構文 `divide(引数1, 引数2)`

構文 `値1 / 値2`

2つの引数を割ります。引数は数値型である必要があります。

divideの代わりに「/」を使って書くこともできますが、構文が異なります。

例 2つの数値を計算する

```
divide(100, prop("myNum1"))
```

# myNum1	Σ divide
5	20
50.5	1.980198019802
-5	-20

数値「100」を、「myNum1」プロパティの値で割っています。100÷50.5は「1.98019801…」の循環小数です。

例 3つ以上の数値を計算する

```
100 / prop("myNum1") / prop("myNum2")
```

# myNum1	# myNum2	Σ divide
5	2	10
10	-10	-1
-5	2	-10

引数が3つ以上になるとdivide関数の構文では扱えませんが、「/」を使った構文では扱えます。

7-4-6 「pow」関数

構文 pow(引数1, 引数2)

構文 値1 ^ 値2

数値型の2つの引数をべき乗(累乗)した値を返します。
powの代わりに「^」を使って書くこともできますが、構文が異なります。

例 2つの数値を計算する

```
pow(2, prop("myNum1"))
```

# myNum1	Σ pow
3	8
1.5	2.828427124746
-2	0.25

数値「2」を、「myNum1」プロパティの値でべき乗しています。

7-4-7 「mod」関数

構文 mod(引数1, 引数2)

構文 値1 % 値2

2つの引数を割り、その余りを返します。引数は数値型である必要があります。
modの代わりに「%」を使って書くこともできますが、構文が異なります。

例 2つの数値を計算する

```
mod(10, prop("myNum1"))
```

# myNum1	Σ mod
3	1
1.5	1
-1.5	1

数値「10」を「myNum1」プロパティの値で割り、その余りを返します。

7-4-8 「unaryMinus」関数

構文 unaryMinus(引数)

構文 - 値

数値型の引数の符号を反転します。すなわち、引数がプラスであればマイナスに、マイナスであればプラスにします。

unaryMinusの代わりに「-」を使って書くこともできますが、構文が異なります。

例 値の符号を反転する

```
unaryMinus(prop("myNum1"))
```

# myNum1	Σ unaryMinus
3	-3
1.25	-1.25
-1.25	1.25

「myNum1」プロパティの値の符号を反転します。

7-4-9 「unaryPlus」関数

構文 unaryPlus(引数)

構文 + 値

引数を数値へ変換します。

unaryPlusの代わりに「+」を使って書くこともできますが、構文が異なります。

例 テキストを数値へ変換する

```
unaryPlus(prop("myTxt1"))
```

myTxt1	Σ unaryPlus
まぐろ	
30	30
まぐろ30匹	

文字列型である「myTxt1」プロパティの値を、数値型へ変換しています。

「myTxt1」プロパティは「テキスト」タイプですが、unaryPlus関数を使って数値へ変換できるのは、数字のみが入っている場合です。文字のみ、あるいは、文字と数字が混在していると、何も値を返しません。

例 テキストから数字を抜き出し、数値へ変換してから計算する

```
unaryPlus(replaceAll(prop("myTxt1"), "[^0-9]", ""))
```

myTxt1	Σ unaryPlus
まぐろ30匹	30
まぐろ30匹　7月1日入荷分	3071

文字列が混在している値から数字を取り出すために、「myTxt1」プロパティの値から数字以外の文字を削除しています。この処理にはreplaceAll関数を使っています（詳細は「7-5-9「replaceAll」関数」を参照）。その結果をunaryPlus関数の引数としています。

ただし、もしもこのような処理をする場合は、意図しない数字が入らないよう注意してください。

7-4-10 「not」関数

構文 `not(引数)`

構文 `not 引数`

引数に指定したブーリアン型の値を論理否定した値を返します。つまり、引数が定数「true」の場合は定数「false」を、定数「false」の場合は定数「true」を返します。引数のカッコは省略できます。

例 ブーリアン型の値を論理否定した値を返す

```
not prop("myCheck1")
```

myCheck1	Σ not
☑	☐
☐	☑

「チェックボックス」タイプのプロパティは、チェックすると定数「true」、チェックを外すと定数「false」を返します。

「チェックボックス」タイプである「myCheck1」プロパティの値を論理否定しているので、「not」プロパティでは「myCheck1」プロパティの逆の値になっています。

7-4-11 「and」関数

構文 and(引数1, 引数2)

構文 値1 and 値2

引数に指定した2つのブーリアン型の値の論理積を返します。つまり、引数の両方が定数「true」であるときに定数「true」を、それ以外は定数「false」を返します。構文は2種類あります。

例 ブーリアン型の値の論理積を返す

```
and(prop("myCheck1"), prop("myCheck2"))
```

myCheck1	myCheck2	Σ and
☐	☐	☐
☑	☐	☐
☐	☑	☐
☑	☑	☑

「and」プロパティでは、「myCheck1」と「myCheck2」の論理積を返します。すなわち、両方のチェックボックスがオンのときだけ定数「true」になります。

7-4-12 「or」関数

構文 or(引数1, 引数2)

構文 値1 or 値2

引数に指定した2つのブーリアン型の値の論理和を返します。つまり、引数のどちらか一方でも定数「true」であるときに定数「true」を、両方が定数「false」

のときに定数「false」を返します。構文は2種類あります。

例 **ブーリアン型の値の論理和を返す**

```
or(prop("myCheck1"), prop("myCheck2"))
```

☑ myCheck1	☑ myCheck2	Σ or
☑	☑	☑
☑	☐	☑
☐	☑	☑
☐	☐	☐

「or」プロパティでは、「myCheck1」と「myCheck2」の論理和を返します。すなわち、両方のチェックボックスのどちらかでもオンであれば定数「true」(オン)になり、両方が定数「false」(オフ)のときだけ「false」になります。

7-4-13 「equal」関数

構文 `equal(引数1, 引数2)`

構文 `値1 == 値2`

2つの引数が等しい場合は定数「true」を返し、等しくない場合は定数「false」を返します。

equalの代わりに「==」を使って書くこともできますが、構文が異なります。

例 **2つの値が等しいか調べる**

```
equal(prop("myCheck1"), prop("myCheck2"))
```

☑ myCheck1	☑ myCheck2	Σ equal
☑	☑	☑
☑	☐	☐
☐	☑	☐
☐	☐	☑

2つのチェックボックスの状態をequal関数で調べるとは、両方のプロパティのブーリアン型が同じであるかを調べることです。

両方のチェックボックスの状態が同じであれば、equal関数は定数「true」を返します。

例 「マルチセレクト」タイプのプロパティを含めた2つの値が等しいか調べる

```
equal(prop("myMulSelect1"), prop("myMulSelect2"))
```

myMulSelect1	myMulSelect2	equal
まぐろ	まぐろ	☑
いわし	かつお	☐
まぐろ いわし	まぐろ いわし	☑
まぐろ いわし	いわし まぐろ	☐

equal関数は「マルチセレクト」タイプのプロパティにも使えますが、選択されている順序が異なるとプロパティの値が異なるので、equal関数の結果も変わります。

7-4-14 「unequal」関数

構文 `unequal(引数1, 引数2)`

構文 `値1 != 値2`

2つの引数が等しくない場合は定数「true」を返し、等しい場合は定数「false」を返します。

unequalの代わりに「!=」を使って書くこともできますが、構文が異なります。

例 2つの値が等しくないか調べる

```
unequal(prop("myCheck1"), prop("myCheck2"))
```

myCheck1	myCheck2	unequal
☑	☑	☐
☐	☐	☐
☐	☑	☑
☑	☐	☑

2つのチェックボックスの状態をunequal関数で調べるとは、両方のプロパ

ティのブーリアン型が等しくないことを調べることです。

両方のチェックボックスの状態が異なっていれば、unequal関数は定数「true」(オン)を返します。同じであれば、定数「false」(オフ)を返します。

例 「マルチセレクト」タイプのプロパティを含めた2つの値が等しいか調べる

```
unequal(prop("myMulSelect1"), prop("myMulSelect2"))
```

myMulSelect1	myMulSelect2	unequal
まぐろ	まぐろ	☐
いわし	かつお	☑
まぐろ いわし	まぐろ いわし	☐
まぐろ いわし	いわし まぐろ	☑

unequal関数は「マルチセレクト」タイプのプロパティにも使えますが、選択されている順序が異なるとプロパティの値が異なるので、unequal関数の結果も変わります。3番目と4番目のアイテムは候補を選ぶ順番を変えただけですが、unequal関数の結果は異なります。

7-4-15 「larger」関数

構文 `larger(引数1, 引数2)`

構文 `値1 > 値2`

最初の引数が2番目の引数よりも大きい場合に定数「true」を返します。そうでない場合か、両者が等しい場合は、定数「false」を返します。引数には、テキスト、数値、ブーリアン型、日付が使えます。

largerの代わりに「>」を使って書くこともできますが、構文が異なります。

例 2つの値の大小を調べる

```
larger(prop("myNum1"), prop("myNum2"))
```

myNum1	myNum2	larger
10	20	☐
20	10	☑
30	30	☐

7-4-16 「largerEq」関数

構文 `largerEq(引数1, 引数2)`

構文 `値1 >= 値2`

最初の引数が2番目の引数と同じ、または、大きい場合に定数「true」を返します。そうでない場合は、定数「false」を返します。引数には、テキスト、数値、ブーリアン型、日付が使えます。

largerEqの代わりに「>=」を使って書くこともできますが、構文が異なります。

例 2つの値の大小を調べる

```
largerEq(prop("myNum1"), prop("myNum2"))
```

# myNum1	# myNum2	Σ largerEq
10	20	☐
20	10	☑
30	30	☑

7-4-17 「smaller」関数

構文 `smaller(引数1, 引数2)`

構文 `値1 < 値2`

最初の引数が2番目の引数よりも小さい場合に定数「true」を返します。そうでない場合か、両者が等しい場合は、定数「false」を返します。引数には、テキスト、数値、ブーリアン型、日付が使えます。

smallerの代わりに「<」を使って書くこともできますが、構文が異なります。

例

```
smaller(prop("myNum1"), prop("myNum2"))
```

# myNum1	# myNum2	Σ smaller
10	20	☑
20	10	☐
30	30	☐

7-4-18 「smallerEq」関数

構文 `smallerEq(引数1, 引数2)`

構文 `値1 <= 値2`

最初の引数が2番目の引数と同じ、または、小さい場合に定数「true」を返します。そうでない場合は、定数「false」を返します。引数には、テキスト、数値、ブーリアン型、日付が使えます。

smallerEqの代わりに「<=」を使って書くこともできますが、構文が異なります。

```
smallerEq(prop("myNum1"), prop("myNum2"))
```

# myNum1	# myNum2	Σ smallerEq
10	20	☑
20	10	☐
30	30	☑

7-5 関数機能（2）

数式入力ウインドウの「関数機能」の見出しにあるものの要点を紹介します。

7-5-1 「concat」関数

構文 `concat(引数1, 引数2, ...)`

構文 `値1 + 値2 ...`

引数を連結した結果を返します。引数は文字列型、または文字列である必要があります。

concatの代わりに「+」を使って書くこともできますが、構文が異なります。

例 2つの文字列を連結する

```
concat(prop("myTitle"), "です")
```

myTitle	concat
まぐろ	まぐろです
かつお	かつおです
ひらめ	ひらめです

プロパティの値ではない任意の文字列を使うには、ダブルクオーテーションマーク「"」で囲みます。

例 数値型の値を含めて連結する

改行せずに続けて「("myNum1～」を入力（半角スペースは入れない）

```
concat("ご注文は", prop("myTitle"), "が", format(prop
("myNum1")), "個です")
```

myTitle	myNum1	concat
まぐろ	50	ご注文はまぐろが50個です
かつお	30	ご注文はかつおが30個です
ひらめ	10	ご注文はひらめが10個です

文字列型ではないプロパティの値を使うには、format関数を使って文字列型へ変換します（詳細は「7-5-5「format」関数」を参照）。

7-5-2 「join」関数

構文 join(連結に使う引数, 連結される引数1, 連結される引数2, ...)

1番目の引数を、それ以外の引数の間に挿入したうえで、すべてを連結した結果を返します。引数は文字列型、または文字列である必要があります。

関数の機能上、連結される引数は2個以上必要です。

例 複数のプロパティを記号で連結する

```
join("／", prop("myTitle"), prop("myTxt1"), prop("myTxt2"))
```

myTitle	myTxt1	myTxt2	join
まぐろ	インド洋	静岡県	まぐろ／インド洋／静岡県
かつお	大西洋	高知県	かつお／大西洋／高知県
いわし	太平洋	千葉県	いわし／太平洋／千葉県

例 数値型の値を含めて複数のプロパティを連結する

改行せずに1行で入力

```
join("／", prop("myTitle"), format(prop("myNum1")),
prop("myTxt1"))
```

myTitle	myNum1	myTxt1	join
まぐろ	50	インド洋	まぐろ／50／インド洋
かつお	30	大西洋	かつお／30／大西洋
いわし	10	太平洋	いわし／10／太平洋

「myNum1」プロパティは「数値」タイプです。文字列型ではないプロパティの値を使うには、format関数を使って変換します（詳細は「7-5-5「format」関数」を参照）。

7-5-3 「slice」関数

構文 slice(処理対象, 抽出する先頭の文字の順番, 抽出する末尾の文字の順番)

構文 slice(処理対象, 抽出する先頭の文字の順番)

1番目の引数に対し、指定した範囲の文字列を抽出して返します。抽出する範囲を指定するには、2番目と3番目の引数を使って、範囲の先頭と末尾を数値で指示します。先頭の文字は0番目として扱います。

末尾に指定した順番の文字は抽出されません。1番目の引数の最後まで抽出する場合は、3番目の引数を省略します。

1番目の引数は文字列型、2番目と3番目の引数は数値型である必要があります。

例 先頭の1文字を切り捨てる

```
slice(prop("myTitle"), 1)
```

Aa myTitle	Σ slice
ちょうちんあんこう	ょうちんあんこう
くろまぐろ	ろまぐろ
いわし	わし

先頭の文字は0番目ですので、先頭の1文字を切り捨てるには、2つめの引数に「1」を指定します。末尾は切り捨てないので、3つ目の引数を省略します。

例 先頭から4文字分を抽出する

```
slice(prop("myTitle"), 0, 4)
```

Aa myTitle	Σ slice
ちょうちんあんこう	ちょうち
くろまぐろ	くろまぐ
いわし	いわし

先頭から4文字分を抽出するには、2つめの引数には先頭を意味する1文字目、すなわち「0」を指定します。3つめの引数には5文字目、すなわち「4」を指定します。3番目の引数に指定した文字は切り捨てるので、5文字目の文字は抽出されません。

例 抽出する文字数を別のプロパティで指定する

```
slice(prop("myTitle"), 0, prop("myNum1"))
```

myTitle	myNum1	slice
ちょうちんあんこう	3	ちょう
くろまぐろ	4	くろまぐ
いわし	2	いわ

3つめの引数を数値型のプロパティに指定して、抽出する文字数をアイテムごとに変更できます。2つめの引数は「0」と決めているので、結果として、抽出する文字の数を指定しています。

7-5-4 「length」関数

構文 length(引数)

文字列の長さを返します。スペースも算入されます。全角半角は区別されません。引数は文字列型である必要があります。

例 全角半角、スペースが混在した例

```
length(prop("myTitle"))
```

myTitle	length
くろまぐろ	5
tuna	4
a tuna	6

例 「数値」タイプのプロパティの文字数を数える

```
length(format(prop("myNum1")))
```

myNum1	length
50,000	5
3,000	4
200	3

数値の文字数、つまり桁数を調べています。文字列型ではないプロパティの値を使うには、format関数を使って文字列型へ変換します（詳細は「7-5-5「format」関数」を参照）。

図の「myNum1」プロパティには位取りのカンマが付いていますが、これは「数値の形式」オプションを「コンマ付きの数値」に設定しているためです。値そのものにはカンマが入っていないので、length関数では算入されません。

7-5-5 「format」関数

構文 format(引数)

引数を文字列へ変換して返します。値のタイプだけが変わるので、見た目には変わらない場合もあります。

文字列型でないタイプのプロパティの値を、文字列型のみを受け付ける関数へ引き渡したいときに使います。

例 「数値」タイプのプロパティを文字列へ変換する

```
format(prop("myNum1"))
```

# myNum1	Σ format
50000	50000
3000	3000
200	200

左右の値そのものは同じですが、データの型が変わっています。このため、セルの中で左詰めになります。なお、テーブル下端にある「計算」メニューを開くと、［合計］などの数値を対象にした機能は現れません。

例 「チェックボックス」タイプのプロパティを文字列へ変換する

```
format(prop("myCheck1"))
```

myCheck1	Σ format
☑	true
☐	false
☑	true

「チェックボックス」タイプのプロパティを引数にすると、文字列「true」または「false」を返します。これらはformat関数で変換されているので、定数ではありません。

例 「マルチセレクト」タイプのプロパティを文字列へ変換する

```
format(prop("myMulSelect1"))
```

myMulSelect1	format
まぐろ かつお	まぐろ, かつお
いわし かつお	いわし, かつお
まぐろ かつお いわし	まぐろ, かつお, いわし

「マルチセレクト」タイプのプロパティを引数にすると、入力されている項目を半角のカンマとスペースで区切って列挙します。

例 「ファイル&メディア」タイプのプロパティからURLを取得する

```
format(prop("myFile1"))
```

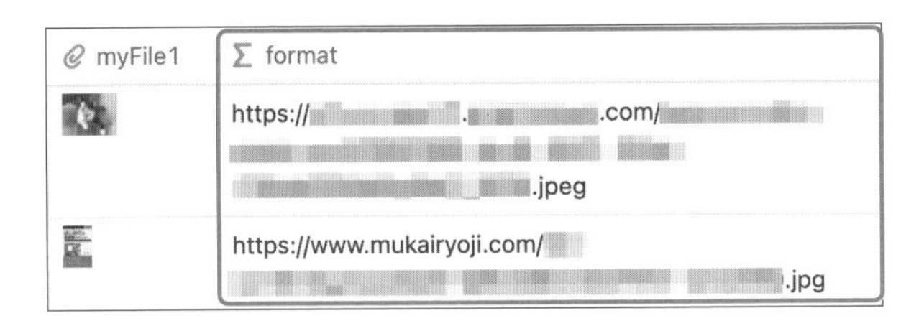

「ファイル&メディア」タイプのプロパティを引数にすると、リンクを指定したときはそのURLを、手元の端末内にあるファイルをアップロードしたときはNotionが利用するクラウドストレージサービス内のURLを返します。

7-5-6 「toNumber」関数

構文 `toNumber(引数)`

引数を数値へ変換して返します。値のタイプだけが変わるので、見た目には変わらない場合もあります。

数値型でないタイプのプロパティの値を、数値型のみを受け付ける関数へ引き渡したいときに使います。

例 「テキスト」タイプのプロパティを数値へ変換する

```
toNumber(prop("myTitle"))
```

myTitle	toNumber
101-1234	101
今日は30日	
7月です	7

toNumber関数は、値の先頭に数字があるときに、数字だけを返します。文字列の途中に数値があっても無視されます。すべての数字を抜き出したいときは、replaceAll関数などを使ってあらかじめ処理する必要があります（詳細は「7-5-9「replaceAll」関数」を参照）。

例 「チェックボックス」タイプのプロパティを数値へ変換する

```
toNumber(prop("myCheck1"))
```

myCheck1	toNumber
☑	1
☐	0
☑	1

「チェックボックス」タイプのプロパティをtoNumber関数の引数にすると、定数「true」のときは数値「1」、定数「false」のときは数値「0」が返されます。

例 「日付」タイプのプロパティをUNIXタイムスタンプへ変換する

「日付」タイプのプロパティを引数にすると、UNIXタイムスタンプへ変換します。これはtimestamp関数の結果と同じです（詳細は「7-5-28「timestamp」関数」を参照）。

7-5-7 「contains」関数

構文 `contains(引数1, 引数2)`

1番目の引数の文字列に対し、2番目の引数の文字列が含まれていた場合に、定数「true」を返します。2つの引数は文字列型である必要があります。

例 特定の文字列が含まれているか調べる

```
contains(prop("myTitle"), prop("myTxt1"))
```

Aa myTitle	myTxt1	Σ contains
プレミアムまぐろ缶	まぐろ	☑
純かつお缶	まぐろ	☐
純かつお缶	かつお	☑

1番目の引数の値に、2番目の引数の値が含まれていれば、定数「true」を返します。前方一致や後方一致である必要はありません。

contains関数はブーリアン型で返されるので、そのまま「テーブル」レイアウトのビューへ配置するとチェックボックスになります。「true」「false」の文字列が必要な場合はformat関数、「1」「0」の数値が必要な場合はtoNumber関数を併用する必要があります（詳細はそれぞれ「7-5-5「format」関数」、「7-5-6「toNumber」関数」を参照）。

例 「セレクト」タイプの値が含まれているか調べる

```
contains(prop("myTitle"), prop("mySelect1"))
```

Aa myTitle	mySelect1	Σ contains
プレミアムまぐろ缶	まぐろ	☑
純かつお缶	まぐろ	☐
まぐろかつおブレンド缶	かつお	☑

「セレクト」タイプのプロパティを引数にしても、その文字列が含まれているかどうかを調べられます。

ただし、「マルチセレクト」タイプの場合は注意が必要です。たとえば「まぐろ」「かつお」の順で選んだ場合は、実際に比較に使う文字列は「まぐろ, かつお」となります。このため、単に「まぐろ」と「かつお」が含まれていても「false」が返されます（詳細は「7-5-5「format」関数」の例を参照）。

7-5-8 「replace」関数

構文 replace(検索対象, 検索条件の文字列, 置換する文字列)

1番目の引数に対し、2番目の引数が含まれているか検索し、最初に該当したものを3番目の引数と置換します。なお、該当箇所のすべてを置換するにはreplaceAll関数を使います(詳細は「7-5-9「replaceAll」関数」を参照)。

プロパティを検索対象にする場合は、1番目の引数は数値タイプでも直接扱えます。2番目と3番目の引数は、文字列型である必要があります。検索条件には正規表現が使えます。

例 条件を変えて文字列を置換する

```
replace(prop("myTitle"), prop("myTxt1"), "まみ")
```

myTitle	myTxt1	replace
あいうえお、あいうえお	あい	まみうえお、あいうえお
あいうえお、あいうえお	う.お	あいまみ、あいうえお
あいうえお、あいうえお	う[あ-ん]	あいまみお、あいうえお

検索条件に使う文字列には、「myTxt1」プロパティの値を使っています。

1つめのアイテムでは、「あいうえお、あいうえお」に「あい」が含まれているか検索し、1番目に合致した文字列を3番目の引数である「まみ」と置換しています。2回目に出現している「あい」は置換されません。

2つめのアイテムでは、検索条件に正規表現を使い、「う」+(任意の1文字)+「お」と指定しています。1回目に出現した「うえお」が合致しているので、置換されています。

3つめのアイテムでも正規表現を使い、検索条件に「う」+(「あ～ん」のうちの1文字)と指定しています。このため、1回目に出現した「うえ」が合致して置換されています。

●NOTE　正規表現とは、文字列そのものではなく、文字種別のパターンを指定する方法です。さまざまな記号を組み合わせて複雑な条件を指定できますが、本書では詳しく紹介する紙幅がないので省略します。インターネットには解説サイトが数多くあるので検索してみてください。

7-5-9 「replaceAll」関数

構文 `replaceAll(検索対象, 検索条件の文字列, 置換する文字列)`

1番目の引数に対し、2番目の引数が含まれているか検索し、該当したもののすべてを3番目の引数と置換します。なお、該当箇所の1つめだけを置換するにはreplace関数を使います（詳細は「7-5-8「replace」関数」を参照）。

プロパティを検索対象にする場合は、1番目の引数は数値タイプでも直接扱えます。2番目と3番目の引数は、文字列型である必要があります。検索条件には正規表現が使えます。

例 条件を変えて文字列を置換する

```
replaceAll(prop("myTitle"), prop("myTxt1"), "まみ")
```

myTitle	myTxt1	replaceAll
あいうえお、あいうえお	あい	まみうえお、まみうえお
あいうえお、あいうえお	う.お	あいまみ、あいまみ
あいうえお、あいうえお	う[あ-ん]	あいまみお、あいまみお

検索条件に使う文字列には、「myTxt1」プロパティの値を使っています。

使用するプロパティの値はreplace関数で紹介した例と同じですが、式で使うreplace関数をreplaceAll関数へ変更しています。このため、2回目に合致した文字列も置換されます。

7-5-10 「test」関数

構文 `test(検索対象, 検索条件の文字列)`

1番目の引数に対し、2番目の引数の文字列に示した正規表現と一致するかどうかをテストします。一致すれば定数「true」、一致しなければ定数「false」を返します。

プロパティを検索対象にする場合は、1番目の引数は数値タイプでも直接扱えます。2番目の引数は、文字列型である必要があります。

例 ほかのプロパティの値を使って条件に合致するか調べる

```
test(prop("myTitle"), prop("myTxt1"))
```

myTitle	myTxt1	test
静岡県	.{2,3}県$	☑
静岡県焼津市	.{2,3}県.+	☑
静岡県	.{2,3}県.+	☐

1つめのアイテムでは、検索条件は《任意の文字が2文字以上かつ3文字以内》+《末尾が「県」という文字》です。「静岡県」は末尾が「県」なので、定数「true」を返します。

2つめのアイテムでは、検索条件は《任意の文字が2文字以上かつ3文字以内》+「県」+《1文字以上の任意の文字》です。「静岡県焼津市」は条件に合致するので、定数「true」を返します。

3つめのアイテムでは、検索条件は2つめと同じです。検索条件の最後にある《1文字以上の任意の文字》が存在しないので、定数「false」を返します。

7-5-11 「empty」関数

構文 empty(検索対象)

引数に対し、値が空であるかどうかを調べます。空であれば定数「true」、空でなければ定数「false」を返します。

例 未入力か調べる

```
empty(prop("myTitle"))
```

myTitle	empty
まぐろ	☐
	☑
	☐

「myTitle」プロパティの値が空、つまり未入力であるか調べます。3つめのアイテムが定数「false」を返しているのは、実はスペースが入っているからです。よく見るとグレーの下線が表示されています。

もしもスペースなどの記号を文字として扱いたくない場合は、あらかじめreplaceAll関数を使ってそれらの記号を削除してから判定するとよいでしょう(詳細は「7-5-9「replaceAll」関数」を参照)。

7-5-12 「abs」関数

構文 abs(引数)

引数に対し、絶対値を返します。値がプラスまたは「0」であれば同じ値、マイナスであればプラスへ変換した値になります。引数は数値型である必要があります。

例 ほかのプロパティの絶対値を求める

```
abs(prop("myNum1"))
```

# myNum1	Σ abs
2000	2000
0	0
-2000	2000

7-5-13 「cbrt」関数

構文 cbrt(引数)

引数の立方根を返します。引数は数値型である必要があります。

立方根とは、「3乗するとその値になる数」のことです。たとえば、「8」は「2を3乗した値」ですので、「8の立方根は2」になります。

例 立方根を調べる

```
cbrt(prop("myNum1"))
```

# myNum1	Σ cbrt
8	2
0	0
-27	-3

7-5-14 「ceil」関数

構文 ceil(引数)

引数より大きく、かつ、最小の整数を返します。引数は数値型である必要があります。

例 引数より大きく、かつ、最小の整数を調べる

```
ceil(prop("myNum1"))
```

# myNum1	Σ ceil
1.25	2
0	0
-1.25	-1

7-5-15 「exp」関数

構文 exp(引数)

自然対数の底であるネイピア数(e=2.718…)のべき乗(eの「引数の値」乗)を計算します。引数は数値型である必要があります。

例 ネイピア数を使う

```
exp(prop("myNum1"))
```

# myNum1	Σ exp
1	2.718281828459
3	20.085536923188
10	22026.46579480672

7-5-16 「floor」関数

構文 floor(引数)

引数に対し、それ以下で、最大の整数を返します。引数の値は含みます。つ

まり、小数点以下切り捨ての整数を返します。

例 引数より小さく、かつ、最大の整数を調べる

```
floor(prop("myNum1"))
```

# myNum1	Σ floor
5.2	5
5	5
4.8	4

引数の値は含まれるので、「floor(5)」は「5」を返します。

7-5-17 「ln」関数

構文 `ln(引数)`

引数に対し、その自然対数を返します。引数は数値型である必要があります。

例 引数の自然対数を返す

```
ln(prop("myNum1"))
```

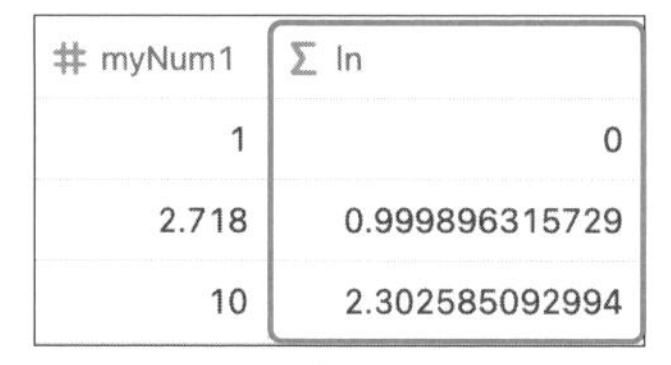

# myNum1	Σ ln
1	0
2.718	0.999896315729
10	2.302585092994

7-5-18 「log10」関数

構文 `log10(引数)`

数値の10を底とする対数を返します。引数は数値型である必要があります。

例 10を底とする対数を返す

```
log10(prop("myNum1"))
```

# myNum1	∑ log10
1	0
10	1
100	2

7-5-19 「log2」関数

構文 `log2(引数)`

数値の2を底とする対数を返します。引数は数値型である必要があります。

例 2を底とする対数を返す

```
log2(prop("myNum1"))
```

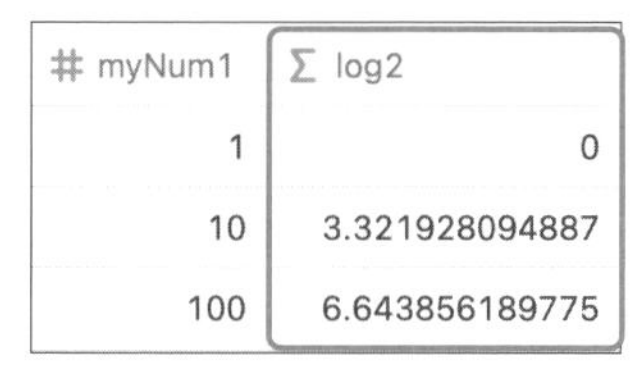

# myNum1	∑ log2
1	0
10	3.321928094887
100	6.643856189775

7-5-20 「max」関数

構文 `max(引数1, 引数2, ...)`

引数のうちの最大値を返します。引数は数値型である必要があります。

例 複数のプロパティから最大値を返す

```
max(prop("myNum1"), prop("myNum2"), 1000)
```

# myNum1	# myNum2	∑ max
1	10	1000
0	5000	5000
100		

「myNum1」および「myNum2」プロパティの値と、数値「1000」を比較して

います。数値はダブルクオーテーションマーク「"」で囲む必要はありません。

max関数は、比較する値が「0」でも値を返しますが、いずれかが空欄であると何も返しません。

7-5-21 「min」関数

構文 `min(引数1, 引数2, ...)`

引数のうちの最小値を返します。引数は数値型である必要があります。

例 複数のプロパティから最小値を返す

```
min(prop("myNum1"), prop("myNum2"), 1000)
```

myNum1	myNum2	min
1.5	10	1.5
-50	5000	-50
100		

「myNum1」および「myNum2」プロパティの値と、数値「1000」を比較しています。数値はダブルクオーテーションマーク「"」で囲む必要はありません。

min関数は、比較する値が「0」でも値を返しますが、いずれかが空欄であると何も返しません。

7-5-22 「round」関数

構文 `round(引数)`

引数に対し、最も近い整数になるように処理した値を返します。引数は数値型である必要があります。

なお、このような「端数を処理すること」を、一般に「丸める」と言います。

例 別のプロパティの値を整数へ丸める

```
round(prop("myNum1"))
```

# myNum1	Σ round
1.49	1
1.5	2
-1.5	-1

マイナスの値を扱うときは注意してください。

7-5-23 「sign」関数

構文 sign(引数)

引数に対し、その値がプラス(正)であるときは「1」、ゼロであるときは「0」、マイナス(負)であるときは「-1」を返します。引数は数値型である必要があります。

例 数値がプラス、0、マイナスのいずれであるかを調べる

```
sign(prop("myNum1"))
```

# myNum1	Σ sign
5	1
0	0
-5	-1

7-5-24 「sqrt」関数

構文 sqrt(引数)

引数の正の平方根を返します。引数は数値型である必要があります。

平方根とは、「2乗するとその値になる数」のことです。たとえば、「25」は「5または-5を2乗した値」ですので、「25の平方根は5または-5」になります。正の平方根とは、「5または-5」のうちの正の値、つまり「5」を指します。

例 ほかのプロパティの正の平方根を調べる

```
sqrt(prop("myNum1"))
```

# myNum1	Σ sqrt
25	5
0	0
-25	

引数がマイナス、つまり、「2乗するとマイナスになる実数」はないので、3つめのアイテムは計算不能となり、空欄になります。

7-5-25 「start」関数

構文 start(引数)

日付型の引数に対して、範囲の開始日を返します。
「時刻を含む」オプションがオンであれば、時刻も含んだ値が返されます。
「終了日を含む」オプションがオンであれば、開始日のみが返されます。

例 **開始日時を調べる**

```
start(prop("myDay1"))
```

myDay1	Σ start
2022年7月1日	2022年7月1日
2022年7月1日 → 2022年7月7日	2022年7月1日
2022年7月1日 午後 6:30 → 2022年7月7日 午後 6:30	2022年7月1日 午後 6:30

7-5-26 「end」関数

構文 end(引数)

日付型の引数に対して、範囲の終了日を返します。
「時刻を含む」オプションがオンであれば、時刻も含んだ値が返されます。
「終了日を含む」オプションがオンであれば、終了日のみが返されます。

例 **終了日時を調べる**

```
end(prop("myDay1"))
```

myDay1	end
2022年7月1日	2022年7月1日
2022年7月1日 → 2022年7月7日	2022年7月7日
2022年7月1日 午後 6:30 → 2022年7月7日 午後 6:30	2022年7月7日 午後 6:30

7-5-27 「now」関数

構文 now()

現在の日付と時刻を返します。引数はありませんが、括弧は書く必要があります。

例 現在の日時を調べる

```
now()
```

myDay1	now
2022年7月1日	2022年7月2日 午後 2:48
2022年7月1日 → 2022年7月7日	2022年7月2日 午後 2:48
2022年7月1日 午後 6:30 → 2022年7月7日 午後 6:30	2022年7月2日 午後 2:48

アイテムがいくつあっても、現在の日付と時刻はただ1つですから、すべてのアイテムで同じ値が返されます。

例 現在の日付をプロパティの値と比較する

```
if(start(prop("myDay1")) <= now(), "開始しています", "期間外です")
```

myDay1	now
2022年7月1日	開始しています
2022年7月2日	開始しています
2022年8月1日	期間外です

現在は「2022年7月2日」とします。「myDay1」プロパティの値を現在の日時と比較して、2つのメッセージのどちらかを表示します。if関数については「7-4-1「if」関数」を、「<=」については「7-4-18「smallerEq」関数」を参照してください。

7-5-28 「timestamp」関数

構文 timestamp(引数)

UNIX時刻(タイムスタンプ)をミリ秒で返します。

UNIX時刻とは、協定世界時(UTC)において、1970年1月1日午前0時0分0秒からの経過秒数を計算したものです。ミリ秒は1,000分の1秒です。なお、日本標準時は協定世界時より9時間進んでいます。

例 「日付」タイプのプロパティをタイムスタンプへ変換する

```
timestamp(prop("myDay1"))
```

myDay1	Σ timestamp
2022年7月2日	1656687600000
2022年7月2日 午前 12:00	1656687600000
2022年7月2日 → 2022年7月15日	1656687600000

1つめのアイテムでは「時刻を含む」オプションはオフですが、timestamp関数の結果は2つめのアイテムと同じです。つまり、引数に時刻を含めない場合は、午前0時0分0秒として扱われます。

3つめのアイテムでは「終了日を含む」オプションをオンにしていますが、timestamp関数の結果は同じです。つまり、値に終了日が含まれていても無視されます。

7-5-29 「fromTimestamp」関数

構文 fromTimestamp(引数)

ミリ秒でのUNIX時刻を、一般的な表記の日付と時刻へ変換します(UNIX時刻については「7-5-28「timestamp」関数」を参照)。引数は数値型である必要があります。

例 タイムスタンプを「日付」タイプのプロパティへ変換する

```
fromTimestamp(prop("timestamp"))
```

myDay1	timestamp	fromTimestamp
2022年7月2日	1656687600000	2022年7月2日 午前 12:00
2022年7月2日 午前 12:00	1656687600000	2022年7月2日 午前 12:00
2022年7月2日 → 2022年7月15日	1656687600000	2022年7月2日 午前 12:00

timestamp関数を使って「日付」タイプのプロパティをミリ秒でのUNIX時刻へ変換し、それをさらにfromTimestamp関数で変換しています。3つのアイテムでtimestamp関数の結果が同じですので、fromTimestamp関数の結果も同じになります。

7-5-30 「dateAdd」関数

構文 dateAdd(日付, 加算する量, 単位)

日付の加算を行います。1つめの引数は日付型、2つめの引数は数値型で指定します。

3つめの引数である単位は、以下のいずれかを直接記述して指定します。「years」、「quarters」(四半期、3か月)、「months」、「weeks」、「days」、「hours」、「minutes」、「seconds」、「milliseconds」。

例 日数を加算する

```
dateAdd(prop("myDay1"), prop("myNum1"), "days")
```

myDay1	myNum1	dateAdd
2022年7月2日	1	2022年7月3日
2022年7月2日	90	2022年9月30日
2022年7月2日 午前 12:00	-1	2022年7月1日 午前 12:00
2022年7月2日 → 2022年7月15日	1	2022年7月3日

「日付」タイプである「myDay1」プロパティの日付に、「数値」タイプである「myNum1」プロパティの値を加算しています。単位は「days」に指定しています。

3つめのアイテムではマイナスの値を指定しているので、「myDay1」プロパティの日付よりも前の日付が返されます。

4つめのアイテムでは「終了日を含む」オプションをオンにしていますが、開始日の計算結果のみが返されています。

例 加算する単位を別のプロパティで指定する

```
dateAdd(prop("myDay1"), 1, prop("myTxt1"))
```

myDay1	myTxt1	dateAdd
2022年7月2日	months	2022年8月2日
2022年7月2日	quarters	2022年10月2日
2022年7月2日	weeks	2022年7月9日
2022年7月2日 午前 12:00	minutes	2022年7月2日 午前 12:01
2022年7月2日 → 2022年7月15日	days	2022年7月3日

「myDay1」プロパティの日付に、「1」を加算しています。単位は「myTxt1」プロパティで指定しています。

5つめのアイテムでは、「終了日を含む」オプションをオンにしていますが、開始日だけが計算されています。

7-5-31 「dateSubtract」関数

構文 `dateSubtract(日付, 減算する量, 単位)`

日付の減算を行います。1つめの引数は日付型、2つめの引数は数値型で指定します。

3つめの引数である単位は、特定の文字列を記述して指定します。書き方はdateAdd関数と同じですので、「7-5-30「dateAdd」関数」を参照してください。

例 日数を減算する

```
dateSubtract(prop("myDay1"), prop("myNum1"), "days")
```

myDay1	myNum1	dateSubtract
2022年7月2日	1	2022年7月1日
2022年7月2日	90	2022年4月3日
2022年7月2日 午前 12:00	-1	2022年7月3日 午前 12:00
2022年7月2日 → 2022年7月15日	1	2022年7月1日

「日付」タイプである「myDay1」プロパティの日付に、「数値」タイプである

「myNum1」プロパティの日数を減算しています。単位は「days」に指定しています。

3つめのアイテムではマイナスの値を指定しているので、「myDay1」プロパティの日付よりも後の日付が返されます。

4つめのアイテムでは「終了日を含む」オプションをオンにしていますが、開始日の計算結果のみが返されています。

例 減算する単位を別のプロパティで指定する

```
dateSubtract(prop("myDay1"), 1, prop("myTxt1"))
```

myDay1	myTxt1	dateSubtract
2022年7月2日	months	2022年6月2日
2022年7月2日	quarters	2022年4月2日
2022年7月2日	weeks	2022年6月25日
2022年7月2日 午前 12:00	minutes	2022年7月1日 午後 11:59
2022年7月2日 → 2022年7月15日	days	2022年7月1日

「myDay1」プロパティの日付に、「1」を減算しています。単位は「myTxt1」プロパティで指定しています。

5つめのアイテムでは、「終了日を含む」オプションをオンにしていますが、開始日だけが計算されています。

7-5-32 「dateBetween」関数

構文 `dateBetween(引数1, 引数2, 単位)`

日付の引数を2つ指定して、1番目の引数から2番目の引数を引き、両者の期間を調べます。この2つの引数は日付型である必要があります。3つめの引数である単位は、以下のいずれかを直接記述して指定します。

3つめの引数である単位は、特定の文字列を記述して指定します。書き方はdateAdd関数と同じですので、「7-5-30「dateAdd」関数」を参照してください。

例 現在の日時と別のプロパティとの期間を調べる

```
dateBetween(now(), prop("myDay1"), "minutes")
```

myDay1	dateBetween
2022年7月1日	3622
2022年7月1日 午前 12:00	3622
2022年7月1日 → 2022年7月5日	3622

1つめの引数には現在の日時を返すnow関数、2つめの引数には「日付」タイプである「myDay1」プロパティを指定し、両者の期間を分数の単位で調べます(now関数の詳細は「7-5-27「now」関数」を参照)。

3つのアイテムの結果が同じ値です。よって、「時刻を含む」オプションをオフにしているときは午前12時0分(夜中の0時0分)として計算されていることが、また、「終了日を含む」オプションをオンにしていても無視されることが分かります。

例 別のプロパティとの期間を日数単位で調べる

```
dateBetween(now(), prop("myDay1"), "days")
```

myDay1	dateBetween
2022年7月1日	2
2022年7月2日	1
2022年7月3日	0
2022年7月4日	0
2022年7月5日	-1
2022年7月1日 → 2022年7月5日	2

前の例から、期間を調べる単位を「days」へ変更しています。引数をこの式の順序で指定すると、現在の日付から「myDay1」プロパティの日付を引いているので、計算結果は、過去の日付であればプラス、将来の日付であればマイナスになります。

このデータベースを開いたのは7月3日ですが、当日だけでなく次の日である4日も「0」日として計算されています。その理由は次の例で調べます。

例 別のプロパティとの期間を単位を変えて調べる

「dateBetween」プロパティの式

```
dateBetween(now(), prop("myDay1"), "minutes")
```

「dateBetweenDays」プロパティの式

```
dateBetween(now(), prop("myDay1"), "days")
```

myDay1	dateBetween	dateBetweenDays
2022年7月2日	2220	1
2022年7月2日 12:59	1441	1
2022年7月2日 13:00	1440	1
2022年7月2日 13:01	1439	0
2022年7月3日	780	0
2022年7月3日 13:00	0	0
2022年7月4日	-660	0
2022年7月4日 12:59	-1439	0
2022年7月4日 13:00	-1440	-1
2022年7月4日 13:01	-1441	-1

2つの式で、計算する単位を変えています。「dateBetween」プロパティの値が「0」のアイテムがあることから分かるとおり、この図は7月3日13時00分に撮影しています。

dateBetween関数の結果がプラス・マイナス1440分(1日)以上になると、「dateBetweenDays」プロパティの値が「1」日になります。1440分未満であれば0日です。7月3日・4日ともに「0」日と計算されたのはこのためです。

このように、dateBetween関数は時刻まで考慮されているため、必要に応じて時刻の処理を行う必要があります。

7-5-33 「formatDate」関数

構文 `formatDate(日付, フォーマット)`

日付型の引数に対してフォーマットを指定することで、任意の書式へ変換します。フォーマットは「Moment」の標準フォーマットと呼ばれるもので、記号と任意に組み合わせられます。例として次のものがあります。そのほかの書き方は例を参考にしてください。

年(西暦)		月		日	
Y	4桁	M	1～2桁	D	1～2桁
YY	下2桁	MM	2桁(1桁のときは0を補う)	DD	2桁(1桁のときは0を補う)
YYYY	4桁	MMMM	英語		

例 現在の日時をさまざまなフォーマットで返す

```
formatDate(now(), prop("myTxt1"))
```

myTxt1	formatDate
MMMM D YYYY, HH:mm	July 2 2022, 20:26
MMMM-D-YYYY	July-2-2022
YYYY/MM/DD, HH:mm	2022/07/02, 20:26
YYYY/MM/DD	2022/07/02
YYYY MM DD dddd	2022 07 02 Saturday
YY/MM/DD	22/07/02
Y/M/D	2022/7/2
Y M D	2022 7 2
Y MMMM Do	2022 July 2nd
Y MMMM Do d	2022 July 2nd 6
Y MMMM Do dddd	2022 July 2nd Saturday
M/D	7/2
D/M	2/7
HH:mm A	20:26 PM
HH:mm	20:26

現在の日時をnow関数で取得し、「myTxt1」プロパティで書式を指定しています（now関数の詳細は「7-5-27「now」関数」を参照）。

7-5-34 「minute」関数

構文 minute(日付)

日付型の引数から「分」のみを返します。

例 「日付」タイプのプロパティから分のみを取り出す

```
minute(prop("myDay1"))
```

myDay1	Σ minute
2022年7月2日	0
2022年7月2日 12:59	59
2022年7月2日 13:00	0
2022年7月2日 13:01	1

7-5-35 「hour」関数

構文 hour(日付)

日付型の引数から「時」のみを返します。

例 「日付」タイプのプロパティから「時」のみを取り出す

```
hour(prop("myDay1"))
```

myDay1	Σ hour
2022年7月2日	0
2022年7月2日 12:59	12
2022年7月2日 13:00	13

7-5-36 「day」関数

構文 day(日付)

日付型の引数から曜日のみを返します。表記は「0」から「6」の整数で、日曜日から始まります。つまり、以下のとおりです。

返り値	実際の曜日
0	日曜日
1	月曜日
2	火曜日
3	水曜日

返り値	実際の曜日
4	木曜日
5	金曜日
6	土曜日

例 「日付」タイプのプロパティから「曜日」のみを取り出す

```
day(prop("myDay1"))
```

myDay1	Σ day
2022年7月1日	5
2022年7月2日	6
2022年7月3日	0

7月1日は金曜日、7月2日は土曜日、7月3日は日曜日です。

7-5-37 「date」関数

構文 date(日付)

日付型の引数から「日」のみを返します。

例 **「日付」タイプのプロパティから「日」のみを取り出す**

```
date(prop("myDay1"))
```

myDay1	Σ date
2022年6月30日	30
2022年7月1日	1
2022年7月2日	2

7-5-38 「month」関数

構文 month(日付)

日付型の引数から「月」のみを返します。表記は「0」から始まるので、1月は「0」、2月は「1」になります。

例 **「日付」タイプのプロパティから「月」のみを取り出す**

```
month(prop("myDay1"))
```

myDay1	Σ month
2022年1月1日	0
2022年7月1日	6
2022年12月31日	11

7-5-39 「year」関数

構文 `year(日付)`

日付型の引数から「年」のみを返します。

例 「日付」タイプのプロパティから「年」のみを取り出す

```
year(prop("myDay1"))
```

myDay1	Σ year
1974年3月3日	1974
2022年7月1日	2022
2035年5月5日	2035

7-5-40 「id」関数

構文 `id()`

個々のデータベースアイテムを特定するIDを文字列で返します。引数はありません。

この関数の結果は、ブロックのURLにも使われます。すなわち、データベースアイテムのブロックハンドルをクリックして現れるメニューから[リンクをコピー]を選んでコピーできるURLの一部と同じです。

例 ブロックのURLを得る

```
"https://www.notion.so/" + id()
```

Aa myTitle	Σ id
まぐろ	https://www.notion.so/44d942634779470cb019f11ff12e1216
かつお	https://www.notion.so/d1557ca24b2e451b867e49dc715ffdd7
いわし	https://www.notion.so/c56baf35fba04ab6982a97dbc2ead309

「https://www.notion.so/」という文字列を追加することで、ブロックのURLと同じ文字列を作っています。Notionではこのプロパティをクリックして Webブラウザを開くことはできませんが、エクスポートしたときなどに役立てられる可能性はあります。

関数・演算子

定数

スラッシュコマンド

マークダウン

記号・アルファベット

かな

■著者プロフィール

向井領治（むかい・りょうじ）

IT系実用書ライター、エディター。1969年、神奈川県生まれ。信州大学人文学部卒。パソコンショップや出版社などの勤務を経て、96年よりフリー。
単著は『考えながら書く人のためのScrivener入門　for Windows』（ビー・エヌ・エヌ）、『「明日からSlack使って」と言われたら読む本』（ラトルズ）、『はじめての技術書ライティング』（インプレスR&D）など。本書で31点目になる。共著は『ノンプログラマーなMacユーザーのためのGit入門 ～知識ゼロでスタート、ゴールはGitHub～』（大津真との共著、ラトルズ）など31点。

Web:mukairyoji.com
Twitter:@mukairyoji

※第7章一部監修　大津真

独習Notion チュートリアル&リファレンス

2022年9月30日　初版第1刷発行

著者　向井領治
装丁　小川事務所
編集　ピーチプレス株式会社
DTP　ピーチプレス株式会社

発行者　山本正豊
発行所　株式会社ラトルズ
〒115-0055　東京都北区赤羽西4丁目52番6号
TEL　03-5901-0220（代表）　FAX　03-5901-0221
http://www.rutles.net

印刷　株式会社ルナテック

ISBN978-4-89977-527-0